선박의 운동과 조종

염 덕 준

UUP

선박의 운동과 조종

2012년 12월 24일 초판 인쇄
2012년 12월 30일 초판 발행

지은이 | 염덕준
발행인 | 이 철
발행처 | UUP(울산대학교출판부)

출판등록 | 제 370-1996-000001호(1996.3.13)
홈페이지 | http://uup.ulsan.ac.kr
주소 | 680-749 울산광역시 남구 대학로 93
전화 | (052) 259-2488
팩스 | (052) 277-3011

값 13,000원

ISBN 978.89.7868.292.3 (93550)

머리말

이 책은 대학에서 조선 및 해양공학을 전공하는 학부 3,4학년을 위한 교재로 개발되었으며, 선박과 해양구조물을 포함하는 다양한 부유식 구조물의 파랑 중 동적 거동과 선박의 조종성능에 대한 전반적인 이해를 제공하기 위한 목적을 가지고 편찬되었다.

선박의 운동성 및 조종성 분야는 각각의 분야만 해도 매우 광범위하기 때문에 한 권의 책으로 관련된 주제들 전체를 다루는 것은 기본적으로 불가능하지만 현대중공업(주) 선박해양연구소, 울산대학교 조선해양공학부 및 현재 재직중인 군산대학교 조선공학과에서의 다년간의 연구 및 교육 경험을 바탕으로 조선해양공학도로서 습득해야할 가장 기본적이고 핵심적인 내용을 포함할 수 있도록 노력하였다.

이 책에서 사용한 용어나 기호는 선박유체역학 관련 학계에서 보편적으로 사용되고 있거나 국제예인수조협의회(ITTC)에서 발간한 표준 용어집을 기준으로 사용하였다.

이 책은 크게 해양파 이론, 선박 운동성능 및 선박 조종성능의 3개 분야(part)에 총 11개의 장(chapter)으로 구성되어 있다.

1장은 선형해양파 이론을 정식화하고 단순한 2차원 전진파의 식을 유도하였다. 미소진폭파 가정에 근거한 선형 이론에 의하면 불규칙파는 매우 많은 단순한 규칙파 성분들의 중첩으로 볼 수 있다.

2장은 파랑 중에 있는 구조물에 작용하는 파력 문제를 다루었다. 모리슨(Morison)공식을 기본으로 점성에 의한 항력과 유체의 가속에 의한 관성력을 구하는 과정을 기술하고, 각각의 힘이 주도적인 힘으로 작용하는 시스템에 대하여 기술하였다.

3장은 단순한 수직 주상체의 파랑 중 상하동요에 대한 유체동역학적 현상을 다루었다. 부유체의 1 자유도 운동을 취급함에 의하여 파랑 중 부유체 운동의 기본적인 개념을 이해할 수 있다.

4장은 이론적으로 3장의 연속이라고 볼 수 있다. 파랑 중 부유체의 6 자유도 운동을 이론적으로 추정하는 과정을 비교적 상세히 다루었다. 선형이론에 의하여 불규칙파 중에서의 운동응답은 응답진폭함수(RAO)와 불규칙파 스펙트럼을 결합함에 의하여 구할 수 있다.

5장은 파랑 하중 및 파랑 중 부유체 운동과 관련 있는 비선형 현상에 대하여 물리적 개념 위주로 설명하였다. 특정한 해양구조물에 있어서는 이러한 비선형 현상들이 구조물의 설계 또는 해상에서의 운용 면에 지대한 영향을 미칠 수 있다는 것을 보여준다.

6장에서는 선박 조종성능의 개요와 선박내의 조종성능 관련 각종 시스템, 해상 환경 요소 및 인간 요소 등 선박의 조종성능에 영향을 주는 여러 가지 요소들을 살펴보았다.

7장에서는 선박의 조종성능 추정에 사용되는 지구고정좌표계와 선체고정좌표계를 정의하고 조종운동방정식을 유도하는 과정을 상세하게 서술하였다.

8장은 선박의 조종성능을 평가하는 대표적인 방법들과 국제해사기구(IMO) 조종성 기준에 대하여 다루었다.

9장은 조종성능을 추정하기 위하여 조종운동방정식을 모델링하는 방법들과 PMM 시험에 의하여 조종성능을 추정하는 과정을 자세히 다루었다.

10장과 11장에서는 각각 선형 및 방향타의 설계와 조종성능의 관계를 실용적인 관점에서 서술하였다.

현재 국내에는 선박의 운동성능과 조종성능을 단일본 내에서 다룬 대학교 학부 교재가 별로 없고 있더라도 기업체 현장에서 실제적으로 응용되는 내용과 괴리가 존재함에 따라 동 분야의 연구를 다년간 수행해온 사람으로서 일종의 책임의식을 가지고 본 저서의 집필을 시도하였다. 그러나 한편으로는 분야가 방대하고 또 한편으로는 지금 이 순간에도 지속적으로 발전하고 있는 다양한 이론들에 대하여 지식이 넓고 깊지 못하여 미비한 부분이 있음을 절실히 느끼고 있는 상태로 출판하게 되었다. 대학교 교재로서 부족한 부분들은 앞으로 기회가 주어질 때마다 보완해 나갈 계획이다.

이 책은 2012년도 전북 조선해양 전문 인력양성 사업의 지원으로 편찬되었다. 이 책의 출판에 많은 노력과 수고를 제공해 주신 김혜지 선생님, 전은비 선생님을 비롯한 울산대학교 출판부 담당자 분들께 많은 감사를 드린다. 마지막으로 언제나처럼 나의 아내와 가족들의 변함없는 지원과 격려에 고마운 마음을 듬뿍 전하고 싶다.

2012년 12월 염덕준

목 차

PART I
해양파 이론

· 제1장 해양파
· 제2장 파력

제 1 장
해양파

1. 서론

해양파는 해양에 있는 모든 구조물에 규칙적인 또는 불규칙적인 파력을 일으킨다. 이러한 현상은 구조물의 종류나 해상에서의 위치에 상관없이 동일하게 발생하는 현상이다. 대부분의 구조물은, 심지어 그 구조물이 해저에 고정된 구조물이어도, 실제로는 완전 강체는 아니며 어떠한 형태로든 파랑에 의해 야기되는 힘에 반응한다. 반응의 예로는 선박이나 반잠수식 시추선과 같은 부유체와 고정식 해양구조물의 운동 변위, 속도, 가속도 및 구조물에 작용하는 하중과 응력 등이 있다.

결론적으로, 우리는 해양에서의 구조물의 동적 거동에 대해서 배우기 전에 그러한 거동을 야기하는 물리 현상인 해양파에 대하여 충분히 이해할 필요가 있다.

해양에 발생하는 파는 다음과 같이 물리적으로 서로 다른 다양한 원인들에 의하여 발생한다.

- 파는 일정한 속도로 전진하거나 전진하지는 않지만 동요하는 선박이나 해양구조물에 의하여 발생한다.
- 파는 바람과 해면사이의 상호 작용에 의하여 발생한다.
- 파는 조석과 같은 천문현상에 의하여 발생한다.

• 파는 해저에 발생하는 지진이나 해저 산사태에 의하여 발생한다.

• 파는 선박의 화물창에 적재된 액체화물이 동요할 때 발생한다.

바람에 의하여 발생하는 풍파는 국지파(sea)와 놀(swell) 두 가지로 구분된다. 국지파는 특정 해상에 지역적으로 발생하는 지배적인 바람에 의하여 발생하며, 대부분의 경우에 파 진행방향에 수직 방향으로 일정하게 전개되는 파정의 길이가 파장의 2~3배에 불과한 단파정파(short-crested wave)이다. 또한, 국지파는 파고와 파장이 예측할 수 없이 변화하는 불규칙파이다. 전체적으로 파의 평균적인 진행방향은 존재하나 개개의 파들은 서로 다른 방향으로 진행한다.

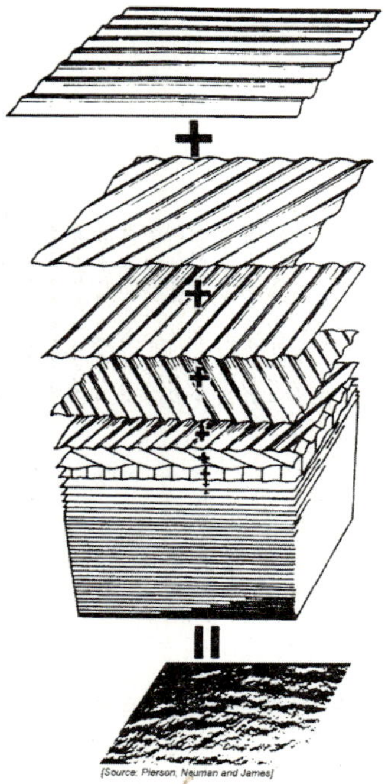

[그림 1.1] 규칙정현파의 중첩으로 이루어진 불규칙파

놀은 파가 발생한 지점과 국지적인 바람으로부터 멀리 떨어진 지점에서의 전진파를 말한다. 놀은 바람의 영향을 받지 않으며 바람이 없는 해상을 수백km이상 전진할 수 있다. 개개의 파는 매우 규칙적이고 파형은 전체적으로 부드럽고 둥근 모양을 가진다. 파

정의 길이는 파장에 비해 매우 긴 장파정파(long-crested wave)이고, 파고는 예측 가능한 변화를 보인다.

풍파는 대체적으로 매우 불규칙하다. 그러나, 불규칙파 풍파는 일정한 파 진폭, 파 주기(또는 파 주파수) 및 파 진행 방향을 가진 매우 많은 수의 간단한 규칙정현파의 합으로 볼 수 있다. Denis와 Pierson(1953)에 의해 처음으로 제안된 이 개념은 중첩 원리로 불리며 응용성 면에서 매우 중요하다(그림 1.1). 중첩원리를 이용하여 불규칙파 중에서 발생하는 매우 복잡한 부유체의 동적 거동을 규칙파 중에서의 거동의 합으로부터 구할 수 있다.

파는 존재하는 지역의 수심에 따라 다음과 같이 분류된다.

- **심수파**(deep water waves)

  수심, h가 파장, λ의 반보다 크다. 즉 $h/\lambda > 1/2$. 파장이 상대적으로 작은 심수파는 해저면의 영향을 거의 받지 않는다. 따라서 수심이 무한히 깊은 것으로 가정할 수 있다.

- **천수파**(shallow water waves)

  수심, h가 파장, λ의 1/20 보다 작다. 즉 $h/\lambda < 1/20$. 이 경우에 해저면의 존재는 파의 물리적 성질에 매우 큰 영향을 준다.

2. 규칙정현파(Regular Sinusoidal Waves)

1) 정의

그림 1.2는 서로 다른 관점에서 본 규칙정현파(이후 규칙파로 단순화 함)를 보여주고 있다. 그림 1.2-a는 투명한 재질로 만들어진 파 수조(wave flume)의 밖에서 찍은 사진에서 볼 수 있는 파형으로 특정 시간에 규칙파의 공간(x-축) 분포를 보여준다. 그림 1.2-b는 파 수조의 특정 지점에서 계측한 수위의 시간변화를 보여준다.

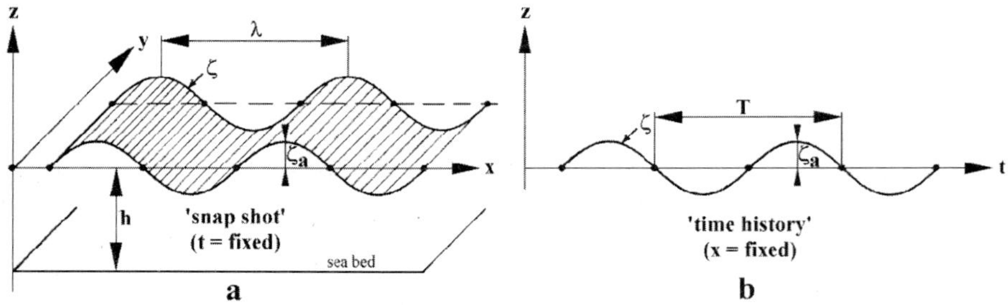

[그림 1.2] 규칙정현파 정의

규칙파의 정의를 위하여 사용된 좌표계는 2차원 직교 좌표계로 정수면(still water)에 좌표계의 원점이 있으며 상방향이 양의 z-방향이다. 따라서 대부분의 유체 영역은 음의 z값을 가진다. x-축은 파의 진행 방향을 양의 방향으로 정의한다. 항상 양의 값을 갖는 수심, h는 해저면과 정수면의 거리를 나타낸다.

파의 가장 높은 부분을 파정(crest), 가장 낮은 부분을 파저(trough)라 부르며 파를 규칙파로 하면 파 진폭(amplitude), ζ_a는 정수면으로부터 파정 또는 파저까지의 수직 거리를 나타낸다. 파고(wave height), H는 파저에서 파정까지의 수직 거리이며, 따라서 다음 식과 같은 관계가 성립한다.

$$H = 2\zeta_a \quad \text{규칙파의 경우} \tag{1.1}$$

파의 진행 방향으로 연속되는 2개의 파정(또는 파저)사이의 수평 거리를 파장(wave length), λ이라 한다(그림 1.2-a). 시간 축 상에서 연속되는 2개의 파정(또는 파저)사이의 시간 간격을 파 주기(wave period), T라 한다(그림 1.2-b). 파고와 파장의 비율, H/λ는 무차원 값으로 파 경사(wave steepness)라 한다.

파장과 파 주기는 각각 상방(또는 하방)으로 정수면을 교차하는 연속되는 2점 사이의 수평거리 또는 시간 간격으로도 표시될 수 있다. 이러한 점들을 제로 교차점(zero-crossing point)이라 부르며, 파형 상에서 쉽게 관찰할 수 있다.

규칙파는 독립변수로 각도를 사용하므로 파장이나 파 주기를 다음의 식을 이용하여 각도로 변환한다.

$$k\lambda = 2\pi \quad \text{또는} \quad k = \frac{2\pi}{\lambda} \tag{1.2}$$

$$\omega T = 2\pi \quad \text{또는} \quad \omega = \frac{2\pi}{T} \tag{1.3}$$

여기서 k는 파수(wave number) (rad/m)이고 ω는 원 주파수(circular frequency)(rad/s)를 나타낸다.

파형은 한 주기 동안 한 파장을 진행하므로 파형의 전진속도 또는 위상속도, c는 다음과 같이 구할 수 있다.

$$c = \frac{\lambda}{T} = \frac{\omega}{k} \tag{1.4}$$

파형의 진행 방향을 결정하기 위해서 시간이 t_1에서 t_2로 변함에 따라서 파형 상 고정점의 이동을 검토한다. 시간이 지남에 따라 파형의 고정점이 x-방향으로 x_1에서 x_2로 이동한다고 가정하면 파형의 전진 속도, 즉 위상 속도, c는 다음의 식으로 주어진다(그림 1.3).

$$c = \frac{x_2 - x_1}{t_2 - t_1} \tag{1.5}$$

파형 상 고정점을 고려한다는 의미는 규칙파로 표시된 파형에서 위상의 변화가 없다는 것 즉, x와 t의 함수로 구성된 삼각함수의 변수가 동일한 값을 갖는 것을 의미한다.

만약 $t_2 > t_1$일 때 $x_2 > x_1$이면 파형이 위상 속도, c를 가지고 양의 x-방향으로 전진한다는 것을 알 수 있다. 식 (1.4)와 식 (1.5)을 이용하면 다음의 관계를 얻을 수 있다.

$$k(x_2 - x_1) = \omega(t_2 - t_1) \tag{1.6}$$

식 (1.6)을 다시 쓰면,

$$kx_1 - \omega t_1 = kx_2 - \omega t_2 \tag{1.7}$$

식 (1.7)에 의하면 양의 x-방향으로 전진하는 규칙파의 파형은 다음의 식과 같이 x와 t의 함수로 표현됨을 알 수 있다.

$$\zeta = \zeta_a \cos(kx - \omega t) \tag{1.8}$$

동일한 과정에 의하여 음의 x-방향으로 전진하는 규칙파의 파형은 다음의 식과 같다.

$$\zeta = \zeta_a \cos(kx + \omega t) \tag{1.9}$$

그림 1.3은 양의 $x-$방향으로 전진하는 규칙파를 보여주고 있다

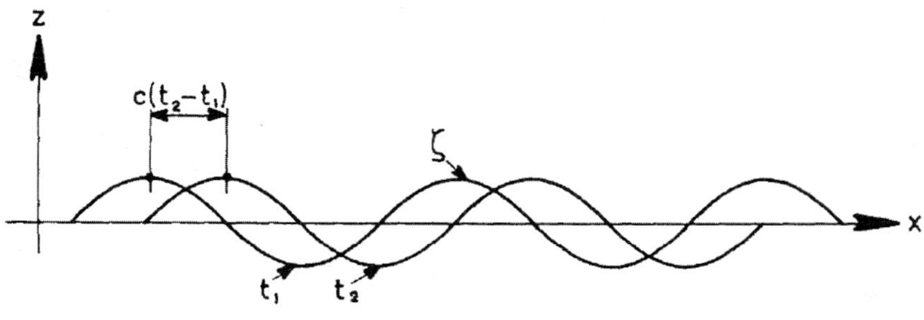

[그림 1.3] 전진하는 규칙파

2) 포텐셜 이론

실제 해양파는 다양한 침투성을 가진 불규칙한 해저면 위에 위치한 점성 유체 속에서 전진한다. 그러나, 놀랍게도 대부분의 유체 영역에서 유동은 비회전성을 가지고 있다. 그 이유는 점성 효과가 해저면과 자유수면에 근접한 부분, 즉 얇은 경계층(boundary layer)내에만 존재하기 때문이다. 또한, 조선해양유체에서 다루는 해수는 비압축성 유체로 볼 수 있기 때문에 해양파의 문제를 다룰 때 속도 포텐셜과 유량함수를 이용한 선형 이론을 이용할 수 있다. 속도 포텐셜 이론에 있어서의 장점 중 하나가 단순한 유체 유동들의 선형 중첩에 의하여 일반적이고 복잡한 유동을 생성할 수 있다는 점이다.

해양파 문제에 선형이론을 적용하기 위해서는 파 진폭이 매우 작은 미소진폭파를 가정할 필요가 있다. 이 가정에 의하여 해양파 이론 전개 과정에서 파 경사의 이차항 이상의 고차항들을 무시할 수 있다. 결과적으로, 해양파 문제에 있어서 의미 있는 물리량인 유체 입자의 변위, 속도, 가속도 및 유체 압력 등의 선형 해를 해석적인 방법을 이용하여 구할 수 있다.

파 경사 또는 파고가 작은 규칙파의 형상은 정현파의 형상을 갖고 있으며, 유체 입자의 운동은 자유수면으로부터 하향수직 방향 거리인 z값의 함수가 됨을 가정할 수 있다. 따라서, 해양파의 속도 포텐셜 식을 다음과 같이 쓸 수 있다.

$$\Phi_w(x,z,t) = P(z)\sin(kx-\omega t) \tag{1.10}$$

여기서 $P(z)$는 z-방향으로의 미지 함수이다.

규칙파의 속도 포텐셜, $\Phi_w(x,z,t)$는 아래의 4가지 조건을 만족해야 한다.

① 라플라스 방정식

② 해저면 경계조건(BBC)

③ 동역학적 자유수면 경계조건(DFSBC)

④ 운동학적 자유수면 경계조건(KFSBC)

(1) 라플라스 방정식

유체장내 유체 입자의 속도, (u,v,w)는 속도 포텐셜의 정의에 의하여 구할 수 있다.

$$u = \frac{\partial \Phi_w}{\partial x}, \qquad v = \frac{\partial \Phi_w}{\partial y}, \qquad w = \frac{\partial \Phi_w}{\partial z} \tag{1.11}$$

비압축성 유체에 대한 연속방정식은 다음과 같다.

$$\nabla \cdot \vec{v} = \frac{\partial u}{\partial x} + \frac{\partial v}{\partial y} + \frac{\partial w}{\partial z} = 0 \tag{1.12}$$

식(1.11)과 결합하여 속도 포텐셜에 대한 편미분 방정식인 라플라스 방정식이 된다.

$$\nabla^2 \Phi_w = \frac{\partial^2 \Phi_w}{\partial x^2} + \frac{\partial^2 Z_w}{\partial y^2} \frac{\partial^2 \Phi_w}{\partial z^2} = 0 \tag{1.13}$$

식(1.10)을 식(1.13)의 2차원 형태의 식에 대입하면 미지의 함수 $P(z)$에 관한 상미분 방정식이 된다.

$$\frac{d^2 P(z)}{dz^2} - k^2 P(z) = 0 \tag{1.14}$$

식(1.14)의 해는 다음과 같은 형태로 가정할 수 있다.

$$P(z) = C_1 e^{kz} + C_2 e^{-kz} \tag{1.15}$$

식(1.15)를 식(1.10)를 대입하면 두 개의 미계수를 가진 속도 포텐셜이 다음과 같이 구해진다.

$$\Phi_w = (C_1 e^{kz} + C_2 e^{-kz}) \cdot \sin(kx - \omega t) \tag{1.16}$$

여기서

$\Phi_w(x, z, t)$: 속도포텐셜(m^2/s)

C_1, C_2 : 미계수

k : 파수(rad/m)

ω : 원주파수(rad/s)

(2) 해저면 경계조건

해저면 경계조건은 그림 1.4에 보인 바와 같이 일종의 운동학적 경계조건으로 해저면에서 수직 방향 유체 입자의 속도가 해저면의 수직방향 속도와 동일하다는 조건이다.

$$\frac{\partial \Phi_w}{\partial z} = 0 \qquad \text{for} \quad z = -h \tag{1.17}$$

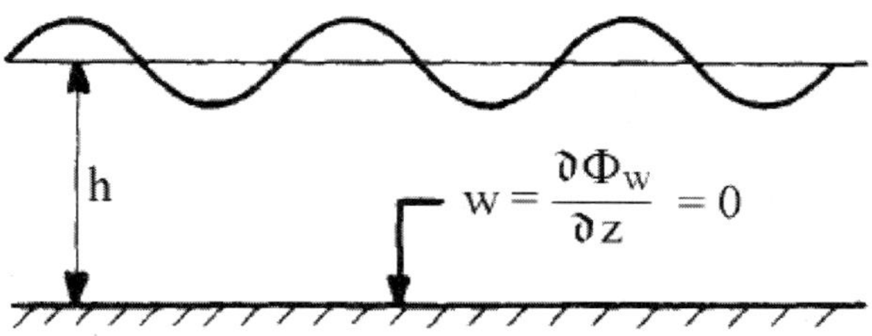

[그림 1.4] 해저면 경계조건

속도 포텐셜 식(1.16)을 해저면 경계조건식에 대입하면:

$$kC_1 e^{-kh} - kC_2 e^{kh} = 0 \tag{1.18}$$

미계수를 재 정의하면

$$\frac{C}{2} = C_1 e^{-kh} = C_2 e^{kh} \tag{1.19}$$

또는

$$C_1 = \frac{C}{2}e^{kh}, \quad C_2 = \frac{C}{2}e^{-kh} \tag{1.20}$$

식(1.20)을 식(1.16)에 대입하면 미계수가 하나인 속도 포텐셜이 구해진다.

$$\Phi_w(x,z,t) = C\cosh k(h+z)\sin(kx - \omega t) \tag{1.21}$$

(3) 동역학적 자유수면 경계조건

자유수면($z=\zeta$) 작용하는 압력, p는 대기압, p_0이다. 압력에 대한 이러한 조건을 동역학적 자유수면 경계조건이라 한다(그림 1.5).

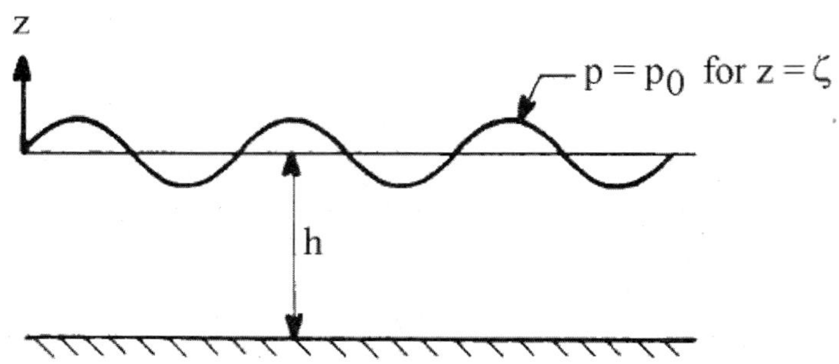

[그림 1.5] 자유수면에 작용하는 대기압

비정상, 비회전 유체유동에 대한 Bernoulli 식의 일반적인 형태는 다음과 같다.

$$\frac{\partial \Phi_w}{\partial t} + \frac{1}{2}(u^2 + w^2) + \frac{p}{\rho} + gz = C^* \tag{1.22}$$

2차원 유동과 미소 파 경사 가정에 의한 선형화에 의하여 Bernoulli 식은 다음과 같이 된다.

$$\frac{\partial \Phi_w}{\partial t} + \frac{p}{\rho} + gz = C^* \quad (1.23)$$

식 (1.23)을 자유수면 $(z=\zeta)$에 적용하면:

$$\frac{\partial \Phi_w}{\partial t} + \frac{p_0}{\rho} + g\zeta = C^* \qquad \text{for } \; z=\zeta \quad (1.24)$$

상기의 식에서 $p_0/\rho - C^*$항은 상수이므로 비정상 속도 포텐셜 항인 $\partial \Phi_w/\partial t$에 포함시켜도 속도 포텐셜로부터 구해지는 속도장에는 영향을 주지 않는다. 이 점을 고려하여 식(1.24)를 단순화하면:

$$\frac{\partial \Phi_w}{\partial t} + g\zeta = 0 \qquad \text{for} \quad z=\zeta \quad (1.25)$$

미소진폭파의 가정을 이용하여 자유수면$(z=\zeta)$상의 속도 포텐셜을 정수$(z=0)$면을 기준으로 테일러 급수 전개하면:

$$\{\Phi_w(x,z,t)\}_{z=\zeta} = \{\Phi_w(x,z,t)\}_{z=0} + \zeta\left\{\frac{\partial \Phi_w(x,z,t)}{\partial z}\right\}_{z=0} + \cdots\cdots$$

$$\left\{\frac{\partial \Phi_w(x,z,t)}{\partial t}\right\}_{z=\zeta} = \left\{\frac{\partial \Phi_w(x,z,t)}{\partial t}\right\}_{z=0} + o(\epsilon^2) \quad (1.26)$$

식(1.26)을 식(1.25)에 대입한 후에 선형 항만을 취하면 다음과 같은 선형화된 동역학적 자유수면 경계조건이 구해진다.

$$\frac{\partial \Phi_w}{\partial t} + g\zeta = 0 \qquad \text{for} \quad z=0 \quad (1.27)$$

이 식으로부터 파형의 식을 구하면:

$$\zeta = -\frac{1}{g}\frac{\partial \Phi_w}{\partial t} \qquad \text{for} \quad z = 0 \tag{1.28}$$

식(1.21)을 식(1.28)에 대입하여 구한 파형의 식은:

$$\zeta = \frac{\omega C}{g} \cosh kh \cos(kx - wt) \tag{1.29}$$

또는

$$\zeta = \zeta_a \cos(kx - \omega t) \qquad \text{여기서} \ \zeta_a = \frac{\omega C}{g} \cosh kh \tag{1.30}$$

파 포텐셜을 파고, ζ_a를 포함한 식으로 변환하면:

$$\Phi_w = \frac{\zeta_a g}{\omega} \frac{\cosh k(h+z)}{\cosh kh} \sin(kx - \omega t) \tag{1.31}$$

심수($h \to \infty$)의 경우에 파 포텐셜의 식은 다음과 같다.

$$\Phi_w = \frac{\zeta_a g}{\omega} e^{kz} \sin(kx - \omega t) \tag{1.32}$$

식(1.31)로부터 식(1.32)로의 변환은 독립변수인 수심, h가 유한한 값에서 심수($h \to \infty$) 상태의 값으로 변화할 때 쌍곡선함수(hyperbolic function)의 점근치(asymptotic value)를 알아야 한다. 쌍곡 함수의 정의 및 독립변수가 매우 작든가 매우 클 때의 점근치에 대한 내용을 부록 A에 포함하였다.

(4) 운동학적 자유수면 경계조건

운동학적 자유수면 경계조건은 자유수면 상에 있는 유체 입자의 수직 방향 속도가 자유수면 그 자체의 수직 방향속도와 동일해야 한다는 조건이다. 즉, 어떠한 표면이나 유체 경계면에 그 경계를 가로 지르는 흐름이 없어야 한다는 것이다. 그렇지 않으면 그 경계면은 존재하지 않는다. 자유수면과 같이 경계면이 시간에 따라 움직인다면 경계면 식의 시간에 대한 전미분(total derivative)의 값이 영이 되어야 한다.

$$\frac{DF(x,y,z,t)}{Dt} = \frac{\partial F}{\partial t} + u\frac{\partial F}{\partial x} + v\frac{\partial F}{\partial x} + w\frac{\partial F}{\partial z}\Big|_{on\,F(x,y,z,t)=0} = 0 \tag{1.33}$$

또는

$$-\frac{\partial F}{\partial t} = \vec{v}\cdot\nabla F = \vec{v}\cdot\vec{n}\,|\nabla F| \tag{1.34}$$

여기서 $\vec{n} = \nabla F/|\nabla F|$는 자유수면에 수직한 단위 벡터이다.
2차원 해양파에 있어서 자유수면의 식은 다음과 같이 표현될 수 있으며,

$$F(x,z,t) = z - \zeta(x,t) = 0 \tag{1.35}$$

식(1.35)에 대하여 운동학적 자유수면 경계조건을 적용하면 다음과 같이 된다.

$$\frac{\partial \zeta}{\partial t} = -u\frac{\partial \zeta}{\partial x} + w \qquad \text{for} \quad z = \zeta \tag{1.36}$$

미소파의 가정에 의하여 우변의 첫 번째 항을 소거하면 선형화된 운동학적 자유수면 경계조건은 다음과 같이 된다.

$$w = \frac{\partial \zeta}{\partial t} \quad \text{for} \quad z = \zeta \tag{1.37}$$

또는

$$\frac{\partial \Phi_w}{\partial z} = \frac{\partial \zeta}{\partial t} \qquad \text{for} \quad z = \zeta \tag{1.38}$$

선형화된 동역학적 경계조건 식(1.27)을 유도할 때와 동일한 테일러 급수 전개 과정을 통하여 식(1.38)을 선형화하면 정수면에 적용되는 선형화된 운동학적 경계조건을 얻게 된다.

동역학적 경계조건인 식(1.27)을 시간 미분하면 다음의 식으로 되며:

$$\frac{\partial^2 \Phi_w}{\partial t^2} + g\frac{\partial \zeta}{\partial t} = 0 \qquad \text{for} \quad z = 0 \tag{1.39}$$

식(1.38)과 식(1.39)를 결합함에 의하여 다음과 같이 새로운 자유수면 경계조건을 유도할 수 있다.

$$\frac{\partial \Phi_w}{\partial z} + \frac{1}{g}\frac{\partial^2 \Phi_w}{\partial t^2} = 0 \qquad \text{for} \quad z = 0 \tag{1.40}$$

(5) 분산관계

분산관계는 규칙파에 있어서 각속도, ω(또는 파 주기, T)와 파수, k(또는 파장, λ)의 상호 연관관계를 뜻하며 자유수면 경계조건 식(1.40)을 이용하여 유도한다. 속도 포텐셜 식(1.31)을 식(1.40)에 대입하면 임의의 수심, h에 대하여 적용되는 다음과 같은 분산관계식이 얻어진다.

$$\omega^2 = kg \ \tanh kh \tag{1.41}$$

이 식에 의하면 정해진 수심에 대하여 파의 각속도, ω(또는 파 주기, T)가 주어지면 그에 대응하여 단 하나의 파수, k (또는 파장, λ)가 결정된다. 그러나, 식(1.41)의 우변이 파수에 대하여 비선형이므로 파수는 반복법에 의하여 구해 진다.

심수($\tanh kh = 1$)의 경우에 식(1.41)은 매우 단순한 형태로 다음과 같다.

$$\omega^2 = kg \quad (\text{심수}) \tag{1.42}$$

식(1.42)를 파 주기와 파장의 관계로 변형하면:

$$T = \sqrt{\frac{2\pi}{g}}\sqrt{\lambda} \quad \text{또는} \quad \lambda = \frac{g}{2\pi}T^2 \ (\text{심수}) \tag{1.43}$$

중력가속도 $g = 9.81\mathrm{m^2/s}$와 π값을 대입하면:

$$T \approx 0.80\sqrt{\lambda} \quad \text{또는} \quad \lambda \approx 1.56\,T^2 \ \ (\text{심수}) \tag{1.44}$$

천수($\tanh kh = kh$)에서의 분산관계는 다음과 같다.

$$\omega = k\sqrt{gh} \ \ (\text{천수}) \tag{1.45}$$

식(1.45)를 파 주기와 파장의 관계로 변형하면:

$$T = \frac{\lambda}{\sqrt{gh}} \ \ \text{또는} \ \lambda = T\ \sqrt{gh} \quad (\text{천수}) \tag{1.46}$$

3) 위상 속도

분산관계 식(1.41)을 이용하여 앞 절에서 정의한 위상속도($c = \lambda/T = \omega/k$)를 구하면:

$$c = \sqrt{\frac{g}{k}\cdot\tanh kh} \tag{1.47}$$

이 식에 의하면 위상 속도는 파장이 커질수록 증가한다. 즉, 해양파는 파장이 긴 파가 파장이 짧은 파보다 빨리 진행하기 때문에 시간이 지남에 따라서 분산되는 성격을 가지고 있다. 이러한 물리적 현상에 의하여 선원들은 놀을 보고 멀리서 접근하고 있는 폭풍을 예상할 수 있다.

심수에서의 위상 속도 :

$$c = \sqrt{\frac{g}{k}} = \frac{g}{\omega} \quad (\text{심수}) \tag{1.48}$$

또는

$$c = \sqrt{\frac{g}{k}} = \sqrt{g \cdot \frac{\lambda}{2\pi}} \approx 1.25\sqrt{\lambda} \approx 1.56 \cdot T \quad (\text{심수}) \tag{1.49}$$

천수에서의 위상 속도 :

$$c = \sqrt{gh} \quad (\text{천수}) \tag{1.50}$$

천수에서의 위상 속도는 파 주기에 상관 없이 수심 만의 함수인 것을 알 수 있다. 즉, 심수파와 달리 천수파는 분산파가 아니다. 천수에서의 위상속도는 임계속도(critical velocity)로 불리기도 한다.

4) 유체 입자의 운동

규칙파에 있어서 유체 입자의 운동은 전 절에서 유도한 속도 포텐셜 식(1.31)로부터 구한 x-방향 및 z-방향의 유체 입자 속도와 분산 관계 식(1.41)을 이용하여 유도할 수 있다.

(1) 유체 입자 속도

$$u = \frac{\partial \Phi_w}{\partial x} = \frac{dx}{dt} = \zeta_a w \frac{kg}{\omega} \frac{\cosh k(h+z)}{\cosh kh} \cos(kx - \omega t)$$

$$w = \frac{\partial \Phi_w}{\partial z} = \frac{dz}{dt} = \zeta_a w \frac{kg}{\omega} \frac{\sinh k(h+z)}{\cosh kh} \sin(kx - \omega t) \tag{1.51}$$

분산 관계로부터 변형된 다음의 식을 이용하면:

$$kg = \frac{\omega^2}{\tanh kh}$$

다음과 같이 새로운 형태의 유체 입자 속도 식을 구할 수 있다.

$$u = \zeta_a \omega \frac{\cosh k(h+z)}{\sinh kh} \cos(kx - \omega t)$$

$$w = \zeta_a \omega \frac{\sinh k(h+z)}{\sinh kh} \sin(kx - \omega t) \tag{1.52}$$

그림 1.6은 식(1.52)에 의한 유체장 내 유체 입자 속도 분포를 보여준다.

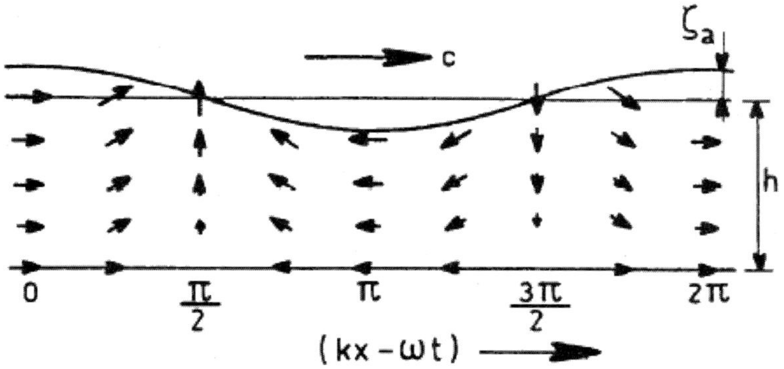

[그림 1.6] 유한 수심에서의 유체 입자 속도 분포

심수에서의 유체 입자 속도 :

$$u = \zeta_a \omega\ e^{kz} \cos(kx - \omega t)$$

$$w = \zeta_a \omega\ e^{kz} \sin(kx - \omega t) \tag{1.53}$$

그림 1.7은 심수에서의 유체장 내 유체 입자 속도 분포를 보여 준다.

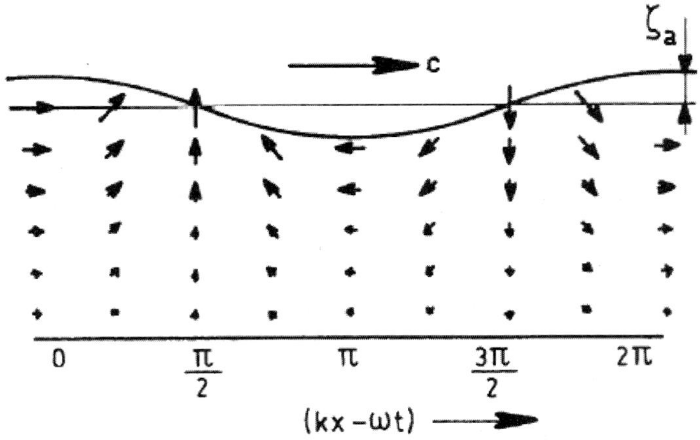

[그림 1.7] 심수에서의 유체 입자 속도 분포

심수에서의 유체 입자의 절대 속도 또는 선회 속도:

$$V_0 = \sqrt{u^2 + v^2} = \zeta_a \omega\, e^{kz} \quad (\text{심수}) \tag{1.54}$$

(2) 유체입자 변위

미소진폭파의 가정에 의하여 식(1.52) 우변의 x-좌표 및 z-좌표 값이 유체 입자 운동의 평균 위치에서의 좌표값, x_1과 z_1으로 치환될 수 있으며, 치환 후에 시간에 대하여 적분을 행함에 의하여 x-방향과 z-방향의 평균 좌표값이 각각 x_1과 z_1인 유체 입자 변위의 시간 변화를 구할 수 있다.

$$x = -\zeta_a \frac{\cosh k(h + z_1)}{\sinh kh} \sin(kx_1 - \omega t) + C_1$$

$$z = \zeta_a \frac{\sinh k(h + z_1)}{\sinh kh} \cos(kx_1 - \omega t) + C_2 \tag{1.55}$$

(3) 유체 입자 궤적

식(1.55)에 의하면 유체 입자는 좌표점(C_1, C_2)을 중심으로 x-방향과 z-방향으로 주기적인 동요를 한다. 또한, 좌표값(C_1, C_2)은 초기에 가정한 평균위치에서의 좌표값, x_1과 z_1과 각각 동일한 것으로 추정할 수 있다. 즉, 식(1.55)의 C_1과 C_2는 각각 x_1과 z_1으로 치환될 수 있다.

식(1.55)를 간략히 표현하면:

$$x - x_1 = -A\sin(kx_1 - \omega t)$$
$$z - z_1 = B\cos(kx_1 - \omega t) \qquad (1.56)$$

여기서

$$A = \zeta_a \frac{\cosh k(h + z_1)}{\sinh kh}, \quad B = \zeta_a \frac{\sinh k(h + z_1)}{\sinh kh}$$

시간에 대한 변수를 소거함에 의하여 유도한 유체 입자의 궤적은 다음과 같다.

$$\frac{(x - x_1)^2}{A^2} + \frac{(z - z_1)^2}{B^2} = 1, \qquad A > B \qquad (1.57)$$

식(1.57)은 장반경과 단반경이 각각 A와 B인 타원을 나타낸다(그림 1.8).

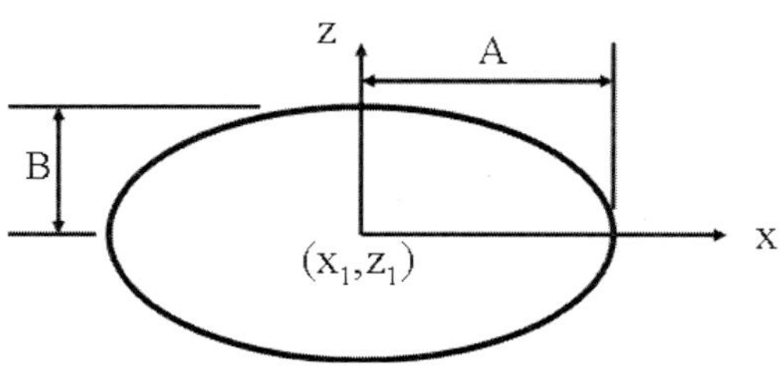

[그림 1.8] 타원형의 유체 입자 궤적

자유수면, $z_1 = 0$에 있어서 타원 궤적의 단반경(수직 방향 반경)은 파고의 반이 된다. 즉, 이 궤적에 존재하는 유체 입자는 자유수면을 구성하게 된다. 단반경은 수심이 깊어질수록 작아져서 해저면 경계조건이 적용되는 해저면, $z_1 = -h$에 이르면 영이 된다. 타원 궤적의 장반경(수평 방향 반경)은 해저면에서 유한한 값을 갖는다. 즉, 해저면에서 유체 입자는 해저면에 평행한 방향으로 주기운동을 한다.

심수에서의 유체 입자 궤적은 다음과 같이 단순화 된다.

$$A = \zeta_a \frac{e^{kh} e^{kz_1}}{e^{kh}} = \zeta_a e^{kz_1} \tag{1.58}$$

$$B = \zeta_a e^{kz_1} = A \tag{1.59}$$

입자의 궤적은 깊이에 따라 반경이 지수적으로 감소하는 원이다. 자유수면으로부터 파장의 반에 해당하는 지점에서 A와 B의 값은 자유수면에서의 값에 4% 밖에 안되며, 실질적으로 무시할 수 있다. 이러한 이유로 수심이 파장의 반보다 클 때 심수로 가정할 수 있다. 그림 1.9에 상대 수심의 크기에 따른 유체 입자의 궤적을 보여주고 있다.

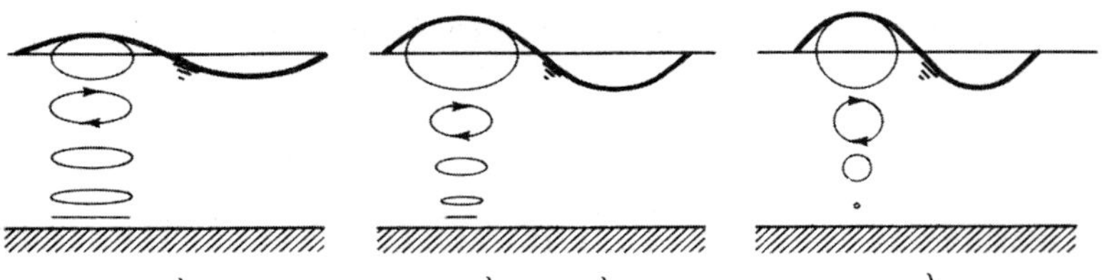

[그림 1.9] 수심의 크기에 따른 유체 입자 궤적

(4) 가속도

정현파 중 유체 입자의 가속도는 식(1.52)의 유체 입자 속도를 시간에 대하여 미분함에 의하여 구한다.

$$\dot{u} = \zeta_a \omega^2 \frac{\cosh k(h+z)}{\sinh kh} \sin(kx - \omega t)$$

$$\dot{w} = -\zeta_a \omega^2 \frac{\sinh k(h+z)}{\sinh kh} \cos(kx - \omega t) \tag{1.60}$$

속도와 비교하여 가속도는 원주파수, ω가 곱해진 진폭을 가지며, 위상이 90도 바뀌게 된다.

심수에서의 가속도는 다음과 같다.

$$\dot{u} = \zeta_a \omega^2 e^{kz} \sin(kx - \omega t)$$

$$\dot{w} = -\zeta_a \omega^2 e^{kz} \cos(kx - \omega t) \tag{1.61}$$

5) 압력장

선형이론에서 유체 압력은 다음과 같이 선형 Bernoulli 식으로부터 구할 수 있다.

$$\frac{\partial \Phi_w}{\partial t} + \frac{p}{\rho} + gz = 0 \quad \text{또는} \quad p = -\rho gz - \rho \frac{\partial \Phi_w}{\partial t} \tag{1.62}$$

파 포텐셜 식(1.31)을 상기 식에 대입하면 선형 유체압은 다음과 같다.

$$p = -\rho gz + \rho h \zeta_a \frac{\cosh k(h+z)}{\cosh kh} \cos(kx - \omega t) \tag{1.63}$$

심수에서의 선형 유체압을 구하면:

$$p = -\rho gz + \rho g \zeta_a e^{kz} \cos(kx - \omega t) \tag{1.64}$$

상기 식 우변 첫째 항은 파에 상관없이 존재하는 유체정역학적인 압력이고 둘째 항은 파에 의하여 야기되는 동압력이다. 이 식에서 e^{kz}항은 압력응답계수(pressure response factor)라 불리는데, 정수면에서 최대값을 갖고 수면 아래로 내려갈수록 작아지는 것을 알 수 있다.

천수에서는 다음 식에서 알 수 있듯이 동압력도 정압력과 동일한 성격을 가진다.

$$p = -\rho g z + \rho g \zeta_a \cos(kx - \omega t) \tag{1.65}$$

6) 파 에너지와 에너지 전파

해양파에 포함되어 있는 전체 에너지는 자유수면의 수직 방향 변위와 관련 있는 위치 에너지와 유체장 전체에 걸친 유체 입자의 운동과 관련이 있는 운동에너지의 합으로 구성되어 있다. 전체 파 에너지와 에너지의 전파는 파가 해안으로 접근할 때 파형의 변화, 조파기에서 파를 발생시킬 때 필요한 동력의 크기 및 해양파로부터 추출할 수 있는 파랑 에너지의 추정 등의 문제에 있어서 매우 중요하다.

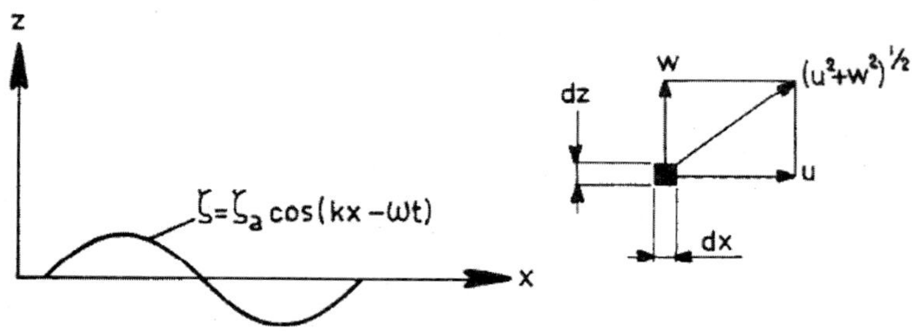

[그림 1.10] 파 운동에너지의 결정

(1) 파 에너지

운동에너지, K는 유체 입자의 운동을 전체 유체장에 대하여 적분함에 의하여 구한다 (그림 1.10).

$$K = \int_{volume} \frac{1}{2}(u^2 + w^2)\, dm$$

$$= \frac{1}{2}\rho \int_0^\lambda \int_h^\zeta (u^2 + w^2)\, dz\, dx$$

$$= \frac{1}{2}\rho \int_0^\lambda \int_{-h}^0 (u^2 + w^2)\, dz\, dx + \frac{1}{2}\rho \int_0^\lambda \int_0^\zeta (u^2 + w^2)\, dz\, dx \tag{1.66}$$

상기 식의 우변 둘째 식은 미소진폭파의 가정 하에 무시할 수 있다. 유체 입자 속도의 식 (1.52)를 상기 식에 대입하고, 분산 관계와 기본적인 삼각함수 공식을 이용하면 파 운동에너지는 다음과 같다.

$$K = \frac{1}{4}\rho g \zeta_a^2 \lambda \quad \text{파 진행 방향에 수직한 방향으로 단위 폭 당}$$

$$= \frac{1}{4}\rho g \zeta_a^2 \quad \text{단위 면적 당} \tag{1.67}$$

해양파에 존재하는 위치에너지, P는 자유수면으로부터 유체 입자의 수직방향으로의 변위에 따른 위치에너지 전체를 적분함에 의하여 구할 수 있다(그림 1.11).

$$P = \frac{1}{2}\int_0^\lambda \rho g \zeta^2\, dx$$

$$= \frac{1}{2}\rho g \zeta_a^2 \int_0^\lambda \cos^2(kx - \omega t) dx \tag{1.68}$$

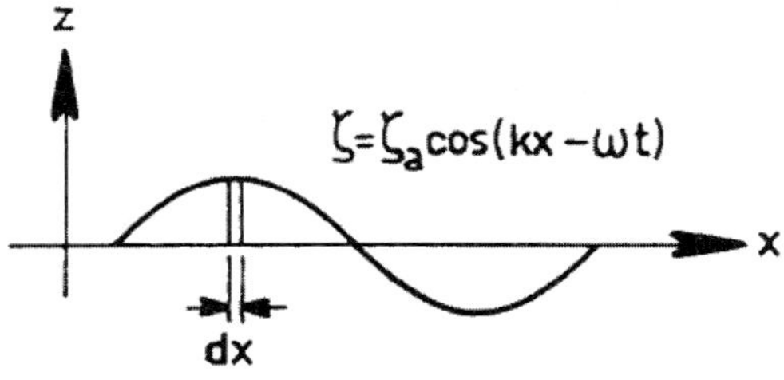

[그림 1.11] 파 위치에너지의 결정

삼각함수 적분 결과는 :

$$P = \frac{1}{4}\rho g \zeta_a^2 \cdot \lambda \quad \text{파 진행 방향에 수직한 방향으로 단위 폭 당}$$

$$= \frac{1}{4}\rho g \zeta_a^2 \quad \text{단위 면적 당} \tag{1.69}$$

상기 결과로부터 파 운동에너지와 위치에너지는 동일한 크기를 가진다는 것을 알 수 있다. 전체 파 에너지, E :

$$E = K + P = \frac{1}{2}\rho g \zeta_a^2 = \frac{1}{8}\rho g H^2 \quad \text{단위 면적 당} \tag{1.70}$$

(2) 파 에너지의 전파

임의의 수심에서 미소진폭파의 파형이 식(1.47)에 주어진 위상속도를 가지고 전진하나 유체 입자는 타원형을 이루며 회전한다는 것으로부터 알 수 있듯이 선형이론에 의하면 질량의 이동은 발생하지 않는다(비선형 이론에 의하면 미소한 질량의 이동이 발생함). 그러나 파 에너지는 전파된다. 예를 들어, 잔잔한 호수에 돌을 던지면 돌의 운동에너지의 일부가 파 에너지로 변환되면서 수면에 생긴 파가 동심원으로 퍼져나가는 현상을 볼 수 있다. 파가 사방으로 퍼져나가는 현상은 파 에너지가 처음 파 발생지점으로부터 이동한다는 것을 의미한다. 에너지가 전파되는 현상을 그림 1.12를 통하여 알아보자. 수중에 파형의 진행 방향과 수직이고, 높이가 dz 이고 폭이 1인 단위면(그림1.12에서 빗금 친 면)을 고려한다.

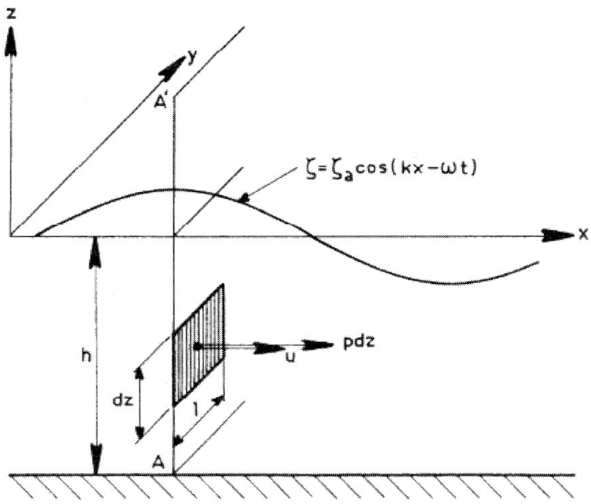

[그림 1.12] 파 에너지의 전파

유체가 이 면을 통과할 때, 압력에 의하여 일정한 양의 일, dW가 행하여진다. 행하여지는 일은 작용하는 힘과 이동거리의 곱으로 표시되므로 :

$$dW = (pdA)udt = (pdz)udt \tag{1.71}$$

파에 의하여 한 주기 동안 평균적으로 행하여지는 일(또는 동력), $\overline{W}$는 :

$$\overline{W} = \frac{1}{T}\int_{t}^{t+T}\int_{-h}^{\zeta} pudzdt \tag{1.72}$$

미소진폭파에 있어서 유체 입자 속도 식(1.52)를 대입하고, 선형화하면:

$$\overline{W} = -\frac{\rho k g^2 \zeta_a}{T\omega\ \sinh kh}\int_{t}^{t+T}\int_{0}^{\zeta} z \cosh k(h+z)\cos(kx-\omega t)\ dz\ dt$$
$$+\frac{\rho k g^2 \zeta_a^2}{T\omega \sinh kh \cdot \cosh kh}\int_{t}^{t+T}\int_{0}^{\zeta}\cosh k^2(h+z)\cos^2(kx-\omega t)dz\ dt \tag{1.73}$$

또는

$$\overline{W} = \frac{\rho g \zeta_a^2 \omega}{\sinh 2kh} \left(\frac{1}{4k} \sinh 2kh + \frac{1}{2} h \right) \tag{1.74}$$

위상 속도의 정의 $c = \omega / k$를 이용하면 :

$$\overline{W} = \frac{1}{2} \rho g \zeta_a^2 \frac{2}{c} \left(1 + \frac{2kh}{\sinh 2kh} \right) \tag{1.75}$$

파고를 이용한 식으로 표시하면 :

$$\overline{W} = \frac{1}{8} \rho g H^2 \frac{2}{c} \left(1 + \frac{2kh}{\sinh 2kh} \right) \tag{1.76}$$

파에 의하여 한 주기 동안 평균적으로 행하여지는 일을 나타내는 식(1.75) 또는 식(1.76)은 다음과 같이 쓸 수 있다.

$$\overline{W} = E \cdot c_g \tag{1.77}$$

여기서

$$E : \frac{1}{2} \rho g \zeta_a^2 = \frac{1}{8} \rho g H^2$$

$$c_g : \frac{c}{2} \left(1 + \frac{2kh}{\sinh 2kh} \right) \tag{1.78}$$

식(1.78)의 첫째 식은 단위 면적 당 파 에너지의 식이고, c_g는 파 중에 에너지가 전파(또는 이동)되는 속도로 군속도라고도 불린다.

심수에서 군속도는 위상속도의 반이됨을 알 수 있다.

$$c_g = \frac{c}{2} \tag{1.79}$$

천수에서는 위상속도와 군속도가 동일하다.

$$c_g = c \tag{1.80}$$

[그림 1.13] 파 위상속도와 군속도(출처: Newman(1977))

심수에서 위상속도와 군속도의 관계를 그림 1.13을 통하여 명확히 이해할 수 있다. 그림 1.13은 위에서부터 아래로 정수 중을 진행하는 규칙파를 관측창을 통하여 일정한 시간 간격(0.25초)으로 촬영한 사진을 보여주고 있다. 파장과 수심의 비율이 2인 경우로 심수로 가정할 수 있다. 파 에너지는 'GROUP VELOCITY'로 표시된 두 개의 굵은 선 안쪽에 존재하며, 시간이 지남에 따라서 군속도의 크기로 오른쪽으로 전파된다. 하나의 파정을 선정하여 파정의 이동 상황을 연결하면 연결선은 그림에서 'PHASE VELOCITY'로 표시된 가는 선분과 같이 왼쪽에서 오른쪽으로 이동하는 것을 알 수 있다. 즉, 파정은 위상속도로 전진한다. 상기 두 개의 선의 이동 속도(또는 그림 상의 경사)에서 알 수 있는 바와 같이 위상속도는 군속도의 두 배가 됨을 알 수 있으며, 이론 결과를 검증하고 있다.

7) 파의 반사

규칙파가 파의 진행 방향에 수직으로 놓여있는 벽을 만나면 반사되어 그 진행 방향이 180도 바뀌면서 입사파의 역 방향으로 진행한다. 이 때 벽이 상하방향으로 수직이면 100%의 반사가 발생하여 반사파는 입사파와 동일한 파고와 파 주기를 갖게 된다. 결과적으로, 벽 근처의 파고는 입사파의 두 배가 되고, 파형은 전진함이 없이 수면만 입사파와 동일한 주기를 가지고 상하로 동요한다. 이렇게 형성된 파를 정지파(standing wave)라고 하며, 다음의 식과 같이 파고와 주기가 같고 서로 반대 방향으로 전진하는 파를 중첩했을 때 발생한다.

$$
\begin{aligned}
\zeta &= \zeta_1 + \zeta_2 \\
&= \zeta_a \cos(kx - \omega t) + \zeta_a \cos(kx + \omega t) \\
&= 2\zeta_a \cos(kx)\cos(\omega t)
\end{aligned}
\tag{1.81}
$$

결과적으로 생성되는 파는 초기파 진폭의 두 배의 진폭을 가지고 있으며, 위상속도는 없다(그림 1.14, 그림 1.15).

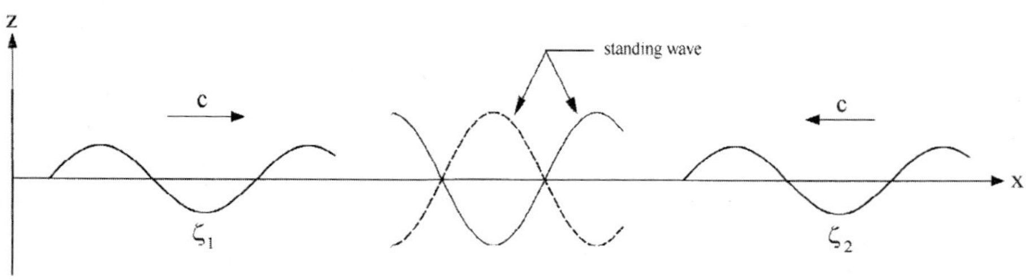

[그림 1.14] 정지파의 생성

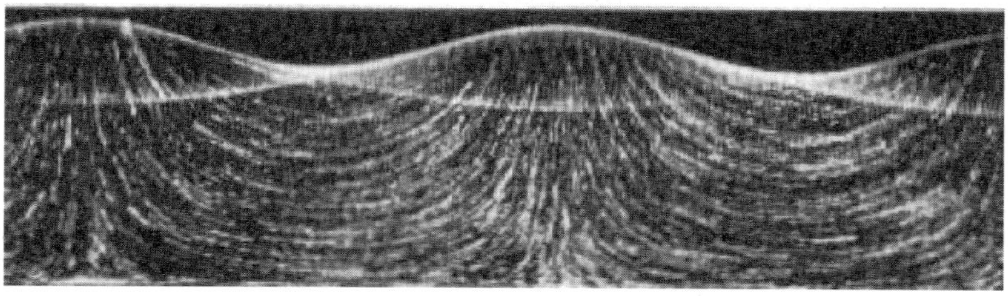

[그림 1.15] 정지파에 있어서 유체 입자의 궤적

3. 불규칙파

1) 파 스펙트럼

본 장의 서언에 불규칙파의 파면이 수많은 규칙파의 선형 중첩에 의하여 표현될 수 있다는 것을 중첩원리를 이용하여 설명하였다. 동일한 방향으로 전진하는 두 개의 규칙파만을 중첩하여 새로운 파를 생성하는 과정을 그림 1.16에 보여주고 있다.

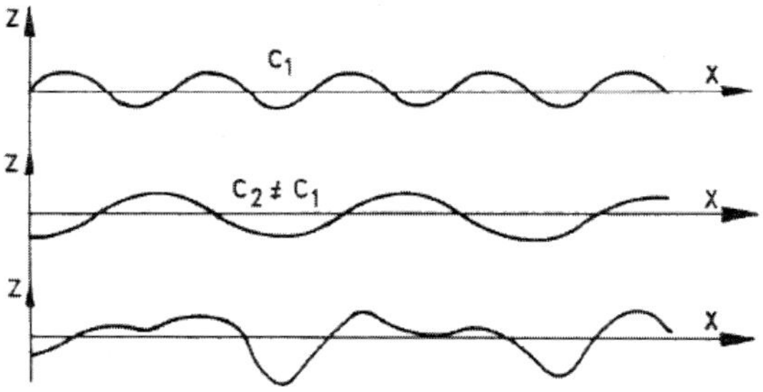

[그림 1.16] 동일한 방향으로 전진하는 두 개의 규칙파의 중첩

세 개의 규칙파를 중첩한다면 앞선 그림보다 좀 더 현실적인 파를 생성할 수 있을 것이다. 동일한 방향으로 진행하는 단위 파들의 중첩을 가정하였기 때문에 파정의 길이가 무한히 긴 장파정파(long-crested wave)가 생성되며, 따라서 파 형상에 관한 모든 정보는 2차원 평면(x-z 평면) 상에서 관찰할 수 있다.

장파정 불규칙파의 경우에 파의 평균적인 정보만을 필요로 한다면 15개 내지는 20개 정도의 규칙파들의 합으로 충분한 이용 가능한 불규칙파를 생성할 수 있다. 통계적인 분포 등 추가적인 정보가 필요한 경우에는 더 많은 숫자의 단위 규칙파를 중첩하여야 한다.

2) 통계 해석

그림 1.17은 임의의 불규칙파에 대한 해수면의 시간영역 변화를 보여주고 있다, 이러한 시간 변화 기록을 이용하면 통계자료를 얻기 위한 간단한 해석을 수행할 수 있다. 통계 해석 결과의 신뢰성을 확보하기 위하여 시계열의 길이는 가장 긴 주기의 파를 적어도 100개 정도 포함하여야 한다.

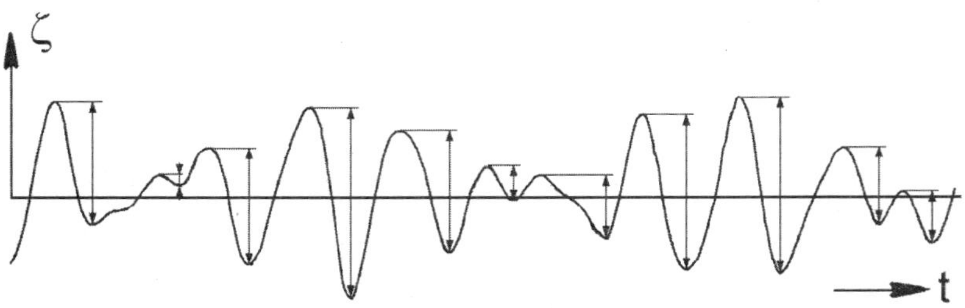

[그림 1.17] 해수면의 시간영역 변화

(1) 평균 파 주기

평균 파 주기, $\overline{T}$는 제로 교차(zero-crossing) 주기, 파정간 주기 또는 파저간 주기의 평균으로부터 쉽게 구할 수 있다. 가장 간단한 방법은 전체 시계열의 길이를 상향(또는 하향) 제로 교차의 개수에서 하나를 뺀 숫자로 나누는 것이다.

(2) 파고 통계치

파고의 평균치를 구하는 것은 평균 파 주기를 구하는 과정보다는 추가적인 가정이 필요하다. 우선, 연속되는 파고를 계측하고, 정해진 간격에 포함되는 파고들을 취합하여 각 군을 만든다. 각 군에 속한 파의 개수를 산정하고, 전체 파고 개수로 나누어 확률밀도함수(probability density function), $f(x)$를 구한다. 최종적으로, 이 확률밀도함수를 더함에 의하여 확률분포함수, $F(x)$를 구한다. 수학적으로는 다음 식과 같이 확률분포함수는 확률밀도함수의 적분에 의하여 산출한다.

$$F(x_1) = \int_{-\infty}^{x_1} f(x) \tag{1.82}$$

간단한 예가 표 1.1에 주어져있다.

[표 1.1] 파고의 분포

wave height intervals (*m*)	wave height average (*m*)	number of waves (*n*)	frequency quotient *f*(*x*)	cumulative frequency quotient *F*(*x*)
0.25~0.75	0.5	15	0.100	0.100
0.75~1.25	1.0	30	0.200	0.300
1.25~1.75	1.5	55	0.367	0.667
1.75~2.25	2.0	21	0.140	0.807
2.25~2.75	2.5	14	0.093	0.900
2.75~3.25	3.0	9	0.060	0.960
3.25~3.75	3.5	5	0.033	0.993
3.75~4.25	4.0	1	0.007	1.000
total		150	1.000	

표 1.1에 정리되어 있는 파고의 확률밀도함수, $f(x)$를 그림 1.18-a에 막대그래프로 나타내었다. 또한, 상응한 확률분포함수, $F(x)$를 그림 1.18-b에 나타내었다.

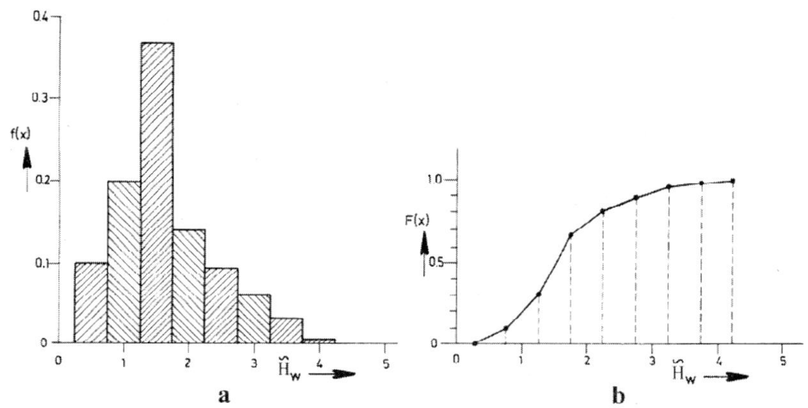

[그림 1.18] 파고의 확률밀도함수 및 확률분포함수

확률밀도함수를 이용하여 다양한 통계 정보를 얻을 수 있다. 예를 들어서, 파고, H_w

가 어떠한 경계치, a를 넘을 확률은 다음과 같이 구한다.

$$P\{H_w > a\}= \int_a^{\infty} f(x) \tag{1.83}$$

(2) 평균 파고

평균 파고, $\overline{H}$는 표 1.1을 이용하여 다음과 같이 구할 수 있다.

$$\overline{H} = \frac{0.5\times15+1.0\times30+1.5\times55+2.0\times21+2.5\times14+3.0\cdot\ 9+3.5\times5+4.0\times1}{150} = 1.64\text{m}$$

또는

$$\overline{H}= \int_0^{\infty} xf(x)dx =0.5\times0.10+1.0\times0.20+1.5\times0.367+2.0\times0.14+2.5 \\ \times0.093+3.0\times0.06+3.5\times0.033+4.0\times0.07=1.64\text{m}$$

(3) 유의 파고

유의 파고, $H_{1/3}$는 전체 파고 자료 중에서 큰 순서대로 1/3에 해당하는 파고의 평균값으로 정의된다. 따라서, 이 경우에는 :

$$H_{1/3} = \frac{2.0\times21+2.5\times14+3.0\times9+3.5\times5+4.0\times1}{150} = 2.51\text{m}$$

또는

$$H_{1/3} = \int_{x_{1/3}}^{\infty} xf(x)dx = 2.0\times0.52+2.5\times0.297+3.0\times0.18 \\ +3.5\times0.099+4.0\times0.28=2.51\text{m}$$

유의 파고는 파고의 통계치 중에서 실제적으로 가장 많이 사용되는 통계치이다. 목측에 의한 파고와 유의 파고 사이에 의미 있는 상관관계가 존재하는 것으로 평가되고 있다. 큰 파도는 작은 파도보다 관측자에게 더 큰 인상을 남길 가능성이 높다고 볼 수도 있다.

(5) 파형 기록과 샘플링

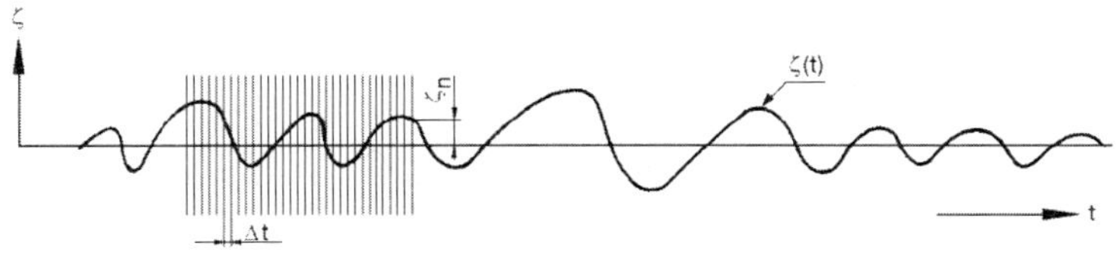

[그림 1.19] 파형 기록과 샘플링

불규칙파의 파형 기록, $\zeta(t)$가 그림 1.19와 같이 주어져 있다. 이미 언급한 바와 같이 파형 기록의 길이는 가장 긴 주기의 파를 적어도 100개 정도 포함하여야 파형 기록으로부터 얻은 통계치가 충분한 신뢰성을 가진다.

기록은 일정한 시간 간격, Δt로 샘플링되고, 결과적으로 생성되는 샘플링 데이터 수, N은 충분히 크다고 가정한다. 불규칙 해양파의 경우에는 15분에서 20분 정도의 파형 기록과 1/2초의 샘플링 간격이 통상적으로 사용된다. 파장이 매우 긴 놀을 포함하는 해양파의 경우에는 보다 더 긴 시간의 파형 기록이 필요할 수 있다.

N개 샘플링 데이터의 평균값으로부터 정수면의 위치를 정의할 수 있으며, 정수면으로부터 각각의 자료까지의 거리를 취하여 수면의 수직 변위 데이터 N개를 얻을 수 있다.

(6) 표준 편차

파형 변위, $\zeta(t)$의 표준 편차, σ는 파형 샘플링 자료를 이용하여 다음과 같이 구할 수 있다.

$$\sigma = \sqrt{\frac{1}{N-1}\sum_{n=1}^{N}\zeta_n^2} \tag{1.84}$$

앞서 파고의 통계치를 얻기 위해서는 파고의 자료가 사용되었으나, 식(1.84)를 이용하여 산출되는 표준 편차는 파형 변위의 순간적인 변화와 관계가 있다.

표준 편차는 평균값이 영인 시계열 자료의 경우에는 제곱 평균(RMS) 값과 동일하며 파고의 유의치, $H_{1/3}$와 다음의 관계가 있다(파고의 확률밀도함수가 레일리 분포를 따른다는 가정이 필요함).

$$H_{1/3} = 4.0\,\sigma \tag{1.85}$$

(7) 파형 시계열 분포 - 정규 분포(또는 가우시안 분포)

불규칙파의 수면 변위, ζ는 중심극한이론(central limit theorem)에 의하면 정규 분포(또는 가우시안 분포)를 가지는 것으로 가정할 수 있다(그림 1.20). 평균 수면을 영으로 할 때 정규 분포의 식은 다음과 같다.

$$f(x) = \frac{1}{\sigma\sqrt{2\pi}} exp\left\{-\left(\frac{x}{\sigma\sqrt{2}}\right)^2\right\} \tag{1.86}$$

여기서 x는 독립변수이고 σ는 식(1.84)를 이용하여 구한 표준편차이다.

식(1.86)을 이용하여 수면의 변위, ζ가 특정한 한계치(threshold value)보다 클 확률을 다음과 같이 구할 수 있다.

$$P\{\zeta > a\} = \int_a^\infty f(x)\,dx = \frac{1}{\sigma\sqrt{2\pi}}\int_a^\infty \exp\left\{-\left(\frac{x}{\sigma\sqrt{2}}\right)^2\right\} dx \tag{1.87}$$

이 적분은 독립변수 x가 a보다 클 때의 정규 분포 곡선 하부 면적을 나타낸다.

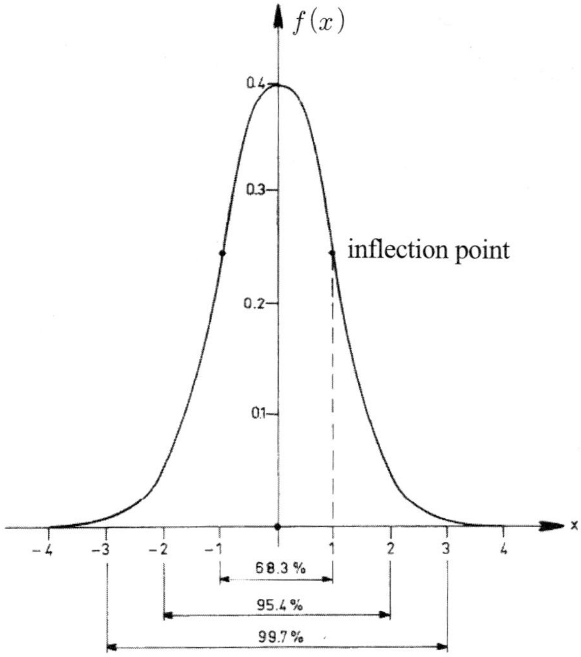

[그림 1.20] 표준 정규 분포와 분포 확률 ($\sigma = 1$)

(8) 파 진폭의 분포 - 레일리 분포(Rayleigh Distribution)

불규칙파에 포함되어 있는 성분파들의 주파수 범위가 크지 않은 경우 그러한 파를 협대역파(narrow banded wave)라고 하며, 대부분의 국지파(wave)와 놀(swell)이 협대역파에 속한다. 협대역파에 속하는 불규칙파에 있어서 수면 변위의 분포가 앞서 서술한 정규분포를 따르면 파 진폭의 분포는 레일리 분포를 따른다.

레일리 분포 함수는 다음과 같다.

$$f(x) = \frac{x}{\sigma^2} exp\left\{-\left(\frac{x}{\sigma\sqrt{2}}\right)^2\right\} \tag{1.88}$$

여기서 x는 파 진폭에 해당하는 독립변수이고 σ는 식(1.84)를 이용하여 구한 표준편차이다.

레일리 분포 함수에서 파고를 독립변수로 표현하면 다음과 같다.

$$f(H_w) = \frac{H_w}{4\sigma^2} exp\left\{-\frac{H_w^2}{8\sigma^2}\right\} \tag{1.89}$$

레일리 분포를 이용하면 파 진폭, ζ_a가 임의의 한계치, a를 초과할 확률을 다음의 식에 의하여 구할 수 있다.

$$P\{\zeta_a > a\} = \int_a^\infty f(x)\,dx = \frac{1}{\sigma^2}\int_a^\infty x\ \exp\left\{-\left(\frac{x}{\sigma\sqrt{2}}\right)^2\right\}\,dx$$

$$= \exp\left\{-\frac{a^2}{2\sigma^2}\right\} \tag{1.90}$$

식(1.90)을 파고, H_w가 한계치, H를 초과할 확률로 표시하면 다음과 같다.

$$P\{H_w > H\} = \exp\left\{-2\left(\frac{H}{4\sigma}\right)^2\right\} = \exp\left\{-2\left(\frac{H}{H_{1/3}}\right)^2\right\} \tag{1.91}$$

식(1.91)의 마지막 항은 유의 파고, $H_{1/3}$와 표준편차, σ의 관계가 이용되었다. 레일리 확률 분포 함수는 그림 1.21-a에 도시되어 있고 그림 1.21-b는 로그 스케일로 표시된 파고의 비율, $H/H_{1/3}$을 독립 변수로 하여 나타낸 초과 확률의 그래프이다.

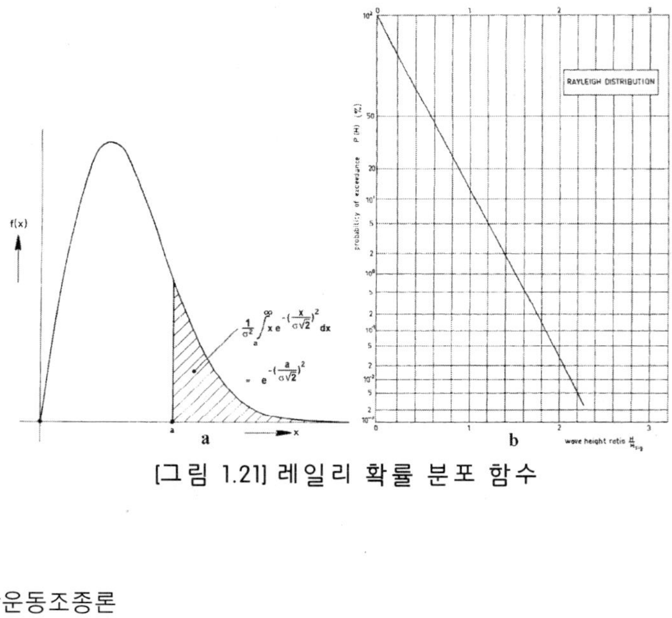

[그림 1.21] 레일리 확률 분포 함수

(9) 최상위 파고 $1/n$ 평균

파고가 특정한 값을 초과할 확률 즉, 식(1.91)의 값이 $1/n$일 때의 파고를 $H_w{}'$로 표시하면 식(1.91)은 다음 식과 같이 쓸 수 있다.

$$P\{H_w > H_w{}'\} = \exp\left\{-2\left(\frac{H_w{}'}{4\sigma}\right)^2\right\} = \frac{1}{n} \tag{1.92}$$

상기 식을 이용하면 최상위 파고 $1/n$의 평균값, $(H_w)_{1/n}$을 다음과 같이 구한다.

$$(H_w)_{1/n} = \int_{H_w{}'}^{\infty} H_w f(H_w) dH_w \tag{1.93}$$

여기서 $f(H_w)$는 파고를 독립함수로 표현한 레일리 확률 분포 함수, 식(1.89)이다.

상기 식에서 대표적인 몇 개의 n값에 대한 식(1.93)의 결과를 보면 다음과 같다.

$$\begin{aligned}(H_w)_{1/1} &= 2.5\ \sigma \\ (H_w)_{1/3} &= 4.0\ \sigma \\ (H_w)_{1/10} &= 5.1\ \sigma\end{aligned} \tag{1.94}$$

보편적으로 가장 많이 사용되는 파고는 n값이 3인 경우, 즉 최상위 1/3 파고의 평균값으로 유의 파고라고 불린다. 파고의 분포를 레일리 분포로 가정하여 유도한 한 결과로서 식(1.85)와 동일함을 확인할 수 있다.

(10) 최대 파고

폭풍 중에서 만날 수 있는 가장 큰 파고를 통계적으로 구하는 과정을 생각해 본다. 가장 큰 파고를 추정하기 위하여 식(1.91)의 값을 영으로 놓고 파고, H를 구하면 파고가 무한대의 값이 될 것이다. 결과적으로 실용적인 면에서 의미가 없는 결과를 얻는다.

좀 더 현실적으로 평균 1,000개의 파고 중에서 가장 큰 파고를 최대 파고로 선택할 수 있다. 샘플링 단위가 되는 파고 개수의 선택은 인위적이지만 해양에서 하나의 해상상태의 지속시간이 약 3시간, 평균 파 주기가 10초 내외로 가정하면 그 시간 동안에 발생하는 1,000개의 파를 최대파고 선정을 위한 샘플링 단위로 선택할 수 있다. 이 논리를 식 (1.91)에 적용하면 다음 식과 같이 최대파고를 구할 수 있다.

$$\exp\left\{-2\left(\frac{H_{\max}}{(H_w)_{1/3}}\right)^2\right\}=\frac{1}{1{,}000} \quad \text{or} \quad H_{\max}=1.68\ (H_w)_{1/3} \tag{1.95}$$

샘플링 단위가 되는 파고의 개수를 N개로 일반화할 때 최대 파고의 식은 다음과 같다.

$$\frac{H_{\max}}{(H_w)1/3}=\sqrt{\frac{\ln N}{2}} \tag{1.96}$$

4. 파 에너지 스펙트럼

1) 기본 원리

양의 x-방향으로 진행하는 불규칙 장파정파는 St. Denis와 Pierson의 중첩 원리에 의하여 많은 개수의 규칙 성분파의 합으로 나타낼 수 있다.

$$\zeta(t)=\sum_{n=1}^{N}\zeta_{a_n}\ \cos(k_n x-\omega_n t+\epsilon_n) \tag{1.97}$$

여기서 각 성분 n에 대하여

ζ_{a_n} : 성분파의 진폭(m)
ω_n : 성분파의 원 주파수(rad/s)
k_n : 성분파의 파수(rad/m)
ϵ_n : 성분파의 위상(rad)

한 지점에서 계측한 파형의 시간 변화 신호에 대한 후리에 급수 해석 결과는 공간 의존성을 가진 파수, k에 대한 정보를 포함하고 있지 않다. 그러나 전 절에서 언급한 분산관계를 이용하면 원 주파수로부터 파수를 계산할 수 있으므로 문제가 되지 않는다.

파형의 시간 변화 신호에 대한 후리에 급수는 각각의 원주파수, ω_n에 대하여 성분파의 진폭, ζ_{a_n}과 위상, ϵ_n 정보를 제공한다. 따라서, 충분한 개수의 후리에 급수를 취하면 전체 시간에 대한 기록을 정확하게 재생할 수 있다. 그러나, 실제적으로 파형의 시간에 따른 변화 그 자체를 정확히 알 필요는 없고, 주파수와 진폭으로 표현되는 통계적 정보를 아는 것으로 충분하다. 이러한 경우에 위상에 대한 정보는 무시해도 상관없다.

2) 에너지 밀도 스펙트럼

그림 1.19와 같이 충분히 긴 불규칙 파형의 시간 영역 변화를 고려하면 파면의 변위는 평균값이 영이고 정규 분포를 따른다고 가정할 수 있다. 이 신호에 대한 분산(variance), σ_ζ^2은 다음과 같다.

$$\begin{aligned}\sigma_\zeta^2 &= \overline{\zeta^2} = \frac{1}{M}\sum_{n=1}^{M}\zeta_n^2 = \frac{1}{M\cdot\Delta t}\sum_{n=1}^{M}\zeta_n^2\,\Delta t \\ &= \frac{1}{\tau}\int_0^\tau \zeta^2(t)\;dt = \frac{1}{\tau}\int_0^\tau\left\{\sum_{n=1}^{N}\zeta_{a_n}\cos\left(k_n x-\omega_n t+\epsilon_n\right)\right\}^2 dt \\ &= \sum_{n=1}^{N}\frac{1}{2}\zeta_{a_n}^2\end{aligned} \tag{1.98}$$

여기서

$$\tau : N\cdot\Delta t$$

파 스펙트럼, $S_\zeta(\omega_n)$은 정해진 주파수 폭, $\Delta\omega$안에 포함되어 있는 성분파에 대한 분산과 다음과 같은 관계가 있다(그림 1.22).

$$S_\zeta(\omega_n)\ \Delta\omega = \sum_{\omega_n}^{\omega_n+\Delta\omega} \frac{1}{2}\zeta_{a_n}^2 \tag{1.99}$$

여기서 $\Delta\omega$는 후리에 급수 해석에서 연속한 두 주파수 사이의 간격을 나타낸다. 상기 식의 우변에 유체의 밀도와 중력가속도를 곱하면 주파수 폭 $\Delta\omega$ 내에 있는 성분파에 내재된 단위 면적 당 파 에너지가 된다.

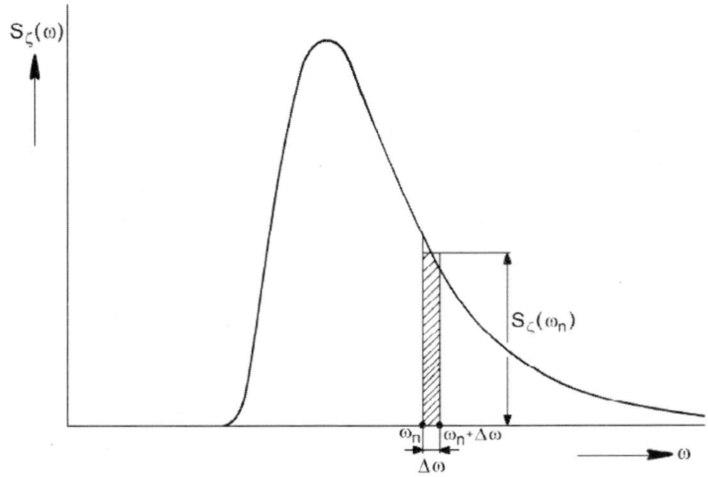

[그림 1.22] 에너지 스펙트럼의 정의

주파수 폭을 매우 작게 하면 $\Delta\omega\rightarrow0$, 파 에너지 스펙트럼, $S_\zeta(\omega)$이 아래의 식과 같이 정의된다.

$$S_\zeta(\omega_n)\ d\omega = \frac{1}{2}\zeta_{a_n}^2 \tag{1.100}$$

결과적으로 자유수면 변위에 대한 분산, σ_ζ^2이 에너지 스펙트럼 하부의 면적과 동일하다.

$$\sigma_\zeta^2 = \sum_{n=1}^{N} \frac{1}{2}\zeta_{a_n}^2 = \int_0^\infty S_\zeta(\omega)\ d\omega \tag{1.101}$$

그림 1.23는 파 스펙트럼의 의미 및 스펙트럼과 불규칙파와의 관계를 도시하고 있다. 그림의 왼쪽 아래 부분에 있는 불규칙파의 시간 영역 변화는 후리에 급수 해석에 의하여 고유의 주파수, 진폭 및 위상을 갖는 많은 수의 성분 규칙파의 합으로 표현된다. 위상은 다소 무작위한 성격을 가지고 있다. 각각의 성분 규칙파로부터 $\frac{1}{2}\zeta_a^2(\omega)/\Delta\omega$ 값을 계산하여 원 주파수를 독립 변수로 하는 수직 평면상에 도시한 것이 파 에너지 스펙트럼, $S_\zeta(\omega)$이다. 위상 정보는 스펙트럼으로 변환하는 과정에서 없어지게 된다.

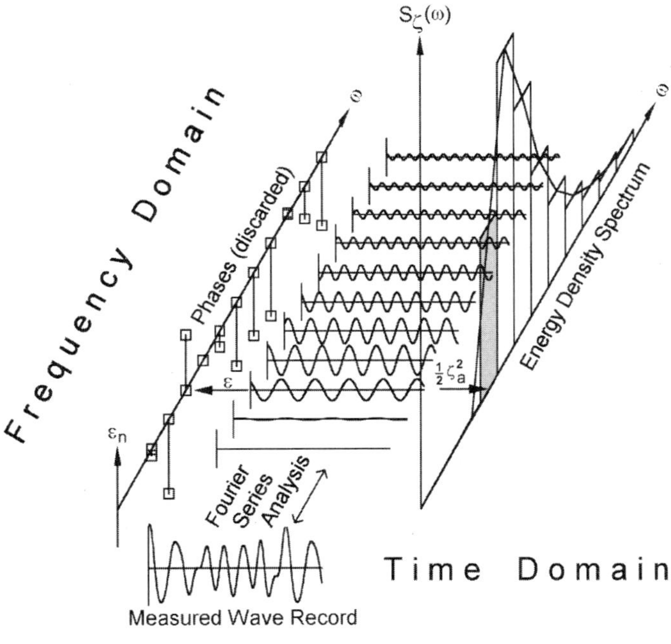

[그림 1.23] 파형 신호 해석

(1) 스펙트럼 좌표축 변환

파 스펙트럼이 원주파수, ω 대신에 헤르쯔($f=1/T$) 단위의 주파수의 함수로 주어지면 스펙트럼도 변환되어야 한다. 즉, 원주파수, ω를 독립변수로 하는 스펙트럼, $S_\zeta(\omega)$와 주파수 f를 독립변수로 하는 스펙트럼, $S_\zeta(f)$은 다르다. 상응하는 주파수 간격, 즉 $\Delta\omega$와 Δf에 해당하는 스펙트럼 하부의 면적(또는 파 에너지)이 같아야 하기 때문에 다음과 같은 관계가 성립해야 한다.

$$S_\zeta(\omega)\cdot d\omega = S_\zeta(f)\cdot df \quad 또는 \quad S_\zeta(\omega) = \frac{S_\zeta(f)}{\frac{d\omega}{df}} \tag{1.102}$$

원주파수와 주파수의 관계 :

$$\omega = 2\pi f \quad 또는 \quad \frac{d\omega}{df} = 2\pi \tag{1.103}$$

식(1.103)를 식(1.102)에 대입하면 다음의 관계를 얻는다.

$$S_\zeta(\omega) = S_\zeta(f)\frac{df}{d\omega} = \frac{1}{2\pi}S_\zeta(f) \tag{1.104}$$

그림 1.24에 스펙트럼 변환의 예를 보여준다. 스펙트럼 변환 결과 두 스펙트럼 하부의 면적이 동일해 짐을 알 수 있다.

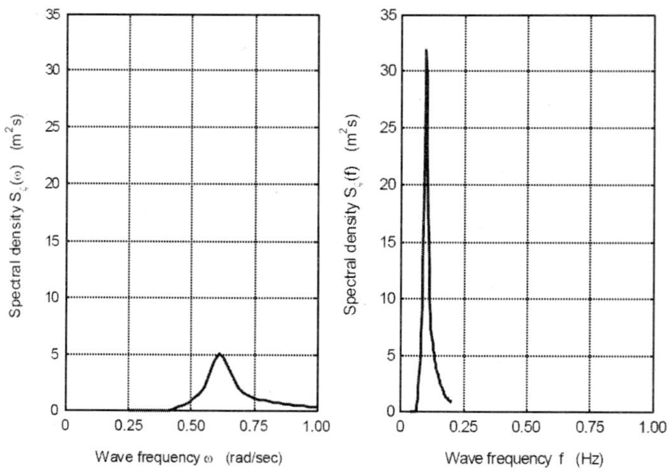

[그림 1.24] 원주파수와 주파수의 함수로 표시된 파 스펙트럼

(2) 불규칙파 파고 및 파 주기

스펙트럼 하부 면적의 모멘트로부터 불규칙파 해석에 유용한 파고와 파 주기에 관한 여러가지 통계값들을 계산할 수 있다. 모멘트를 m으로 나타내면 $m_{n\zeta}$는 원주파수가 영인 수직축을 기준으로 한 파 스펙트럼의 n차 모멘트를 나타낸다.

$$m_{n\zeta} = \int_0^\infty \omega^n \ S_\zeta(\omega)\, d\omega \tag{1.105}$$

즉, $m_{0\zeta}$는 스펙트럼 하부의 면적을 나타내고, $m_{1\zeta}$는 면적의 1차 모멘트 그리고 $m_{2\zeta}$는 면적의 2차 모멘트를 나타낸다.

전절에서 기술된 바와 같이 스펙트럼 하부의 면적, $m_{0\zeta}$는 불규칙 파형 변위의 분산, σ_ζ^2과 같으며 다양한 파의 진폭 및 파고와 다음과 같은 밀접한 관련이 있다.

$$\begin{aligned}
RMS = \sigma_\zeta &= \sqrt{m_{0\zeta}} && \text{(해수면 변위의 제곱평균)} \\
\zeta_{1/3} &= 2.0\sqrt{m_{0\zeta}} && \text{(유의 진폭)} \\
H_{1/3} &= 4.0\ \sqrt{m_{0\zeta}} && \text{(유의 파고)} \\
H_{1/10} &= 5.1\ \sqrt{m_{0\zeta}} && \text{(최대 파고값 1/10의 평균값)}
\end{aligned} \tag{1.106}$$

스펙트럼 모멘트로부터 불규칙파의 특성 파 주기를 다음과 같이 구한다.

$$\begin{aligned}
T_{-1} &= 2\pi\frac{m_{-1\zeta}}{m_{0\zeta}} && \text{(평균 주기)} \\
T_1 &= 2\pi\frac{m_{0\zeta}}{m_{1\zeta}} && \text{(평균 도심 주기)} \\
T_2 &= 2\pi\sqrt{\frac{m_{0\zeta}}{m_{2\zeta}}} && \text{(평균 영점 교차 주기)} \\
T_c &= 2\pi\sqrt{\frac{m_{2\zeta}}{m_{4\zeta}}} && \text{(평균 파정간 주기)}
\end{aligned} \tag{1.107}$$

상기의 주기 외에 스펙트럼 최대값에 해당하는 주기를 T_p로 표기한다.

3) 표준 파 스펙트럼

앞 절에서 임의의 불규칙파 시계열로부터 파 에너지 스펙트럼과 특성 파고 및 특성 파 주기를 산출 하는 과정을 살펴보았다. 그러나 전 세계 해상상태는 기상의 변화에 따라서 지역적으로 시간적으로 변화하며, 그에 따라서 파 스펙트럼도 지속적으로 변화하리라고 예상 할 수 있다. 또한, 파에 포함되어 있는 에너지의 총량이 같더라도, 즉 유의파의 크기가 같더라도 주파수에 따른 에너지의 분포가 매우 달라서 파 주기 면에서 매우 다른 해상상태가 발생할 수도 있다. 이러한 다양성에도 불구하고 연구자들은 적절한 가정 하에 해양파에 대한 표준 스펙트럼들을 제안하여 사용하고 있으며 그 중에서 몇 가지는 선박 및 해양구조물의 성능 평가 및 비교를 위한 목적으로 유용하게 사용되고 있다. 여기에서는 가장 대표적이고 많이 사용되고 있는 파 스펙트럼 3가지를 소개한다. 파 스펙트럼의 수학적인 식은 파고나 파 주기와 관련 있는 물리량들을 중요한 파라미터로 가지고 있다.

(1) Pierson−Moskowitz 스펙트럼

Pierson-Moskowitz 스펙트럼은 해면 위 19.5m 위치에서의 풍속을 유일한 매개변수로 하는 1-파라미터 스펙트럼으로 바람이 분 거리(fetch)와 시간(duration)이 충분히 큰 개방된 해역을 대표하는 표준 스펙트럼이다. 스펙트럼의 식은 다음과 같다.

$$S(\omega) = \frac{\alpha g^2}{\omega^5} exp\left[-\beta\left(\frac{g}{V_w}\right)^4\right] \tag{1.108}$$

여기서

$S(\omega)$: 스펙트럼 $(cm^2 \cdot \sec)$

α : 8.10×10^{-3}

β : 0.74

g : 중력가속도($cm/\sec^2$)

V_ω : 해면 위 19.5m 지점의 풍속($cm/\sec$)

(2) Bretschneider 스펙트럼

Bretschneider 스펙트럼은 파고와 파 주기를 매개변수로 하는 2-파라미터 스펙트럼으로 특히 외해(open sea)에 적용할 수 있는 스펙트럼이다. 스펙트럼의 식은 다음과 같다.

$$S_\zeta(\omega) = \frac{173\ H_{1/3}^2}{T_1^4}\ \omega^{-5}\ \exp\left\{\frac{-692}{T_1^4}\ \omega^{-4}\right\} \tag{1.109}$$

특성 주기 사이의 이론적인 관계는 다음과 같다.

$$\begin{aligned} T_1 &= 1.086 \cdot T_2 &&= 0.772 \cdot T_p \\ 0.921 \cdot T_1 &= T_2 &&= 0.711 \cdot T_p \\ 1.296 \cdot T_1 &= 1.407 \cdot T_2 &&= T_p \end{aligned} \tag{1.110}$$

이 스펙트럼은 1967년 제 2차 ISSC(International Ship Structure Congress)와 1969년 제 12차 ITTC(International Towing Tank Conference)에서 내항성 해석과 모형시험을 위한 표준 스펙트럼으로 채용되었으며 수정된 2-파라미터 Pierson-Moskowitz 스펙트럼, ISSC 스펙트럼 또는 ITTC 스펙트럼으로 불리기도 한다.

충분히 발달한 해상 상태에 대한 본래의 1-파라미터 Pierson-Moskowitz 스펙트럼이 다음과 같이 Bretschneider 스펙트럼의 정의에 따른 유의파와 특성 파 주기의 관계에 의하여 얻어 질 수 있다.

$$\begin{aligned} T_1 &= 3.86\ \sqrt{H_{1/3}} \\ T_2 &= 3.56\ \sqrt{H_{1/3}} \end{aligned} \tag{1.111}$$

실제 해양에서 계측한 스펙트럼은 평균적인 분포를 나타내는 이론적인 스펙트럼과 다르다. 그림 1.25는 대서양에서 발생한 폭풍 시에 계측한 스펙트럼과 표준 스펙트럼을 비교한 결과이다.

목측에 의하여 얻는 파고와 파 주기의 정보와 Bretschneider 스펙트럼의 파라미터와의 관계를 나타내는 식은 다음과 같다.

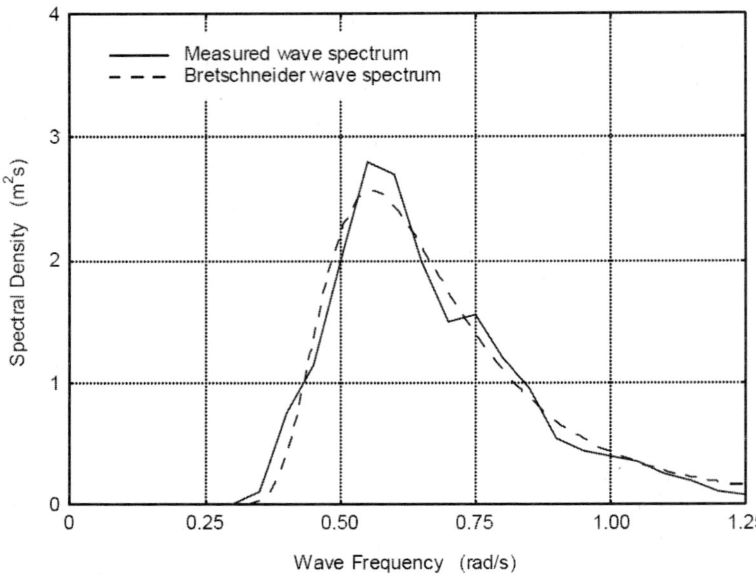

[그림 1.25] 계측 스펙트럼과 표준 스펙트럼의 비교

$$H_{1/3} = 1.68 \cdot H_v^{0.75}$$

$$\omega_p = \frac{2\pi}{T_p} = \frac{2\pi}{T_2/0.71} = \frac{5.44}{T_v^{0.96}} \tag{1.112}$$

여기서 H_v와 T_v는 목측에 의한 평균 파고와 파 주기를 의미한다.

(3) JONSWAP 스펙트럼

1968년과 1969년에 북해의 Sylt 섬으로부터 100마일 떨어진 지점까지의 해역에서 집중적인 파랑 계측이 행해진 JONSWAP(Joint North Sea Wave Project) 프로젝트가 수행되었다. 계측 자료에 대한 해석 결과로부터 북해의 제한된(fetch-limited) 해역에 발생하는

풍파에 대한 스펙트럼 식을 유도하였다

JONSWAP 스펙트럼은 1984년 제 17차 ITTC에서 제한된 해역에서의 표준 스펙트럼으로 추천되었다.

$$S_\zeta(\omega) = \frac{320 \cdot H_{1/3}^2}{T_p^4}\,\omega^{-5}\exp\left\{\frac{-1950}{T_p^4}\,\omega^{-4}\right\}\gamma^A \tag{1.113}$$

여기서

$\gamma \;=\; 3.3$ (첨예도 계수)

$$A = \exp\left\{-\left(\frac{\dfrac{\omega}{\omega_p}-1}{\sigma\sqrt{2}}\right)^2\right\}$$

$\omega_p = \dfrac{2\pi}{T_p}$ (스펙트럼 최대치에서의 원주파수)

σ= 원주파수의 스텝함수 : if $\omega < \omega_p$ than $\sigma = 0.07$

if $\omega > \omega_p$ than $\sigma = 0.09$

$\gamma^A = 1.552$ 일 때 JONSWAP 스펙트럼은 Bretschneider 스펙트럼의 식과 동일하다.
특성 주기 사이의 이론적인 관계는 다음과 같다.

$$\begin{aligned} T_1 &= 1.073 \cdot T_2 &&= 0.834 \cdot T_p \\ 0.932 \cdot T_1 &= T_2 &&= 0.777 \cdot T_p \\ 1.199 \cdot T_1 &= 1.287 \cdot T_2 &&= T_p \end{aligned} \tag{1.114}$$

때로는 첨예도 계수 γ를 변화시킴에 의하여 JONSWAP 스펙트럼에 파라미터 하나가 추가되기도 한다.

그림 1.26는 유의 파고가 4m이고 스펙트럼 최대치 주기가 각각 6초, 8초 및 10초인 3개의 해상상태에 대한 Bretschneider 스펙트럼과 JONSWAP 스펙트럼을 비교를 보여준다.

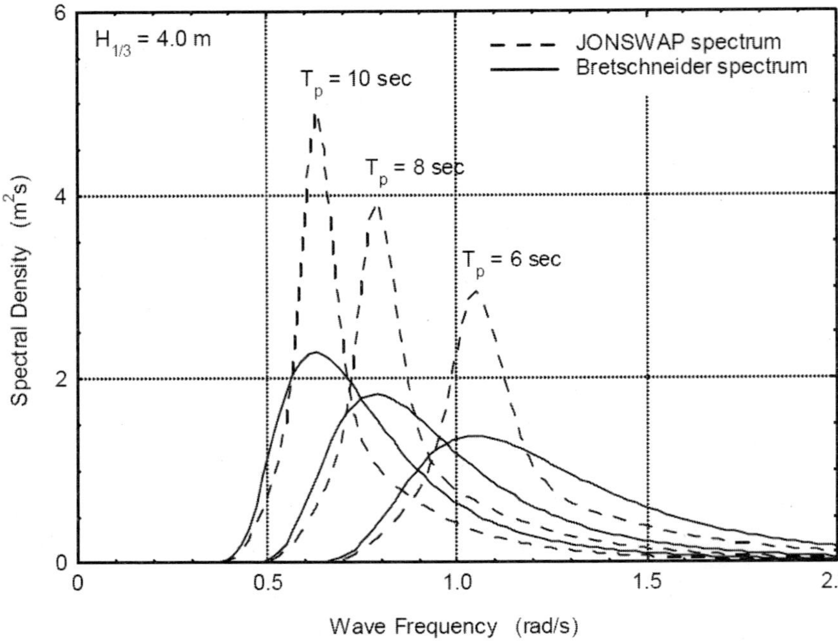

[그림 1.26] Bretschneider 스펙트럼과 JONSWAP 스펙트럼의 비교

(4) 스펙트럼 방향 분산

파 에너지의 방향 분산을 고려할 때에는 대체로 코사인 자승 법칙이 적용된다. 이 경우에 단파정파(short-crested wave)의 스펙트럼은 장파정파(long-crested wave)의 스펙트럼에 방향 분산 함수(directional spreading function)을 곱한 형태로 다음 식과 같이 표현한다.

$$S_\zeta(\omega,\mu) = \left\{\frac{2}{\pi}\cos^2(\mu-\overline{\mu})\right\} S_\zeta(\omega) \tag{1.115}$$

여기서

$$-\frac{\pi}{2} \le (\mu-\overline{\mu}) \le \frac{\pi}{2}$$

$\overline{\mu}$는 주 파도 방향을 나타낸다. 계측된 단파정파와 분산함수를 이용하여 얻은 단파정

파를 비교한 결과가 그림 1.27에 도시되어 있다.

이론적인 단파정파와 실제 해상상태와의 차이는 어느 정도 항상 존재하며 국지파(sea)와 놀(swell)이 서로 다른 방향으로 진행할 때는 특히 매우 다르게 나타난다.

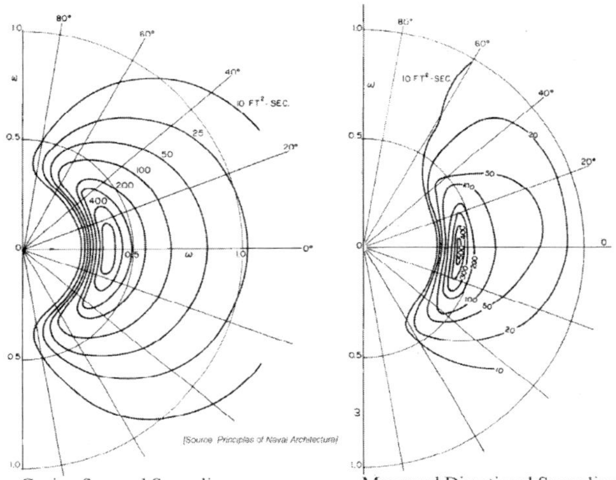

Cosine-Squared Spreading　　Measured Directional Spreading

[그림 1.27] 분산함수를 이용한 단파정파와 계측된 단파정파의 비교

제 2 장
파력

1. 서론

해양파 역학의 중요한 응용분야는 파에 의하여 다양한 해양구조물에 미치는 힘과 그에 따라 발생하는 부유체 운동이다. 해양구조물은 해저 고정되어 있는 고정구조물이거나 해중에 떠있는 부유구조물에 상관없이 파력을 받는다.

파력에 대한 연구는 전통적인 학문분야이기 때문에 오랜 기간 동안 많은 연구가 진행되어 왔다. 종래에 많이 수행되던 선형이론에 의한 주파수 영역에서의 파력 추정을 벗어나 근래에는 비선형이론, 시간영역에서의 연구가 활발하게 진행되고 있다. 최근에는 전산유체역학의 비약적 발전에 따라 구조물 주의의 유동장, 구조물에 작용하는 하중 및 동적 거동의 추정에 전산유체역학을 사용하는 연구가 활발하게 진행되고 있다.

파력은 크게 관성력과 항력으로 구성되어 있다. 구조물이 파장에 비해서 클 경우에는 유체의 점성과 관련이 있는 후류의 영향은 적고 관성력이 중요하게 된다. 이 경우에는 포텐셜 이론을 이용한 비교적 정도 높은 파력 추정법이 개발되어 사용되고 있다. 그러나 구조물이 작은 경우에는 후류의 영향이 크며, 구조물 표면의 조도(roughness)도 무시할 수 없다. 이 경우에는 신뢰할 만한 이론적인 해석법은 개발되어 있지 않고 실험에 의하거나 전산유체역학 이론을 이용하여 구조물 주위의 유동장 및 파력을 추정하는 연구가 활발하게 진행되고 있다.

2. 포텐셜 유동 이론

구조물에 작용하는 파력에 대한 이해를 위하여 우선 비교적 단순한 원주 주위의 비점성 유동 현상에 대하여 검토를 하는 것이 매우 효과적이다. 편의상 해수 중에 수직으로 세워져 있는 원주의 한 단면을 고려한다. 또한 그 단면은 자유수면으로부터 멀리 떨어져 있어서 자유수면의 영향이 거의 없다고 가정한다. 선택된 단면에 작용하는 파력은 포텐셜 유동의 해로부터 구한 유체압력을 적분함에 구할 수 있다. 원주 구조물에 대하여는 수평면을 기준으로 원주 극좌표계 (r,θ,z)를 사용하는 것이 편리하다. 원주 극좌표계에 있어서 라플라스 방정식은 다음과 같다.

$$\nabla^2\phi = \frac{\partial^2\phi}{\partial r^2} + \frac{1}{r}\frac{\partial\phi}{\partial r} + \frac{\partial\phi}{r^2\partial\theta^2} + \frac{\partial^2\phi}{\partial z^2} = 0 \tag{2.1}$$

그리고, 속도 성분은 속도 포텐셜의 정의로부터 다음과 같다.

$$u_r = \frac{\partial\phi}{\partial r}, \quad u_\theta = \frac{1}{r}\frac{\partial\phi}{\partial\theta} \qquad u_z = \frac{\partial\phi}{\partial z} \tag{2.2}$$

수직방향으로 일정한 라플라스 방정식의 해는 다음과 같다.

$$\phi(r,\theta) = U(t)r\left(1 + \frac{a^2}{r^2}\right)\cos\theta \tag{2.3}$$

원주 표면, 즉 $r=a$에서는 반경 방향으로 유속이 영인 다음과 같은 비 침투(no penetration) 경계조건을 만족해야 한다.

$$u_r(a,\theta) = \frac{\partial\phi}{\partial r}\Big|_{r=a} = 0 \tag{2.4}$$

무한 원방에서의 유체입자의 속도, $U(t)$는 파 주기, T를 가진 규칙파의 형태로 변한다고 가정한다. 원주 주위의 포텐셜 유동의 형상은 그림 2.1과 같다.

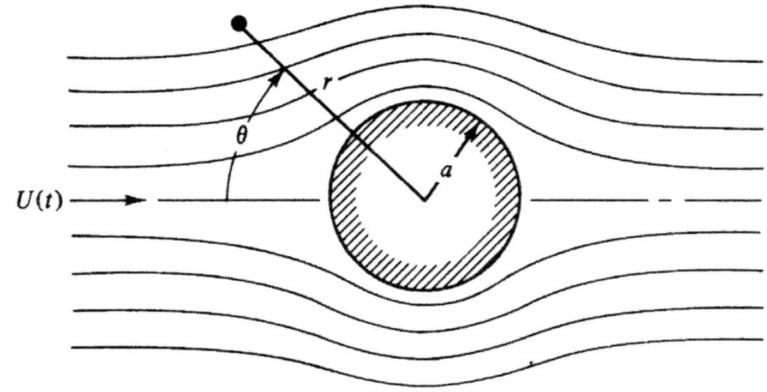

[그림 2.1] 원주 주위의 포텐셜 유동

원주 주위의 압력 분포를 구하기 위해서 비정상 Bernoulli 식을 원주 표면($r=a$)과 무한원방($r=l,\ \ \theta=0,$ 및 $l \gg a$)에 적용하면 다음 식과 같다.

$$\left[\frac{p(r,\theta)}{\rho}+gz+\frac{u_r^2+u_\theta^2}{2}-\frac{\partial\phi}{\partial t}\right]_{r=a} = \left[\frac{p(r,\theta)}{\rho}+gz+\frac{u_r^2+u_\theta^2}{2}-\frac{\partial\phi}{\partial t}\right]_{\substack{r=l\\ \theta=0}} \tag{2.5}$$

양변이 동일한 값을 가지고 있는 유체정역학적 압력을 소거하고 압력 항을 좌변으로 치환하면 :

$$p(a,\theta)-p(l,0)=\rho\left[\left(\frac{u_r^2+u_\theta^2}{2}\right)_{\substack{r=l\\ \theta=0}}-\left(\frac{u_r^2+u_\theta^2}{2}\right)_{r=a}+\left(\frac{\partial\phi}{\partial t}\right)_{r=a}-\left(\frac{\partial\phi}{\partial t}\right)_{\substack{r=l\\ \theta=0}}\right] \tag{2.6}$$

속도 포텐셜과 유체입자의 속도를 상기 식에 대입하면 :

$$p(a,\theta)-p(l,0)=\rho\left[\frac{U^2(t)}{2}(1-4\sin^2\theta)+2a\frac{dU}{dt}\cos\theta-l\frac{dU}{dt}\right] \tag{2.7}$$

여기서 $O(a^2/l^2)$의 크기를 갖는 항은 매우 작은 양으로 무시하였다. 결과적으로 압력은 유속의 제곱인 $U^2(t)$에 비례하는 항과 가속도 또는 관성항인 $dU(t)/dt$에 기인된 항들의 합으로 구성되어 있다.

1) 정상류에 기인한 유체력

원주각의 함수로 되어 있는 정상류에 기인된 압력의 분포는 다음 식과 같다.

$$p(a,\theta)-p(l,0)=\frac{\rho U^2(t)}{2}(1-4\sin^2\theta) \tag{2.8}$$

압력분포는 그림 2.2에 보인 바와 같다. 압력은 $\theta=0°$ 와 $\theta=90°$ 축에 대하여 각각 대칭이고, $\theta=90°$ 인 원주 표면에서 가장 낮은 값을 갖는 다는 것을 알 수 있다. 압력분포가 대칭이므로 흐름의 하류 방향으로 작용하는 힘이 영이 된다는 것을 직관적으로 알 수 있다. 힘을 구하기 위한 수학적인 과정은 다음과 같다.

$$\begin{aligned} dF_D &= \int_0^{2\pi} p(a,\theta)a\cos\theta d\theta \\ &= \int_0^{2\pi}\left[\frac{\rho U^2(t)}{2}(1-4\sin^2\theta)+p(l,0)\right]a\cos\theta d\theta=0 \end{aligned} \tag{2.9}$$

그러나, 이것은 전진하는 차에서 창 밖으로 팔을 내밀 때 힘이 작용함을 느끼는 것과 같이 실제에서 발생하는 현상하고는 상반된 결과로 볼 수 있다. 이러한 차이는 D'Alembert의 모순이라고 불리며, 유체의 점성에 의하여 발생한다고 하는 사실이 밝혀지기까지 많은 유체역학자들을 곤혹스럽게 만들었다.

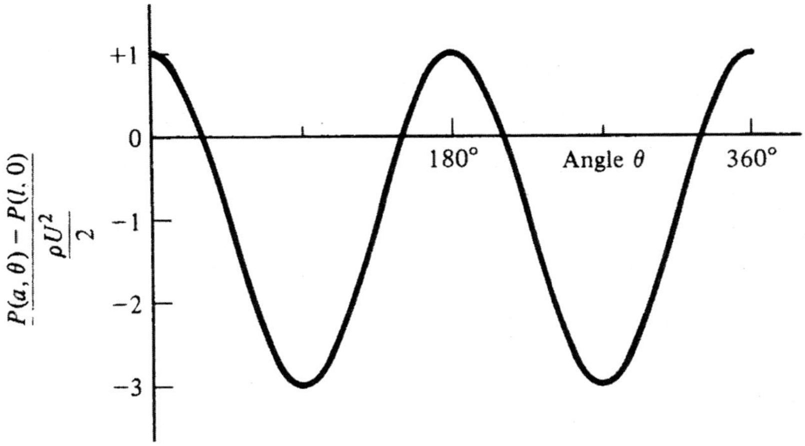

[그림 2.2] 비점성 유체에 있어서 원주 주위의 압력 분포

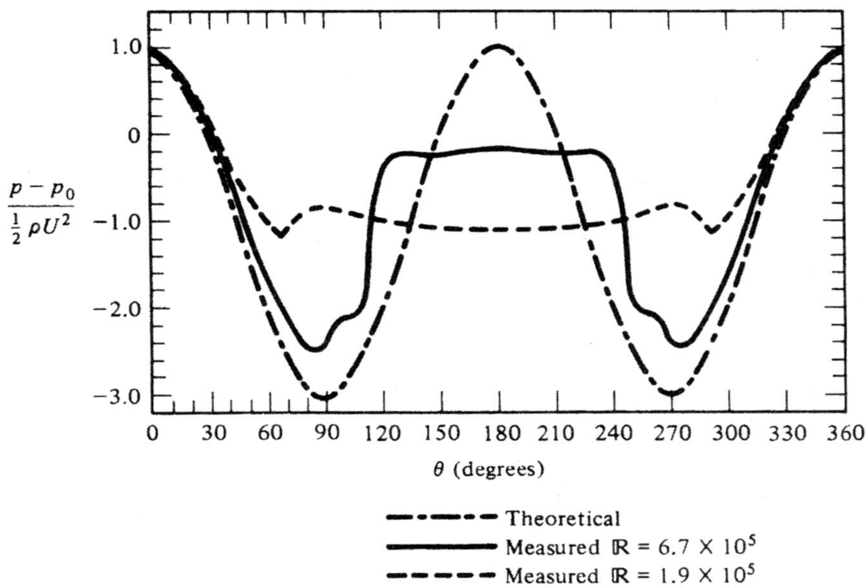

[그림 2.3] 계측된 원주 주위의 압력 분포(출처: Goldstein, 1938)

정상 흐름 중에 원주에 작용하는 실제적인 압력은 차원해석을 통해서도 알 수 있는바와 같이 레이놀드 수, $R_n = \dfrac{UD}{\nu}$의 함수이다. 여기서 U는 원주 축에 수직인 방향으로

의 유속이고, D는 원주의 직경, 그리고 $v = \mu/\rho$는 점성계수와 유체의 비중의 비로 정의되는 동점성계수이다. 그림 2.3은 두 개의 레이놀드 수에 대하여 원주 주위의 압력 분포를 계측한 결과와 비점성 이상유체의 결과를 비교하고 있다. 원주각, θ가 박리각, θ_s보다 작은 부분 즉, 박리점보다 상류 부분의 원주 표면에 대해서는 이상 유체를 가정한 압력값이 근사값으로 사용될 수 있다. 그러나, 박리점보다 하류 부분($\theta > \theta_s$)은 압력이 거의 일정하게 유지되는 것을 볼 수 있다. 또한, 압력의 변화뿐만 아니라 박리점의 위치도 레이놀드 수의 함수이다. 따라서, 원주 구조물에 작용하는 힘은 $0 \le \theta \le \theta_s$ 영역에 대하여는 포텐셜 유동 해를, 후류 영역($\theta_s > \theta > 180°$)에 대하여는 일정한 압력값을 사용하여 추정할 수 있다.

$$dF_D = 2\int_0^{\theta_s} \frac{\rho U^2(t)}{2}(1-4\sin^2\theta)a\cos\theta d\theta + 2\int_{\theta_s}^{\pi} p_{wake}a\cos\theta d\theta$$

$$= \rho U^2(t)a\left[\int_0^{\theta_s}(1-4\sin^2\theta)a\cos\theta d\theta + \int_{\theta_s}^{\pi}\frac{p_{wake}}{\rho U^2(t)/2}\cos\theta d\theta\right] \tag{2.10}$$

박리각, θ_s와 후류에서의 압력, p_{wake} 공히 레이놀드 수에 따라 변화하므로 대괄호 안에 있는 두 개의 적분 항은 레이놀드 수의 함수이다. 따라서, 수직 방향 단위길이의 원주에 작용하는 힘은 레이놀드 수, R_n의 함수인 계수, C_D를 사용하여 다음과 같이 나타낼 수 있다.

$$dF_D = C_D(R_n)\rho D\frac{U^2(t)}{2} = C_D\rho\frac{AU^2(t)}{2} \tag{2.11}$$

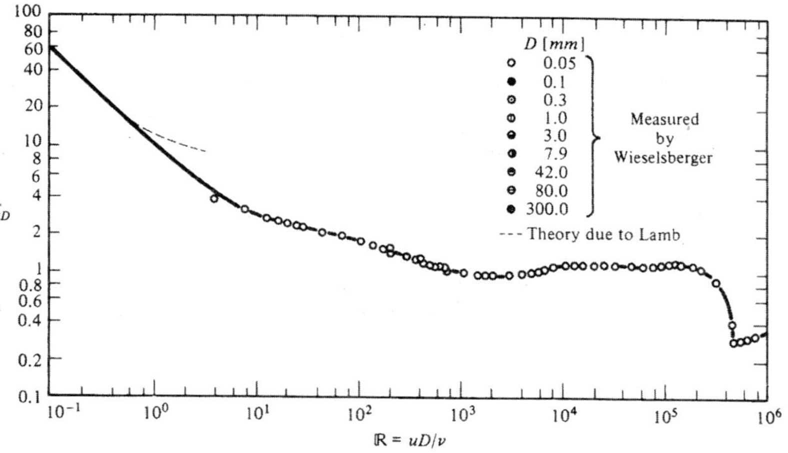

[그림 2.4] 레이놀드 수에 따른 매끈한 원주 구조물 항력계수
(H. Schlichting, 'Boundary Layer')

여기서 D = 구조물 직경 = $2a$이고 구조물의 단면이 원일 경우에는 단면적, A와 같다. 식(2.11)의 맨 마지막 형태는 2차원과 3차원 구조물에 공히 사용할 수 있다. C_D를 항력계수라고 하며 정상류에 있어서 레이놀드 수에 따른 항력계수의 변화가 그림 2.4에 나타나 있다. 원주 구조물에 있어서 항력계수, C_D는 대체로 1.0 내외이며 레이놀드 수 외에 표면 거칠기의 함수이다.

2) 비정상류에 기인한 유체력

포텐셜 유동으로부터 구한 압력 식(2.7)중에서 나머지 항들을 고려하면 유체 입자의 가속도로 인하여 하류방향으로 작용하는 비정상 유체력을 다음과 구할 수 있다.

$$dF_1 = \int_0^{2\pi} \rho \frac{dU(t)}{dt} 2a^2 \cos^2\theta d\theta - \int_0^{2\pi} \rho \frac{dU(t)}{dt} la \cos\theta d\theta \tag{2.12}$$

상기 식의 우변의 둘째 항은 영이 되므로 합력에 기여하는 바가 없다. 그러나 첫째 항은 다음과 같이 유한한 값을 갖는다.

$$dF_1 = \rho a^2 \frac{dU}{dt} 2\pi = 2\rho\pi a^2 \frac{dU}{dt} \tag{2.13}$$

상기 식 중에 포함된 πa^2는 원주 구조물 단위 길이에 대한 부피, V가 되므로 식(2.13)은 다음 식과 같이 된다.

$$dF_1 = C_M \rho V \frac{dU}{dt} \tag{2.14}$$

여기서 C_M은 관성계수로 정의되며 원주 구조물의 경우에는 2.0이다. 따라서, 점성에 의한 마찰이 없더라도 주상체를 지나가는 유체 입자의 가속에 의하여 식(2.14)에 해당하는 관성력이 구조물에 작용한다. 식(2.14)는 관성계수 자체가 유체의 입사 방향에 따라 변한다는 것을 고려하면 임의 형상의 물체에 작용하는 관성력에 대한 일반적인 표현이다.

관성계수는 실질적으로 각각 물리적인 의미가 있는 두 계수의 합으로 표현될 수 있다.

$$C_M = 1 + k_m \tag{2.15}$$

여기서 둘째항, k_m은 부가질량 계수(added mass coefficient)라고 불리며, 크기는 구조물 형상의 함수이다. 관성 계수는 유체 입자의 가속을 위하여 유체장 내에 존재하는 압력 구배가 물체에 소위 '부력'에 해당하는 힘을 가하는 물리 현상과 관련이 있다. 관성계수 중에서 1은 유체의 흐름이 물체의 존재에 의하여 방해 받지 않는 상태에서 발생하는 힘에 해당한다. 추가되는 국부적인 압력 구배가 물체 부근에 있는 유체를 가속시키기 위하여 발생하며, 이 압력 구배에 의하여 구조물에 작용하는 힘이 부가질량 계수, k_m과 관련이 있다.

가속 유체 중 물체에 의하여 방해 받지 않은 압력 구배로 인하여 구조물에 가해지는 힘에 대하여 고려한다. 구조물 주위 압력 구배가 일정하면 유체정역학적인 힘에 의하여 발생하는 수직 부력에 대한 지식을 이용할 수 있다. 비중량이 γ인 유체 중에 있는 체적이 V인 물체에 작용하는 유체정역학적 부력, F_B의 크기는 다음과 같다.

$$F_B = \gamma V \tag{2.16}$$

정적인 유체에 있어서 수직방향 압력 구배, $\partial p / \partial z$와 비중량과의 관계는 다음과 같다.

$$\gamma = -\frac{\partial p}{\partial z} \tag{2.17}$$

따라서

$$F_B = -\frac{\partial p}{\partial z} V \tag{2.18}$$

가속 유체와 관련된 수평 방향의 압력 구배의 효과를 고려하면, 부력과 유사한 힘이 작용하면 다음 식과 같이 얻을 수 있다.

$$F_B = -\frac{\partial p}{\partial x} V \tag{2.19}$$

Euler 방정식으로부터 압력 구배, $-\partial p/\partial x$는 $\rho(du/dt)$로 치환되고, 따라서,

$$F_B = \rho V \frac{du}{dt} \tag{2.20}$$

식(2.20), 식(2.14)과 식(2.15)을 비교하면 관성계수, C_M에 있어서 1의 물리적 의미를 알 수 있다. 물체의 형상과 관련이 있는 부가질량계수는 물체가 있음으로 해서 유체장이 교란되어 발생하는 추가적인 힘을 의미한다. 따라서, 모든 경우에 대하여 관성계수는 1보다 크다.

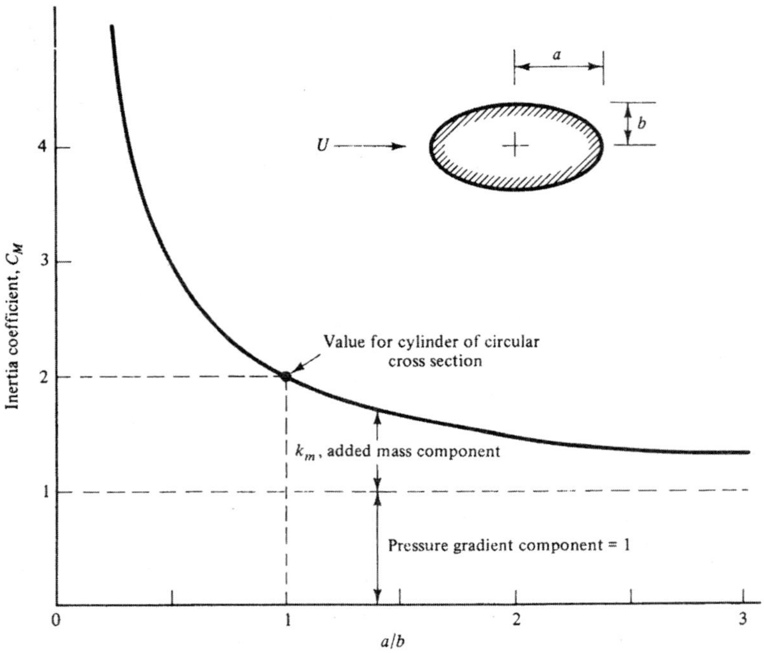

[그림 2.5] 타원형 단면을 가진 원주의 관성 계수

타원형 단면을 가진 주상체 주위의 2차원 유동에 대한 부가질량계수, k_m 는 다음과 같다(Lamb, 1945).

$$k_m = \frac{b}{a} \tag{2.21}$$

여기서 a와 b는 각각 유체 가속 방향과 일치하는 축과 직교하는 축에 대한 타원의 반지름을 나타낸다. 식(2.21)이 그림 2.5에 도시되었으며 세장체가 될수록 k_m 이 점점 작아지는 것을 알 수 있다.

3. 실제 유체 중에 발생하는 파력

1) 모리슨 공식(Morison Equation)

앞 절에서 정상 항력 성분과 관성력 성분의 파력을 독립적으로 살펴보았다. 그러나 파랑 중에서 그 힘들은 동시에 발생하고 지속적으로 변한다. 모리슨 등(1950)은 전체 파력을 다음과 같이 항력과 관성력의 합으로 표현하는 식을 제안했다.

$$dF = dF_D + dF_I = \frac{1}{2} C_D \rho A u|u| + C_M \rho V \frac{Du}{Dt} \tag{2.22}$$

식(2.22)는 통상적으로 "모리슨 공식"으로 불린다.

식(2.22) 우변의 첫째 항에 있는 파 입자 속도에 절대값을 취한 것은 항력의 방향을 파 입자 속도의 방향과 일치시키기 위한 것이다.

2) 합력 계산

수직한 원주 구조물에 작용하는 전체 파력을 구하기 위해서는 단위 길이에 작용하는 힘을 전체 길이에 대하여 합하여야 한다.

$$F = \int_{-h}^{\zeta} dF = \int_{-h}^{\zeta} \frac{1}{2} C_D \rho D u|u| dz + \int_{-h}^{\zeta} \rho C_M \frac{\pi D^2}{4} \frac{Du}{Dt} dz \tag{2.23}$$

일반적으로 항력계수, C_D는 레이놀드 수의 함수로서 구조물의 길이 방향으로 레이놀드 수가 변함에 따라서 함께 변화한다. 본 장에서는 항력계수의 길이 방향 변화가 크지 않은 것으로 가정하고 미소진폭파에 의한 선형 이론과 유체 입자의 국부 가속도만을 고려하여 식(2.23)을 다음의 식과 같이 근사하였다. 미소진폭파의 가정에 따라서 적분은 평균 자유수면까지 수행된다.

$$\begin{aligned} F = & \frac{\rho C_D D}{2} \int_{-h}^{0} \left(\frac{H}{2}\right)^2 \omega^2 \frac{\cosh^2 k(h+z)}{\sinh^2 kh} \cos(kx_1 - \omega t)|\cos(kx_1 - \omega t)| dz \\ & + \frac{\rho C_M \pi D^2}{4} \int_{-h}^{0} \frac{H}{2} \omega^2 \frac{\cosh k(h+z)}{\sinh kh} \sin(kx_1 - \omega t) dz \end{aligned} \tag{2.24}$$

$$F = \frac{\rho C_D D H^2 g}{4\sinh 2kh}\left(\frac{2kh + \sinh 2kh}{4}\right)\cos(kx_1 - \omega t)|\cos(kx_1 - \omega t)|$$

$$C_M \frac{\rho \pi D^2}{4k}\frac{H}{2}\omega^2 \sin(kx_1 - \omega t) \tag{2.25}$$

또는

$$F = C_D D n E \cos(kx_1 - \omega t)|\cos(kx_1 - \omega t)| + C_M \pi D E \frac{D}{H}\tanh kh \sin(kx_1 - \omega t) \tag{2.26}$$

여기서 x_1은 주상체의 $x-$방향 위치를 나타내며, 원점$(x_1 = 0)$의 값을 사용하여도 무방하다. E는 식(3.70)으로 주어진 해상 단위 면적당 파 에너지를 나타내며 n은 군 속도와 파형 속도의 비를 나타낸다. 우변의 둘째 항에 있어서 D/H는 주상체 직경과 파고의 비로서 관성력과 항력의 상대적인 중요도를 나타낸다.

합력을 구하는 과정과 유사한 과정을 통하여 구한 해저 바닥을 기존으로 한 힘의 우력의 식은 다음과 같다.

$$M = \int_{-h}^{\zeta} dM = \int_{-h}^{\zeta}(h+z)\frac{1}{2}C_D \rho D u|u|dz + \int_{-h}^{\zeta}(h+z)\rho C_M \frac{\pi D^2}{4}\frac{Du}{Dt}dz \tag{2.27}$$

적분을 행하면

$$M = C_D D n E \cos(kx_1 - \omega t) |\cos(kx_1 - \omega t)|\left\{h\left[1 - \frac{1}{2n}\left(\frac{\cosh 2kh - 1 + 2(kh)^2}{skh \sinh 2kh}\right)\right]\right\} \tag{2.28}$$

$$3+C_M\pi DE\frac{D}{H}\tanh kh\sin(kx_1-\omega t)\left\{h\left[1-\frac{\cosh kh-1}{kh\sin kh}\right]\right\}$$

상기 식의 각 항은 파력을 나타내는 식(2.26)의 해당되는 항에 대괄호 안에 있는 항(레버 암)을 곱한 형태를 가지는 것을 알 수 있다. 레버 암 크기는 유체 입자의 수심 방향 분포를 통하여 추정할 수 있는 바와 같이 천수와 심수에서 각각 $h/2$와 h의 점근값을 갖는 것을 확인할 수 있다.

3) 항력과 관성력의 상대적 중요성

유체 입자 속도와 가속도는 항상 위상차를 가지고 있으므로 항력이 관성력보다 크거나 또는 그와 반대의 경우가 발생하며, 결과적으로 모리슨 공식을 단순화할 수 있게 된다. 단수화할 수 있는 경우를 알아보기 위하여 관성력과 항력의 비, $dF_{I_{\max}}/dF_{D_{\max}}$를 고려한다. 해상에 수직으로 위치한 주상체의 경우에는 일반적으로 구조물의 상부에 유체 입자 또는 가속도의 최대값이 발생한다. 따라서, 정수면, $z=0$ 에서의 비율을 고려하면,

$$\frac{(dF_I)_{\max}}{(dF_D)_{\max}}=\frac{\left(\rho C_M V\frac{\partial u}{\partial t}\right)_{\max}}{\left(\frac{C_D}{2}\rho Au|u|\right)_{\max}}=\frac{\left(C_M\pi D\frac{\partial u}{\partial t}\right)_{\max}}{(C_D 2u^2)_{\max}} \tag{2.29}$$

미소진폭파의 경우에 최대 관성력은 유체 입자의 가속도, $\partial u/\partial t$ 가 최대값을 갖는 지점, 즉 정수면과 파면이 만나는 경우에 발생한다. 최대 항력은 파정에서 발생한다. 1장으로부터 구한 유체 입자의 최대 속도 및 가속도의 식은 다음과 같다.

$$\left(\frac{\partial u}{\partial t}\right)_{\max}=\frac{H}{2}\omega^2\coth kh$$

$$(u^2)_{\max}=\left(\frac{H}{2}\right)^2\omega^2\coth^2 kh \tag{2.30}$$

식(2.29)에 식(2.30)을 치환하면 :

$$\frac{(dF_I)_{\max}}{(dF_D)_{\max}} = \frac{C_M \pi D}{C_D H} \tanh kh \tag{2.31}$$

심수의 경우에 상기 식은 다음과 같이 단순화된다.

$$\frac{(dF_I)_{\max}}{(dF_D)_{\max}} = \frac{C_M \pi D}{C_D H} \tag{2.32}$$

천수의 경우에는,

$$\frac{(dF_I)_{\max}}{(dF_D)_{\max}} = \frac{C_M \pi D (kh)}{C_D H} \tag{2.33}$$

항력계수와 관성력계수가 공히 O(1)의 크기를 가지고 있으므로, 상기 식으로부터 항력과 관성력의 상대적인 중요도는 D/H의 크기에 달려있다고 볼 수 있다. 입사파의 파고에 비해 직경이 상대적으로 큰 구조물의 경우에 심수에서는 관성력이 지배적인 항이 된다. 그러나 kh의 크기가 작은 천수에서는 관성력의 중요도가 감소한다. 지배하는 힘이 어떤 것인가를 결정하기 위하여 두 힘의 크기가 동일한 상태를 나타내는 식을 그림 2.6에 나타내었다. 그림에서 $C_D/C_M = 0.5$를 가정하였다. 식(2.33)이 값을 1로 놓고 식을 변형시키면 다음과 같이 된다.

$$\frac{H}{D} = \frac{C_M \pi}{C_D} \tanh kh \tag{2.34}$$

H/D의 값이 그림 2.6에 있는 곡선보다 상부 영역에 있을 때는 항력이 지배적인 힘이 된다. 또한, 수심이 작아질수록, 즉 천수 영역에서는 항력이 관성력에 비해서 중요한 힘이 됨을 알 수 있다.

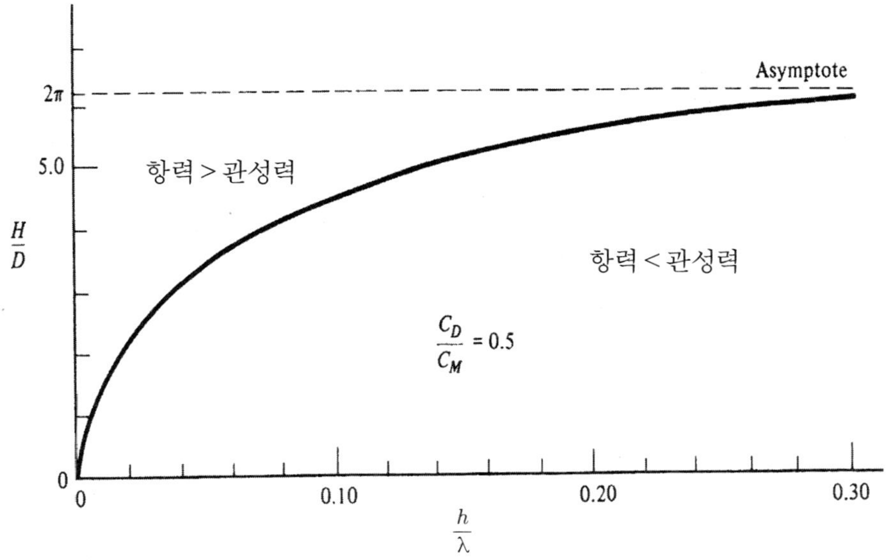

[그림 2.6] 최대 항력과 최대 관성력이 같을 때 H/D 와 h/λ 의 함수 관계

항력과 관성력의 중요도는 식(2.22)에서 유체 입자의 속도를 다음과 같이 단순히 정현함수로 치함에 의하여도 살펴 볼 수 있다.

$$u = u_m \cos\omega t \tag{2.35}$$

원주 구조물 단위 길이에 작용하는 파력은 다음과 같다.

$$dF_T = dF_D + dF_I = C_D \frac{\rho}{2} D u_m \cos\omega t \left| u_m \cos\omega t \right| - C_M \frac{\rho \pi D^2}{4} u_m \omega \sin\omega t \tag{2.36}$$

최대 관성력과 최대 항력의 비는

$$\frac{(dF_I)_{\max}}{(dF_D)_{\max}} = \frac{1}{2} \frac{C_M \pi D \omega}{C_D u_m} = \pi^2 \frac{C_M}{C_D} \frac{1}{u_m T/D} \tag{2.37}$$

식(2.35)으로부터 u_m/ω은 중립 위치로부터 유체 입자의 최대 변위, S를 나타낸다는 것을 알 수 있다. 따라서,

$$\frac{(dF_I)_{\max}}{(dF_D)_{\max}} = \frac{\pi}{2}\frac{C_M}{C_D}\frac{1}{(S/D)} \tag{2.38}$$

식(2.37)에 있는 매개변수, $u_m T/D$는 쿨리건(Keulegan)과 카펜터(Carpenter) (1958)에 의하여 제안되었으며, 쿨리건 - 카펜터(KC) 수 또는 주기 변수로 불린다. 또한, 식(2.38)에 있는 매개변수, S/D는 변위 변수로 불린다. 이러한 매개변수의 값이 크면 항력이 지배적인 힘이 되고, 작으면 관성력이 지배적인 힘이 된다. 또한, 명백한 것처럼 보이지만 중요한 점은 상기의 매개변수의 값이 클 때는 항력계수 추정의 신뢰도가 높으며, 작으면 관성계수 추정의 신뢰도가 높다.

쿨리건 - 카펜터 수의 크기에 의하여 모리슨 공식을 단순화하는데 사용되는 공학적이고 유용한 지침은 다음과 같다.

- 쿨리건-카펜터 수가 매우 작을 때($KC < 3$), 관성력이 지배적인 힘이 된다. 이 때는 유동의 변위가 구조물의 직경에 비해서 매우 작기 때문에 와류는 물론 경계층 조차도 발달하지 못한다. 결과적으로 포텐셜 이론이 적용되며, 항력을 단순히 무시할 수 있다.

- $3 < KC < 15$의 경우에 항력을 선형화시킴에 의하여 모리슨 공식을 단순화 한다.

- $15 < KC < 45$의 경우에는 항력과 관성력의 크기가 비슷한 경우로서 비선형 항력을 포함하는 온전한 형태의 모리슨 공식을 사용하여야 한다.

- 쿨리건-카펜터 수가 매우 클 때($KC > 45$), 항력이 지배적이며, 관성력을 무시함에 의하여 모리슨 공식을 단순화한다. 물론 $KC \rightarrow \infty$ 인 경우는 유속이 일정한 정상 흐름이 된다.

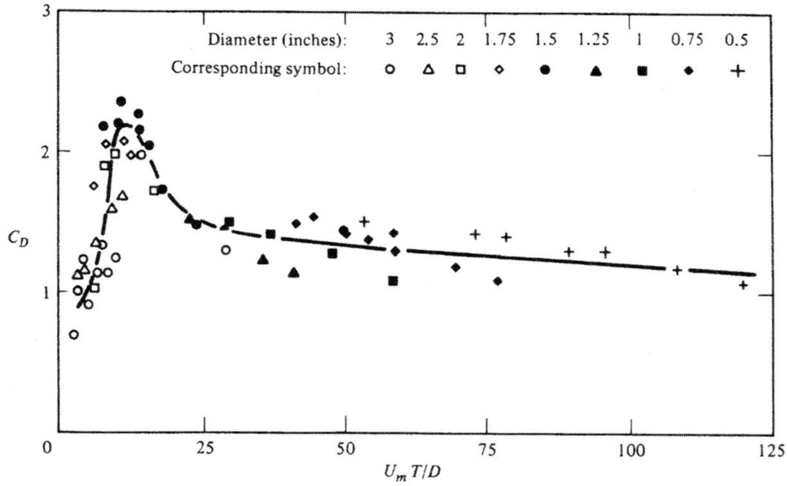

[그림 2.7] 쿨리건-카펜터 수의 변화에 따른 항력계수
(Keulegan and Carpenter(1958))

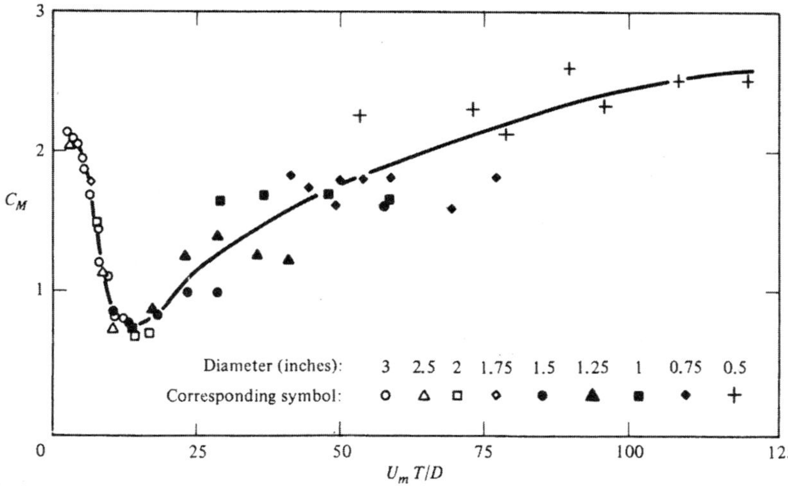

[그림 2.8] 쿨리건-카펜터 수의 변화에 따른 관성력계수
(Keulegan and Carpenter(1958))

그림 2.7과 그림 2.8은 각각 쿨리건-카펜터 수의 변화에 따른 항력계수와 관성력계수를 보여주고 있다. 그 외에도 해양구조물 설계를 위한 여러가지 규정(또는 제안)에서 항력계수와 관성력계수를 명시하고 있다. 노르웨이 선급(DNV)(1989)과 미국석유기구(API)에서 발행된 자료가 가장 널리 사용되고 있으며, 그림 2.9와 그림 2.10에 노르웨이

선급에서 제안한 계수를 보여주고 있다.

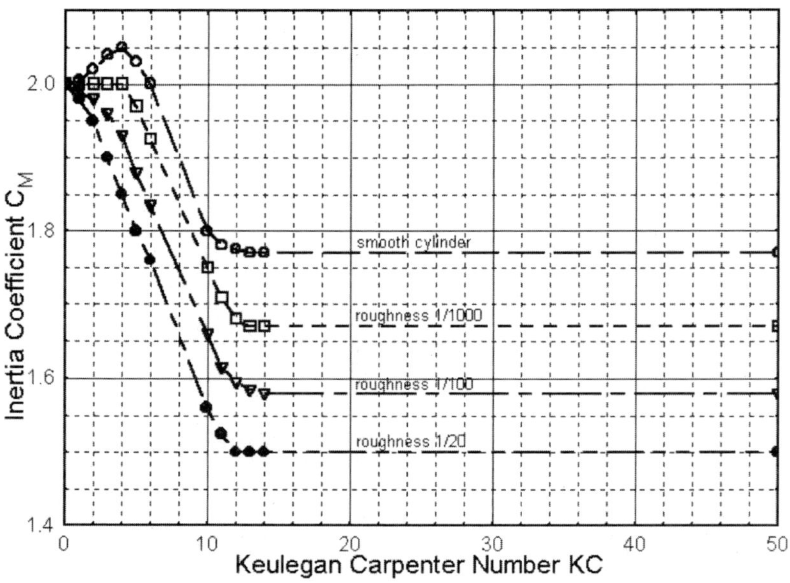

[그림 2.9] 노르웨이 선급에서 제안한 관성력계수

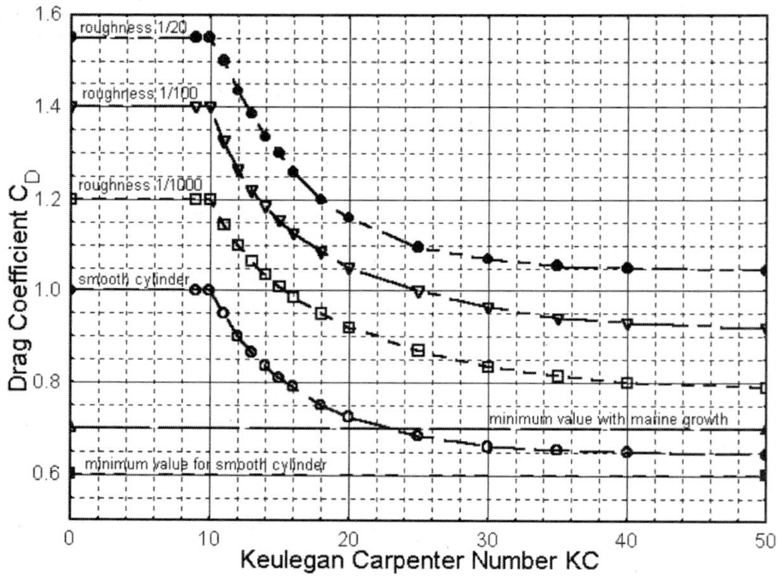

[그림 2.10] 노르웨이 선급에서 제안한 항력계수

PART Ⅱ

선박 운동성능

· 제3장 1 자유도 강체 운동
· 제4장 파랑 중 6 자유도 부유체 운동
· 제5장 비선형 운동

제 3 장
1 자유도 강체 운동

1. 서론

본 장은 수면 상에 떠 있는 단순한 원주 구조물에 작용하는 파력과 그에 기인하는 강체 운동에 대하여 기술하고자 한다. 운동의 자유도가 증가하는데 따른 이론과 수식의 복잡함을 피하기 위하여 1 자유도 강체 운동모델을 이용함에 의하여 파랑 중 부유체 운동의 기본 개념을 쉽게 이해할 수 있다.

2. 정의

1) 좌표축 계

부유체의 운동은 1장에서 이미 언급한 바와 같이 무게 중심점에 발생하는 서로 수직인 세가지 병진운동과 무게 중심을 지나는 좌표축에 대한 3가지 회전운동의 합으로 표현할 수 있다. 운동의 크기는 부유체가 안정적이고 입사파의 진폭이 파장에 비해서 상대적으로 작을 때는 대체로 작다고 가정할 수 있다.

부유체의 다양한 운동을 정의하기 위하여 그림 3.1과 같이 3가지 우수 직교좌표계를 고려하여야 한다.

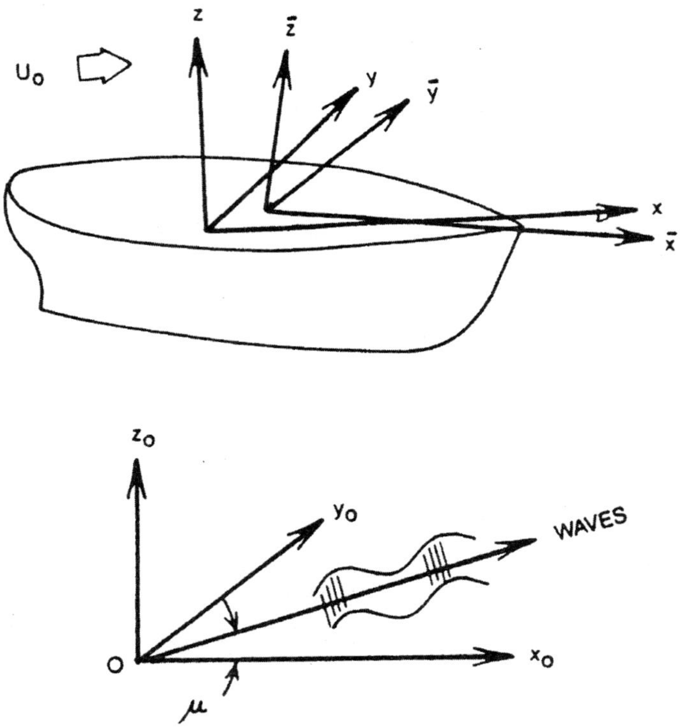

[그림 3.1] 좌표축 계

- 지구고정좌표계 $S(x_0, y_0, z_0)$는 지구에 고정되어 있는 좌표계로 원점은 임의의 원하는 위치에 있다. z_0 − 축은 수직 상방을 향하고 x_0-y_0 평면은 일반적으로 정수면에 위치한다. 또한, 양의 x_0 − 축은 보통 물체의 진행 방향과 일치하도록 한다. 이 좌표축은 입사파를 정의할 때 사용된다.
- 관성좌표계 $O(x, y, z)$는 일정한 속도 U_0로 양의 x_0 − 방향으로 진행한다. z − 축은 수직 상방을 향하고 x-y 평면은 정수면과 일치한다. 부유체의 운동은 일정한 속도로 진행하는 본 관성좌표계를 중심으로 발생한다. 지구고정좌표계와 관성좌표계의 변환

관계는 다음과 같다.

$$x_0 = x + U_0 t$$

$$y_0 = y$$

$$z_0 = z \tag{3.1}$$

해상의 일정한 지점에 고정되어 작업하는 해양구조물에 대하여는 지구고정좌표계와 관성좌표계는 일치한다.

- 물체고정좌표계 $G(\overline{x}, \overline{y}, \overline{z})$는 좌표계 원점이 물체의 무게중심 위치에 고정되어 있는 좌표계이며, 따라서 물체의 운동에 따라서 같이 움직인다. 양의 $\overline{x}-$축 방향은 선수방향, 양의 $\overline{y}-$축 방향은 좌현방향이며, 양의 $\overline{z}-$축 방향은 갑판에 수직인 상방향이다. 앞에서 정의한 부유체의 6 자유도 운동은 관성좌표계 $O(x,y,z)$에 대한 물체고정좌표계 $G(\overline{x}, \overline{y}, \overline{z})$의 위치에 의하여 결정된다.

2) 조우주파수

그림 3.1에 보이는 바와 같이 진폭이ζ_a, 파수가 k, 각속도가 ω이고 양의 x_0방향과 μ의 각도를 가지고 진행하는 규칙파는 다음과 같은 식으로 표현된다.

$$\zeta(x_0, y_0, t) = \zeta_a \cos\{(x_0 \cos\mu + y_0 \sin\mu) - \omega t\} \tag{3.2}$$

지구고정좌표계로 표시된 상기 파형의 식 (3.2)를 식(3.1)과 결합하여 일정한 속도 U_0로 양의 x_0-방향으로 이동하는 관성좌표계 $O(x,\ y,\ z)$로 표시하면 :

$$\zeta(x,y,t) = \zeta_a \cos\{k(xcos\mu + ysin\mu) - (\omega - kU_0\cos\mu)t\} \tag{3.3}$$

관성좌표계와 동일한 속도 U_0로 전진하는 부유체가 만나는 규칙파의 주파수 즉 조우주파수는 다음과 같이 변화함을 알 수 있다.

$$\omega_e = \omega - kU_0 \cos\mu = \omega - \frac{\omega^2}{g} U_0 \cos\mu \tag{3.4}$$

이러한 주파수의 변화는 음향이나 전자기 이론에서의 도플러효과와 동일한 현상이다. 상기 식에 의하면 파가 선수 방향($90^\circ < \mu < 270^\circ$)에서 입사하면 조우주파수는 파의 절대주파수보다 크게 되고 반대로 선미 방향($-90^\circ < \mu < 90^\circ$)에서 입사하면 작아지는 것을 알 수 있다.

3) 6 자유도 운동

규칙파 중을 일정한 속도로 전진하는 관성좌표계 $O(x, y, z)$에서 부유체의 6 자유도 운동은 그림 3.2에 나타난 바와 같이 $x-$, $y-$ 및 $z-$축 방향으로 무게중심의 3가지 병진운동과 $x-$, $y-$ 및 $z-$축을 중심으로 한 3가지 회전운동으로 다음과 같이 표현할 수 있다.

$$\begin{aligned}
&\text{전후동요} : \quad x = x_a \cos(\omega_e t + \epsilon_{x\zeta}) \\
&\text{좌우동요} : \quad y = y_a \cos(\omega_e t + \epsilon_{y\zeta}) \\
&\text{상하동요} : \quad z = z_a \cos(\omega_e t + \epsilon_{z\zeta}) \\
&\text{횡동요} : \quad \phi = \phi_a \cos(\omega_e t + \epsilon_{\phi\zeta}) \\
&\text{종동요} : \quad \theta = \theta_a \cos(\omega_e t + \epsilon_{\theta\zeta}) \\
&\text{선수동요} : \quad \psi = \psi_a \cos(\omega_e t + \epsilon_{\psi\zeta})
\end{aligned} \tag{3.5}$$

기서 ϵ값은 각 자유도 운동의 위상을 나타낸다. 위상 값은 관성좌표계의 원점에 규칙파의 파정이 있을 때 각 자유도 운동의 위상이며 좌표계의 원점은 부유체 무게중심의 평균위치에 있다고 가정할 수 있다. 좌표계 원점에서 기준이 되는 규칙파의 식은 다음과 같다.

$$\zeta = \zeta_a \cos(\omega_e t) \tag{3.6}$$

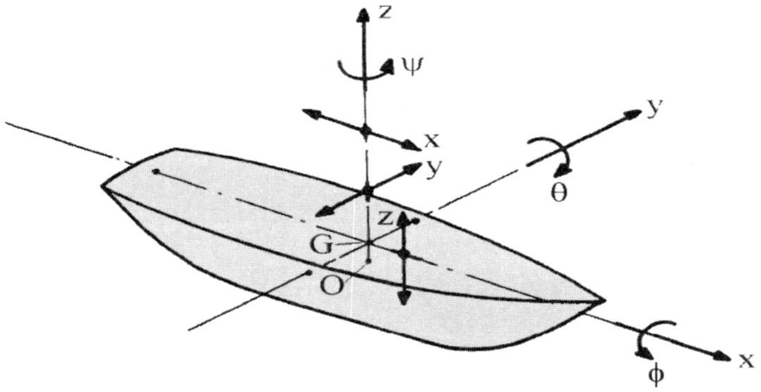

[그림 3.2] 부유체 6 자유도 운동의 정의

4) 변위, 속도 및 가속도

일정한 속도로 진행하는 관성좌표계 $O(x,\ y,\ z)$에서의 조화 속도와 가속도는 변위에 대한 시간 미분을 취함으로서 구할 수 있다. 횡동요에 대하여 예를 들면 :

$$\text{변위 :}\quad \phi = \phi_a \cos(\omega_e t + \epsilon_{\phi\zeta})$$

$$\text{속도 :}\quad \dot{\phi} = -\omega_e\,\phi_a \sin(\omega_e t + \epsilon_{\phi\zeta}) = \omega_e \phi_a \cos(\omega_e t + \epsilon_{\phi\zeta} + \pi/2)$$

$$\text{가속도 :}\quad \ddot{\phi} = -\omega_e^2 \phi_a \cos(\omega_e t + \epsilon_{\phi\zeta}) = \omega_e^2 \phi_a \cos(\omega_e \phi_a + \epsilon_{\phi\zeta} + \pi) \tag{3.7}$$

그림 3.3에 보여진 파에 대한 횡동요의 위상 $\epsilon_{\phi\zeta}$은 양의 값을 가진다. 어느 순간 공간상의 정해진 지점에 파 변위가 0이 될 때 횡동요는 이미 0의 값이 지난 상태이다. 모든 운동 모드에 대해서 동일한 원칙하에 위상이 정해진다.

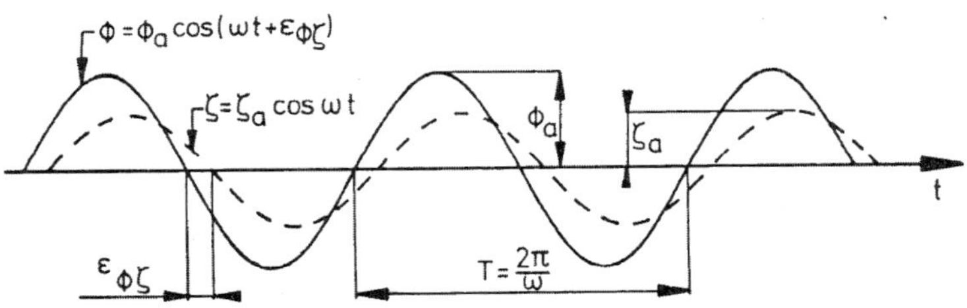

[그림 3.3] 규칙파와 횡동요

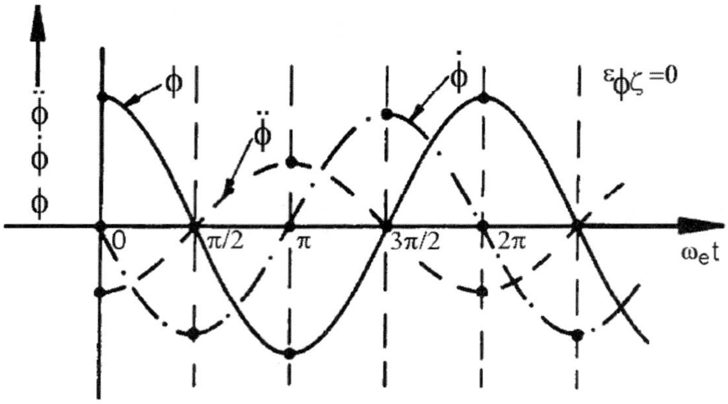

[그림 3.4] 횡동요 변위, 속도 및 가속도

그림 3.4는 횡동요의 조화 변위, 속도 및 가속도의 시간 변화를 보여주고 있다. 변위에 대한 속도와 가속도의 위상차는 각각 $\pi/2$와 π인 것을 알 수 있다.

5) 운동의 중첩

무게 중심 위치에서의 6 자유도 운동을 알면, 구조물의 임의의 위치에서의 운동을 계산할 수 있다. 선형 이론을 사용하기 위하여 미소진폭파 이론을 사용한 것과 마찬가지로 파랑에 의하여 야기되는 부유체 운동의 크기가 작다고 가정한다. 회전운동의 단위로 레디안(radian)을 사용하면 다음과 같이 되며 :

$$\sin\phi \approx \phi, \qquad \cos\phi \approx 1.0 \tag{3.8}$$

물체고정좌표계로부터 관성좌표계로의 변환 행렬은 다음과 같다.

$$\begin{pmatrix} x \\ y \\ z \end{pmatrix} = \begin{pmatrix} 1 & -\psi & \theta \\ \psi & 1 & -\phi \\ -\theta & \phi & 1 \end{pmatrix} \cdot \begin{pmatrix} \overline{x} \\ \overline{y} \\ \overline{z} \end{pmatrix} \tag{3.9}$$

이 행렬을 이용하여 구조물의 임의의 지점에서의 조화운동 성분을 다음과 같이 구할 수 있다.

$$x_p = \bar{x} - \bar{y}\psi + \bar{z}\theta$$

$$y_p = \bar{y} + \bar{x}\psi - \bar{z}\phi$$

$$z_p = \bar{z} - \bar{x}\theta + \bar{y}\phi \tag{3.10}$$

여기서 $\bar{x}$, $\bar{y}$, $\bar{z}$, ϕ, θ와 ψ는 구조물 무게중심의 병진 및 회전운동을 나타낸다. 결과적으로 얻어진 운동 성분 x_p, y_p 및 z_p를 구조물의 절대운동이라고 부른다.

3. 1 자유도 선형 질량 - 스프링 계

주파수 별로 포함되어 있는 에너지를 알고 있는 즉, 파 스펙트럼을 알고 있는 불규칙파를 고려한다. 불규칙파에 포함되어 있는 각 성분파를 2장에서 취급한 미소진폭파로 가정하고, 파에 기인한 부유체 운동의 크기도 작다고 가정하면 파-구조물 시스템은 선형 시스템으로 가정할 수 있다. 시스템에의 입력이 불규칙한 파랑이므로 시스템의 출력인 부유체의 운동응답도 불규칙적이라는 것을 알 수 있다. 불규칙파를 구성하는 개별 주파수마다의 응답함수는 실험이나 계산에 의하여 구할 수 있다. 이 원리가 그림 3.5에 나타나 있다.

불규칙파에 존재하는 각각의 주파수 성분에 대한 부유체 운동의 1차 조화 성분이 주관심이며, 불규칙 운동응답은 이러한 1차 조화 성분들을 중첩함에 의하여 구할 수 있다. 파 - 구조물 시스템이 선형이므로 각 주파수 별로 파 진폭과 부유체 운동 진폭의 비 즉 응답진폭함수와 운동응답과 파의 위상차가 일정한 값을 갖는다. 입력인 파 진폭을 2배로 증가하면 출력인 부유체 운동의 크기도 2배가 되나, 운동응답과 파의 위상차는 일정하다.

따라서, 부유체에 입사하는 불규칙파의 스펙트럼과 각 주파수에 대한 응답진폭함수를 알면 부유체의 불규칙 운동응답 스펙트럼을 알 수 있고, 운동응답 스펙트럼으로부터 운동의 크기와 주기에 관한 여러가지 통계치들을 계산할 수 있다.

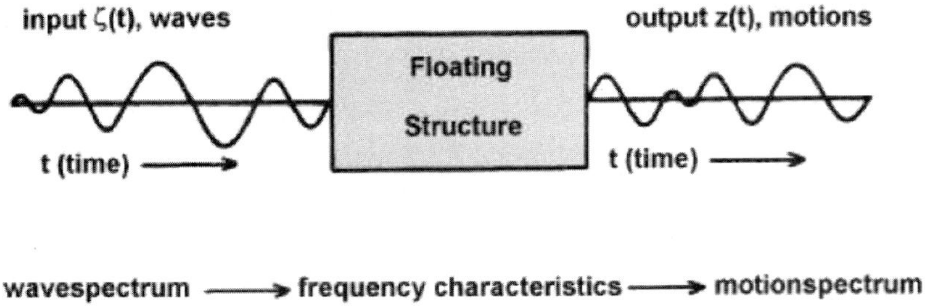

[그림 3.5] 입사파와 부유체 운동응답과의 관계

1) 운동방정식

본 단원에서는 전진 속도가 0인 부유 구조물에 대한 파-구조물 시스템을 고려한다. 따라서, 지구고정좌표계와 관성좌표계는 식(3.1)에 의하여 동일한 좌표계로 볼 수 있다.

지구고정좌표계에서의 부유체의 운동 방정식은 뉴우튼의 2차 법칙을 따르며 부유체 무게중심을 중심으로 하는 병진 및 회전운동을 벡터 방정식으로 나타내면 :

$$\vec{F} = \frac{d}{dt}(m\vec{U}) \text{ 과 } \vec{M} = \frac{d}{dt}(\vec{H}) \qquad (3.11)$$

여기서

$\vec{F}$: 부유체 무게중심에 작용하는 외력의 합(N)
m : 부유체의 질량(kg)
$\vec{U}$: 무게중심 위치에서의 속도(m/s)
$\vec{M}$: 부유체 무게중심에 작용하는 모멘트의 합(Nm)
$\vec{H}$: 무게중심을 중심으로 하는 각 운동량(Nms)
t : 시간(s)

(1) 하중 중첩 원리

선형 시스템의 가정하에 규칙파 중 부유체에 작용하는 외력은 다음과 같이 2가지 힘의 합으로 볼 수 있다고 가정한다(그림 3.6).

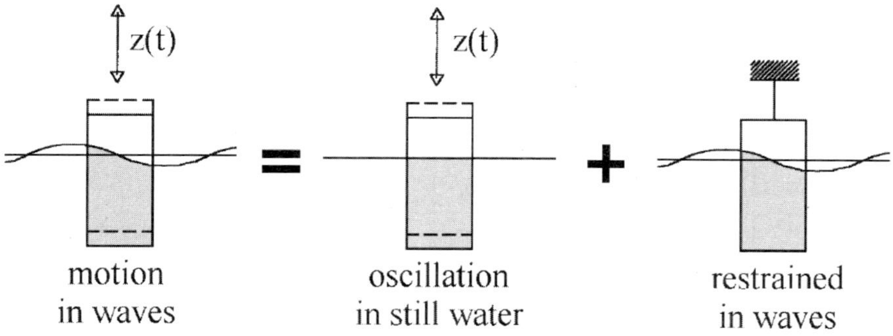

[그림 3.6] 유체동역학적 힘과 파랑 강제력의 중첩

a) 정수 중에서 부유체가 조화 운동을 할 때 부유체에 작용하는 유체동역학적 힘과 모멘트.
b) 구속된 부유체에 규칙파가 입사할 때 부유체에 작용하는 파랑 강제력과 모멘트

문제의 단순화를 위하여 부유체의 상하동요만을 고려하면 운동방정식은 다음과 같다.

$$\frac{d}{dt}(\rho\nabla\ \dot{z}) = \rho\nabla\ \ddot{z} = F_h + F_w \tag{3.12}$$

여기서

ρ : 유체의 밀도(kg/m^3)

∇ : 부유체의 배수 부피(m^3)

F_h : z방향 유체동역학적 힘(N)

F_w : z방향 파랑 강제력(N)

이 중첩의 원리를 그림 3.7과 같이 정수 중에 수직으로 떠 있는 수직 주상체에 적용하

여 좀 더 자세히 분석한다.

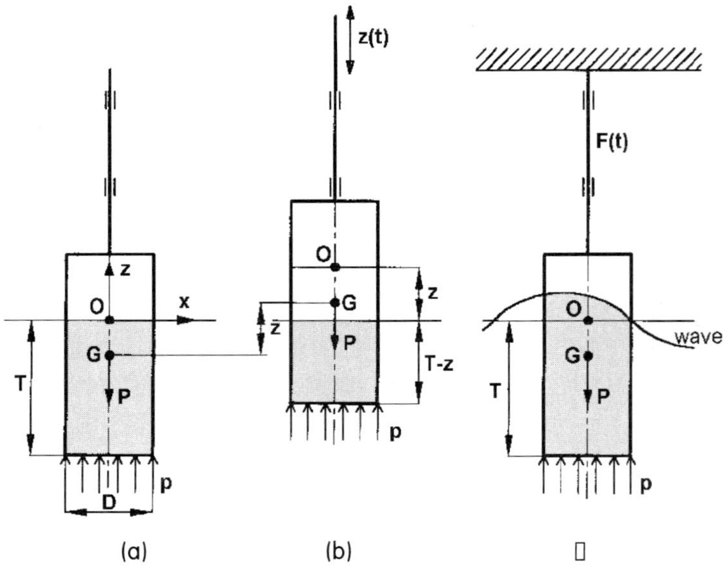

[그림 3.7] 상하동요하는 원주 구조물

2) 유체동역학적 힘

우선 정수 중에서의 부유 구조물의 자유감쇄 현상(free decay phenomena)에 대하여 고려한다. 그림 3.7-b와 같이 구조물을 수직 상방으로 일정한 변위를 들어 올린 후에 놓으면 구조물은 일정한 주기를 가지고 상하동요 운동을 하면서 동요의 진폭이 서서히 감소하는 자유 감쇄 현상을 보여줄 것으로 추정할 수 있다. 구조물의 상하동요 운동의 변화는 구조물의 질량과 구조물에 작용하는 유체동역학적 힘에 의하여 결정된다.

상하동요하는 수직 주상체에 뉴우튼의 제 2 법칙을 적용하면 :

$$\begin{aligned} m\ddot{z} &= \text{원주 구조물에 작용하는 외력의 합} \\ &= -P + pA_w - b\dot{z} - a\ddot{z} \\ &= -P + \rho g(T-z)A_w - b\dot{z} - a\ddot{z} \end{aligned} \tag{3.13}$$

아르키메데스 법칙에 의하여 평형 상태의 구조물 하부에 작용하는 압력은 $P = \rho g T A_w$ 이므로, 상하동요에 대한 운동방정식은 다음과 같이 된다.

$$(m+a)\,\ddot{z} + b\,\dot{z} + c\,z = 0 \tag{3.14}$$

여기서

z	:	수직 변위(m)
$P = mg$	:	구조물의 무게(N)
$m = \rho A_w T$	:	구조물의 질감(kg)
a	:	유체동역학적 부가질량계수(Ns^2/m=kg)
b	:	감쇄계수(Ns/m=kg/s)
$c = \rho g A_w$	:	복원력계수(N/m=kg/s^2)
$A_w = \frac{\pi}{4} D^2$	:	수선 면적(m^2)
D	:	구조물 직경(m)
T	:	정지 상태에서의 흘수(m)

구조물의 가속도와 속도에 비례하여 발생하는 $a\ddot{z}$과 $b\dot{z}$항은 유체 중에 구조물의 운동에 대한 유체동역학적인 반응으로 인하여 발생하는 외력항이다. 구조물의 크기가 충분히 커서 제 2장에서 취급한 쿨리건 - 카펜터 수에 기준에 의하여 항력의 크기를 무시할 수 있다고 가정하면 본 문제는 유체를 이상유체로 가정한 포텐셜 유동 문제가 된다.

(1) 감쇄계수

수직으로 동요하는 수직 주상체는 방사형으로 퍼져나가는 파를 발생한다. 발생된 파는 군속도로 에너지를 파형의 진행방향으로 전파하기 때문에 물체의 운동에너지를 빼앗으며 결과적으로 물체의 운동은 점차 작아지며 소멸한다. 이와 같이 파의 발생에 의하여 생기는 운동 감쇄력은 선형시스템에서는 구조물의 운동 속도에 비례한다. 계수 b는 SI 단위계로 kg/s의 차원을 가지고 있고 파 감쇄계수 또는 포텐셜 감쇄계수로 불린다. 그림 3.8-b는 상하동요하는 수직 주상체의 감쇄계수를 주파수의 함수로 보여준다.

점성 유체에서는 상기에서 언급한 포텐셜 감쇄력 외에 마찰에 의한 에너지의 소산으로 인하여 감쇄력이 추가로 발생한다. 이러한 점성 감쇄력은 속도에 비선형이다. 그러나 선박 및 해양구조물과 같은 대부분의 대형 구조물에 있어서 점성 감쇄는 포텐셜 감쇄에 비해 작으므로 무시할 수 있다. 반면에, 선박의 횡동요 문제와 같이 점성 감쇄의 영향의 상대적으로 커지면서 반드시 고려해야 하는 경우도 있다.

(2) 부가질량계수

유체동역학적 힘의 다른 항은 구조물의 가속도 $\ddot{z}$에 비례하는 힘이다. 이 힘은 구조물의 가속운동에 의하여 구조물 주위에 있는 유체 입자에 유기되는 가속도에 의하여 발생한다. 이 힘은 에너지를 소모하지 않으며, 구조물 주위에 발생하는 정체파(standing wave)에 의하여 존재를 확인할 수 있다. 계수 a는 질량의 차원을 가지고있으며 부가질량계수로 불린다. 그림 3.8-a는 상하동요하는 수직 주상체의 유체동역학적 부가질량계수를 주파수의 함수로 보여준다.

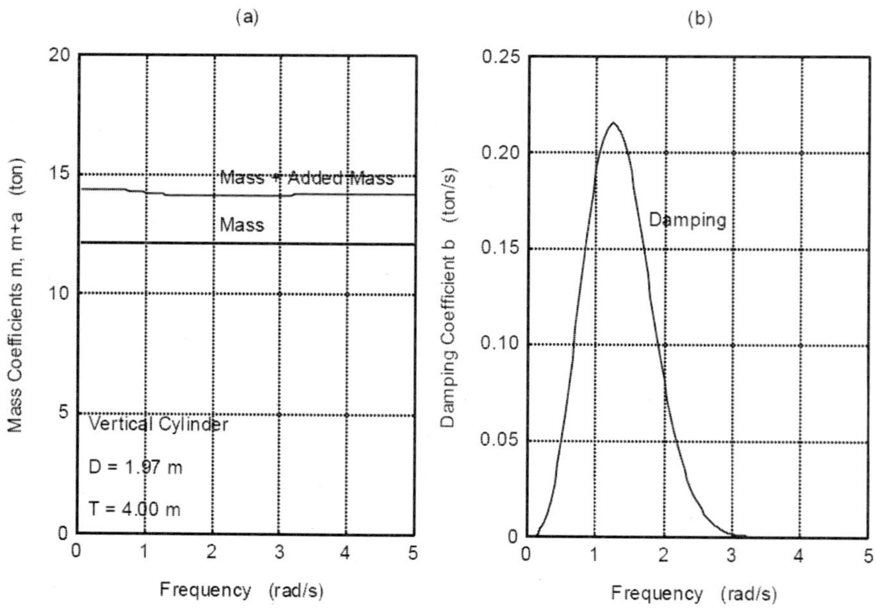

[그림 3.8] 상하동요하는 수직 주상체의 유체동역학적계수

그림 3.9는 자유수면 깊이 잠수된 2차원 물체의 부가질량계수를 보여주고 있다. m_{11}은 수평 방향 가속에 대한 부가질량계수, m_{22}는 상하 방향 가속에 대한 부가질량계수, 그리고 m_{66}은 부가관성모멘트계수를 나타낸다.

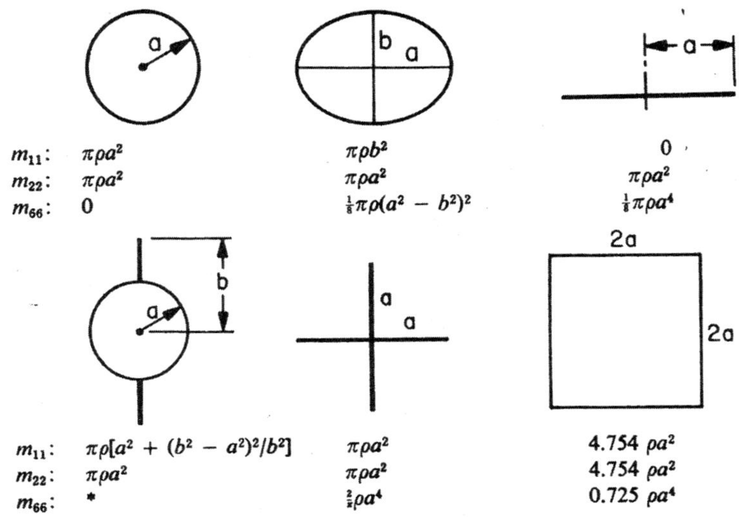

[그림 3.9] 자유수면 깊이 잠수된 2차원 물체에 대한 부가질량계수

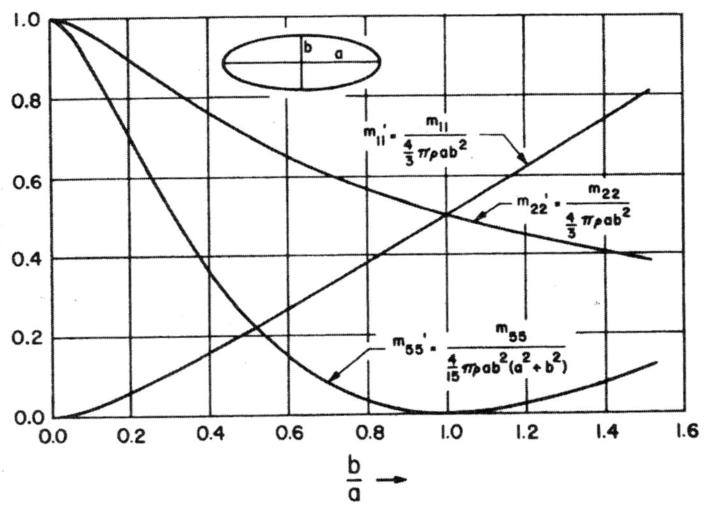

[그림 3.10] 회전 타원체에 대한 무차원 부가질량계수

그림 3.10은 길이가 $2a$이고 최대 직경이 $2b$인 3차원 잠수 회전 타원체에 대한 부가질량계수를 보여준다. 계수는 회전 타원체의 배수용적에 해당하는 유체의 질량 및 관성모멘트로 무차원화하였다. m_{11}은 종 방향 가속에 대한 부가질량계수, m_{22}는 적도면에 있어서의 횡 방향 가속에 대한 부가질량계수, 그리고 m_{55}은 종방향 축에 대한 회전 부가관성모멘트계수를 나타낸다.

그림 3.9와 그림 3.10과 같이 자유수면 하 깊이 잠수한 물체는 동요 시에 수면에 파가 발생하지 않기 때문에 감쇄계수는 영이 된다.

그림 3.8의 계수를 갖는 원주 구조물에서 흘수가 충분히 커지면 부가질량계수는 그림 3.10으로부터 직경이 D인 반구에 해당하는 유체의 질량으로 근사 될 수 있다. 또한, 구조물의 상하동요가 거의 파를 발생시키지 않으므로 감쇄계수는 0에 접근한다.

(3) 에너지 관계

임의의 부유체가 다음의 식과 같이 상하동요를 한다고 가정한다.

$$z = z_a \sin\omega t \tag{3.15}$$

유체동역학적 힘 이외에 다른 외력이 없다고 가정하면 상하동요의 운동방정식은 식 (3.11)로 주어진다. 운동방정식 중에서 한 주기 동안의 단위 시간에 부가질량계수, 포텐셜 감쇄계수 및 복원성계수에 의한 힘에 의하여 행해지는 일은 각각 다음과 같다.

$$\begin{aligned}
&\frac{1}{T}\int_0^T \{(m+a)\,\ddot{z}\}\,(\dot{z}\ dt) = \frac{-z_a^2(m+a)\omega^3}{T} = \int_0^T \sin\omega t\ \cos\omega t\ dt = 0 \\
&\frac{1}{T}\int_0^T (b\,\dot{z})\,(\dot{z}\ dt) = \frac{z_a^2 b\omega^2}{T}\int_0^T \cos^2\omega t\ dt = \frac{1}{2} b\omega^2 z_a^2 \\
&\frac{1}{T}\int_0^T (c\,z)\,(\dot{z}\ dt) = \frac{z_a c\omega}{T}\int_0^T \sin\omega t\ \cos\omega t\ dt = 0
\end{aligned} \tag{3.16}$$

여기서

$T = 2\pi/\omega$: 동요주기(s)

$\dot{z}\, dt = dz$: dt초 시간에 움직인 거리(m)

상기 식의 결과로부터 감쇄력 $\{b \cdot \dot{z}\}$이 에너지를 소모하는 유일한 힘이라는 것을 알 수 있다. 즉, 감쇄력이 상하동요 z를 서서히 소멸시키는 원인이다.

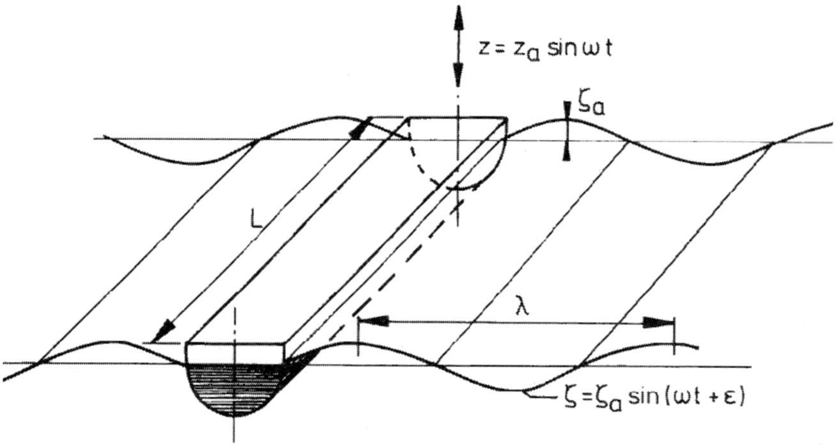

[그림 3.11] 상하동요하는 수평 주상체

그림 3.11에서 보는 바와 같이 초기에 정수 상태에서 상하 방향으로 조화 운동 $z = z_a \sin \omega t$를 하는 수평 주상체를 고려한다. 주상체의 상하 동요에 의하여 파 $\zeta = \zeta_a \sin(\omega t + \epsilon)$가 발생하여 횡 방향으로 방사되어 나간다. 방사되어 나가는 파 진폭 ζ_a와 수직운동 변위 z_a와의 비와 감쇄계수 b의 관계를 다음과 같은 과정을 통하여 알 수 있다.

유체동역학적 감쇄력에 의하여 소모되는 구조물의 운동에너지 E(Watt, 단위 시간에행해진 일)는 식(3.16)의 둘째 식으로 다음과 같다.

$$E = \frac{1}{T}\int_0^T (b\,\dot{z})\,(\dot{z}\,dt) = \frac{1}{2} b\omega^2 z_a^2 \tag{3.17}$$

유체동역학적 감쇄력에 의하여 제공되는 에너지 양은 방사되는 파에 의하여 구조물로부터 바깥으로 전파되는 나가는 에너지 양과 같다. 이 에너지는 단위 면적 당 파 에너지 $\frac{1}{2}\rho g\zeta_a^2$, 한 주기 동안 방사파 에너지가 전파된 거리 $c_g\ T$ 및 주상체의 길이 L을 곱하고 그 결과를 파 주기 T로 나눈 후에 두 배 한 크기가 된다. 두 배를 한 이유는 파가 주상체로부터 양 옆으로 방사되어 나감을 고려한 것이다.

$$E = \frac{2}{T}\,2\left\{\frac{1}{2}\rho g\zeta_a^2\right\}c_g\ TL = \frac{\rho g^2\zeta_a^2 L}{2\omega} \tag{3.18}$$

상기 식의 결과를 얻기 위하여 심수 중에서 군 속도의 정의 $c_g = c/2 = g/(2\omega)$를 이용하였다.

식(3.17)와 식(3.18)를 등치함에 의하여 단위 길이 당 포텐셜 감쇄계수 b'을 방사되어 나가는 파 진폭의 함수로 구할 수 있다. 즉 :

$$\frac{1}{2}b\omega^2 z_a^2 = \frac{\rho g^2\zeta_a^2 L}{2\omega} \tag{3.19}$$

또는

$$b' = \frac{b}{L} = \frac{\rho g^2}{\omega^3}\left(\frac{\zeta_a}{z_a}\right)^2 \tag{3.20}$$

상기와 동일한 과정이 횡동요와 종동요에도 적용될 수 있다.

(4) 비선형 감쇄항 선형화

지금까지는 선형인 포텐셜 감쇄항 만을 고려하였으나 횡동요와 같이 포텐셜 감쇄력의 크기가 작아지면서 점성에 의한 감쇄력이 중요해 지는 경우에는 속도의 제곱 또는 3승에 비례하는 비선형의 성격을 가지고 있는 점성에 의한 감쇄력을 고려하여야 한다. 전체 감쇄력은 선형 항과 비선형 항을 합한 다음 식과 같이 표현할 수 있다.

$$M = b^{(1)}\,\dot{\phi} + b^{(2)}\,|\dot{\phi}|\,\dot{\phi} + b^{(3)}\,\dot{\phi}^3 \tag{3.21}$$

둘째 항에 있는 횡동요 속도의 절대값은 물리적으로 적합한 부호를 갖도록 하기 위함이다. 감쇄력은 식(3.21)의 비선형 감쇄계수를 사용한 경우와 등가 선형 감쇄계수 $b^{(eq)}$를 사용한 경우에 동일한 양의 에너지가 소산되도록 함에 의하여 선형화할 수 있다.

$$\begin{aligned}&\frac{1}{T}\int_0^T \{b^{(eq)}\,\dot{\phi}\}\,(\dot{\phi}\,dt)\\&= \frac{1}{T}\int_0^T \left\{b^{(1)}\,\dot{\phi} + b^{(2)}\,|\dot{\phi}|\,\dot{\phi} + b^{(3)}\,\dot{\phi}^3\right\}\,(\dot{\phi}\,dt)\end{aligned} \tag{3.22}$$

식(3.22)에 식(3.5)에서 정의된 횡동요 $\phi = \phi_a\,\cos(\omega t + \epsilon_{\phi\zeta})$와 횡동요 속도 $\dot{\phi} = -\,\phi_a \omega\,\sin(\omega t + \epsilon_{\phi\zeta})$를 대입하고 적분을 수행하면 다음 관계가 얻어진다.

$$b^{(eq)} = b^{(1)} + \frac{8}{3\pi}\,\omega\,\phi_a\,b^{(2)} + \frac{3}{4}\,\omega^2\,\phi_a^2\,b^{(3)} \tag{3.23}$$

선형 감쇄계수는 구조물의 형상이나 주파수만의 함수임에 반하여 등가 선형 감쇄계수는 추가적으로 주파수와 동요 진폭의 함수임을 알 수 있다.

(5)복원력 항

구속되지 않은 부유체는 상하동요, 횡동요 및 종동요의 경우에 복원력이 존재한다. 상하동요에 대한 복원력에 대해서는 상하동요하는 원주 구조물의 운동방정식 식(3.14)의 유도 과정에서 언급되었다. 횡동요와 종동요와 같은 회전운동에 대하여는 운동 진폭이 작다는 가정하에 정적 복원력에 대한 분석을 통하여 다음과 같이 구할 수 있다.

$$\begin{aligned}
&\text{상하동요} &&: \ c_{zz} = \rho g A_{WL} \\
&\text{횡동요} &&: \ c_{\phi\phi} = \rho g \nabla \ \overline{GM_T} \\
&\text{종동요} &&: \ c_{\theta\theta} = \rho g \nabla \ \overline{GM_L}
\end{aligned} \tag{3.24}$$

여기서 $\overline{GM_T}$와 $\overline{GM_L}$는 각각 횡 방향과 종방향의 초기 메타센터 높이이다.

(6) 자유감쇄 시험

정수 중에서 전혀 구속되지 않은 상태로 상하동요하는 주상체의 경우 무게중심 위치에서의 상하동요의 운동방정식은 다음의 식(3.14)과 같다.

$$(m+a)\ddot{z} + b\dot{z} + cz = 0$$

이 식은 다음과 같이 변환할 수 있다.

$$\ddot{z} + 2\nu\dot{z} + \omega_0^2 z = 0 \tag{3.25}$$

여기서 감쇄계수와 비감쇄 고유주기는 각각 다음과 같이 정의된다.

$$2\nu = \frac{b}{m+a}, \ \omega_0^2 = \frac{c}{m+a} \tag{3.26}$$

무차원화된 감쇄계수 다음과 같다.

$$\kappa = \frac{\nu}{\omega_0} = \frac{b}{2\sqrt{(m+a)c}} = \frac{b}{b_{cr}} \tag{3.27}$$

무차원화된 감쇄계수는 감쇄계수 b와 임계 감쇄계수 $b_{cr} = 2\sqrt{(m+a)c}$ 의 비로 정의 된다. 식(3.23)의 κ값이 1이 될 때를 임계 감쇄 상태라 한다. 따라서, 식(3.25)은 다음과 같이 쓸 수도 있다.

$$\ddot{z} + 2\kappa\omega_0 \dot{z} + \omega_0^2 z = 0 \tag{3.28}$$

정수 중에서 주상체에 초기 수직 변위 z_a를 준 후에 구속을 해제한다. 대부분의 부유체의 경우 상하동요의 무차원화된 감쇄계수 κ가 1보다 매우 작은 값을 가지고 있다. 초기 경계조건을 이용하여 식(3.25)의 해를 구하면 주상체의 변위가 다음 식과 같다(그림 3.12).

$$z = z_a e^{-\nu t}\left(\cos\omega_z t + \frac{\nu}{\omega_z}\sin\omega_z t\right) \tag{3.29}$$

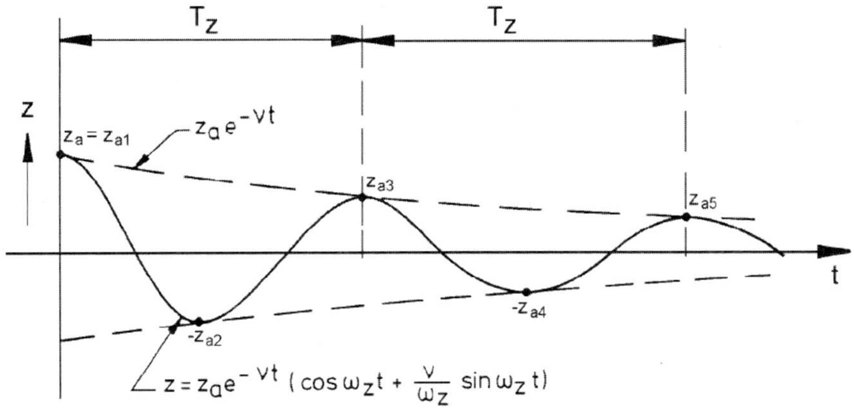

[그림 3.12] 자유감쇄 시험

여기서 $z_a e^{-\nu t}$는 주상체의 상하운동이 시간에 대하여 지수함수로 감소함을 보여 주고 있다. 또한, ω_z는 감쇄 고유주기이며 비감쇄 고유주기와 다음의 관계를 가지고 있다.

$$\omega_z^2 = \omega_0^2 - \nu^2 \tag{3.30}$$

식 (3.29)을 이용하여 한 주기만큼 떨어진 인접한 파정에서의 상하동요 변위 $z(t)$ 및 $z(t+T_z)$를 구한 후 그 비율에 대하여 대수함수를 구하면 다음과 같다.

$$\nu T_z = \kappa\omega_0 T_z = \ln\left\{\frac{z(t)}{z(t+T_z)}\right\} \tag{3.31}$$

식 (3.30)에서 감쇄력이 작다고 가정하면($\nu^2 \ll \omega_0^2$), $\omega_z \approx \omega_0$의 관계를 이용할 수 있고, 따라서,

$$\omega_0 T_z \approx \omega_z T_z = 2\pi \tag{3.32}$$

식(3.32)를 식(3.31)에 대입하면, 무차원화된 감쇄계수 κ가 다음과 같이 얻어진다.

$$\kappa = \frac{1}{2\pi} ln\left\{\frac{z(t)}{z(t+T_z)}\right\} = b\,\frac{\omega_0}{2c} \tag{3.33}$$

식(3.33)을 이용하면 자유감쇄 시험 결과로부터 무차원화된 감쇄계수 κ를 즉시 계산할 수 있다. 그림 3.12에 자유감쇄 시험 결과가 도식적으로 나타나 있다.

상기의 예는 부유체의 상하동요 자유감쇄 시험으로부터 무차원화된 감쇄계수를 구하는 과정을 보여주고 있으나, 대부분의 부유체는 6 자유도 운동이 연성이 되어 발생하므로 특정 운동 모드의 감쇄계수를 구할 때는 다른 운동 모드와 연성이 발생하지 않도록 각별한 주의가 필요하다.

그림 3.12에 표시한 부호를 이용하면 식(3.33)을 파정의 평균값의 함수로 다음과 같이 나타낼 수 있다.

$$\kappa = \frac{1}{2\pi} ln\left\{\frac{z_{a_i}}{z_{a_{i+2}}}\right\} \text{의 } \overline{z_a} = \left|\frac{z_{a_i} + z_{a_{i+2}}}{2}\right| \text{에 대한 함수} \tag{3.34}$$

변위 계측값의 표류 등으로 인한 결과의 분산 등 오차 요소를 줄이기 위하여 연속되는 진폭값(single amplitude value)을 사용한 식(3.34) 대신에 마루에서 골까지의 값(double amplitude value)를 사용한 다음의 식을 사용할 수 있다.

$$\kappa = \frac{1}{2\pi} ln \left\{ \frac{z_{a_i} z_{ai+1}}{z_{a_{i+2}} - z_{a_{i+3}}} \right\} \text{의}$$

$$\overline{z_a} = \left| \frac{z_{a_i} - z_{a_{i+1}} + z_{a_{i+2}} - z_{a_{i+3}}}{4} \right| \text{에 대한 함수} \tag{3.35}$$

앞에서 언급한 바와 같이 이 방법은 감쇄력이 비교적 작은 경우에 유용한 방법으로 ν 값이 0.2보다 작을 경우에 비교적 정도 높은 결과를 준다.

고유주기에서의 부가질량계수는 식(3.26)을 이용하여 다음과 같이 구한다.

$$a = \frac{c}{\omega_0^2} - m \tag{3.36}$$

여기서 ω_0는 시험 결과로부터 얻을 수 있는 부유체 상하동요의 고유주파수($\omega_z \approx \omega_0$), m은 부유체의 질량 및 c는 부유체의 형상으로 얻을 수 있는 복원력계수를 나타낸다.

식(3.33)을 이용하여 고유주기에서의 감쇄계수는 다음과 같이 구한다.

$$b = \frac{2\kappa c}{\omega_0} \tag{3.37}$$

여기서 κ는 식(3.34) 또는 식(3.35)을 이용하여 구한 값이고, c와 ω_0는 부가질량계수를 구할 때와 동일한 과정으로 얻을 수 있다.

부유체의 동요가 선형 시스템일 때 즉, 유체동역학적 계수가 단지 주파수만의 함수일 때 κ 값은 동요 진폭에 무관하게 일정한 값을 가진다. 또한, 자유감쇄 시험은 유체동역학적계수와 동요 주파수 사이의 함수 관계에 관한 일반적인 정보를 주지는 않는다. 당연

한 사실이지만, 자유감쇄 시험은 단지 부유체의 고유주기에서만 시험을 수행 할 수 있다.

그림 3.13은 횡동요의 자유감쇄 시험 결과로부터 구한 무차원화된 횡동요 감쇄계수 κ를 평균 횡동요 진폭 φ_a의 함수로 나타내었다. κ의 값이 횡동요의 크기에 따라서 변함을 볼 때 본 선박의 횡동요는 감쇄력에 대하여 비선형 시스템임을 알 수 있다.

비선형 시스템에서의 κ 및 감쇄계수 b는 다음과 같이 표시할 수 있다.

$$\kappa = \kappa_1 + \kappa_2 \phi_a + \kappa_3 \phi_a^2 \tag{3.38}$$

또는

$$b = \frac{2\kappa c}{\omega_0} = \frac{2c}{\omega_0}(\kappa_1 + \kappa_2\, \phi_a + \kappa_3\, \phi_a^2) \tag{3.39}$$

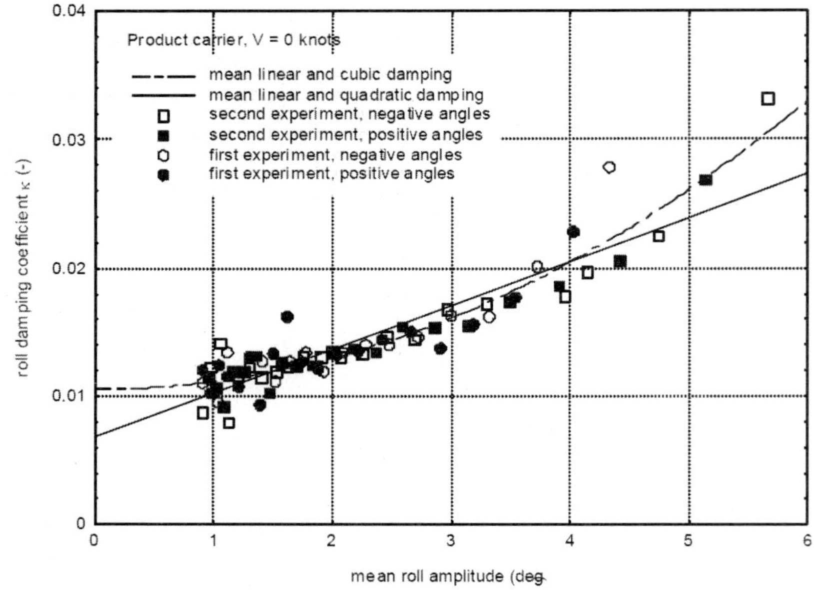

[그림 3.13] 비선형 횡동요 감쇄

횡동요 해석을 할 때 입력으로 필요한 감쇄계수가 해석 결과인 횡동요 크기의 함수인 것을 알 수 있다. 따라서, 주어진 파고에 대하여 횡동요의 초기 값을 가정하고 반복법으로 수렴된 해를 구해야 한다. 다소 정확도가 떨어지기는 하지만 비선형 감쇄계수를 식 (3.23)을 이용하여 선형화하여 해를 구할 수도 있다.

(7) 강제동요 시험

자유감쇄 시험 외에도 동요 주파수와 유체동역학적 계수 사이의 관계는 강제동요 시험을 통하여도 구할 수 있다. 그림 3.14에 수직 주상체에 대한 상하 방향의 강제동요 시험을 도식적으로 나타내었다.

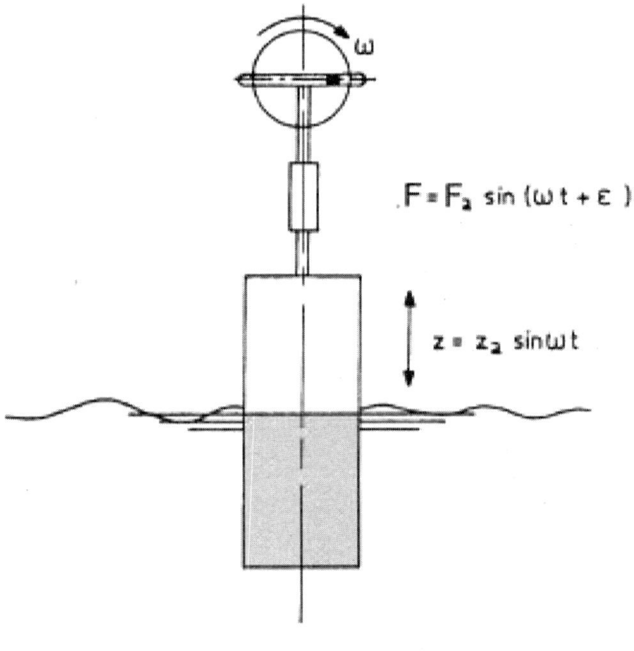

[그림 3.14] 강제동요 시험

그림의 상부에 있는 크랭크가 정해진 일정한 주파수로 회전하면서 크랭크의 축으로부터 반경 방향의 거리에 따라 정해지는 진폭으로 구조물에 상하동요 변위를 일으킨다. 부유체와 크랭크 구조물을 연결하는 축 상에 설치되어 있는 하중계로부터 강제동요 시에 발생하는 힘을 계측한다.

강제동요 시 발생되는 상하방향 변위는 다음과 같다.

$$z(t) = z_a \sin\omega t \tag{3.40}$$

그리고 하중계로부터 계측한 축 방향 힘을 다음의 식으로 가정한다.

$$F_z(t) = F_a \sin(\omega t + \epsilon_{Fz}) \tag{3.41}$$

시스템이 선형이라고 가정하면 운동방정식은 다음과 같다.

$$(m+a)\ddot{z} + b\dot{z} + cz = F_a \sin(\omega t + \epsilon_{Fz}) \tag{3.42}$$

상하동요와 위상이 같은 외력은 관성력 및 복원력과 관련이 있고, 위상이 다른 외력은 감쇄력과 관련이 있다.

상하 방향 변위, 속도 및 가속도 항의 식 :

$$\begin{aligned} z &= z_a \sin\omega t \\ \dot{z} &= z_a \omega\cos\omega t \\ \ddot{z} &= -z_a\omega^2 \sin\omega t \end{aligned} \tag{3.43}$$

식(3.43)을 식(3.42)에 대입하여 정리하면 :

$$\begin{aligned} & z_a\{-(m+a)\omega^2 + c\}\sin\omega t + z_a b\omega\cos\omega t \\ &= F_a \cos\epsilon_{Fz} \sin\omega t + F_a \sin\epsilon_{Fz} \cos\omega t \end{aligned} \tag{3.44}$$

다음의 관계를 얻는다.

$$\omega t = \frac{\pi}{2} \text{ 일 때} \qquad a = \frac{c - \frac{F_a}{Z_a} cos\epsilon_{Fz}}{\omega^2} - m$$

$$\omega t = 0 \text{ 일 때} \qquad b = \frac{\frac{F_a}{z_a} sin\epsilon_{Fz}}{\omega}$$

$$\text{복원력 계수} \qquad c = \rho g A_w \tag{3.45}$$

복원력계수는 구조물의 변위를 정적으로 변화시키면서 힘을 계측하는 시험을 통하여서도 다음의 식과 같이 구할 수 있다.

$$\ddot{z} = 0 \text{ 및 } \dot{z} = 0 \Rightarrow \quad c \ = \frac{F_z}{z} \tag{3.46}$$

여기서 z는 구조물의 정해진 수직 변위, F_z는 계측된 힘을 나타낸다.

강제동요 시험 중에 계측되는 힘 중에서 변위와 위상이 같은 힘과 위상이 다른 힘을 다음의 적분과정을 통하여 각각 구할 수 있다.

$$F_a \sin \epsilon_{Fz} = \frac{2}{NT}\int_0^{NT} F_z(t) \cos\omega t \, dt$$

$$F_a \cos \epsilon_{Fz} = \frac{2}{NT}\int_0^{NT} F_z(t) \sin\omega t \, dt \tag{3.47}$$

여기서 $F_z(t)$는 계측된 힘의 시계열, N은 계측 주기의 수 및 T는 강제동요 주기를 나타낸다. 이 식은 결과적으로 계측된 힘 $F(t)$의 첫 번째 후리에 급수를 나타낸다.

3) 파랑 강제력

파 중에 운동 중인 부유체에 작용하는 외력은 선형 이론의 가정하에 유체동력학적 힘과 파랑 강제력의 합으로 구성되어 있음을 앞 절에서 설명하였다. 그 중에서 파랑 강제력은 구속된 부유체에 파가 입사할 때 구조물에 작용하는 힘을 정의한다. 문제를 단순화하기 위하여 수직한 주상체에 미소진폭파가 입사할 때 발생하는 파랑 강제력을 구한다(그림 3.7-c).

미소진폭파의 포텐셜과 파형의 식은 다음과 같다(제1장 해양파 참조).

$$\Phi = -\frac{\zeta_a g}{\omega} \cdot e^{kz} \cdot \sin(\omega t - kz) \ : \text{파 포텐셜}$$
$$\zeta = \zeta_a \cos(\omega t - kx) \qquad : \text{파형의 식}$$

(3.48)

주상체 밑면($z = -T$)에 작용하는 압력은 선형 Bernoulli 식으로부터 구할 수 있다.

$$\begin{aligned} p &= -\rho \frac{\partial \Phi}{\partial t} - \rho g z \\ &= \rho g \zeta_a e^{kz} \cos(\omega t - kx) - \rho g z \\ &= \rho g \zeta_a e^{-kT} \cos(\omega t - kx) + \rho g T \end{aligned} \tag{3.49}$$

구조물 단면의 직경이 파장에 비하여 상대적으로 작다고 가정하면, 주상체 밑면에 작용하는 압력은 일정하다고 가정할 수 있으며, 따라서 식(3.49)은 다음과 같이 단순화될 수 있다.

$$p = \rho g \zeta_a e^{-kT} \cos(\omega t) + \rho g T \tag{3.50}$$

결과적으로 주상체 밑면에 작용하는 힘은 압력을 적분함에 의하여 다음과 같이 된다.

$$F = \left\{ \rho g \zeta_a e^{-kT} \cos(\omega t) + \rho g T \right\} \frac{\pi}{4} D^2 \tag{3.51}$$

여기서 D는 주상체 밑면의 직경, T는 흘수를 나타낸다.

상기 식 중에서 조화함수 부분이 규칙파에 의한 파랑 강제력이며 나머지 부분은 구조물의 흘수에 의하여 구조물의 밑면에 작용하는 유체정역학적 힘이다. 규칙파에 의한 파랑 강제력을 복원력계수 c와 감소된(또는 등가의) 파 진폭 ζ^*의 곱으로 다음과 같이 표시할 수 있다.

$$F_{Fk} = c\,\zeta^* \tag{3.52}$$

여기서

$$c\ :\ \rho g \frac{\pi}{4} D^{2,} \qquad \zeta^*\ :\ e^{-kT}\zeta_a \cos(\omega t)$$

이 힘은 프루드-크릴로프(Froude-Krylov)의 힘으로 불리며, 구조물에 의하여 교란되지 않은 파에 의한 압력을 구조물 전체 표면에 대하여 적분함에 의하여 구해진다.

그러나, 사실은 파의 일부는 구조물에 의하여 교란되며, 따라서 프루드-크릴로프 힘에 추가되는 힘이 발생하게 된다. 이 추가되는 힘을 상대 운동 원칙을 이용하여 표현할 수 있는데, 하나는 물 입자의 수직 가속도에 비례하는 힘이고 다른 하나는 물 입자의 수직 속도에 비례하는 힘이다.

상기 힘들을 전부 합한 파랑 강제력은 다음과 같다.

$$F_w = a\ddot{\zeta}^* + b\dot{\zeta}^* + c\zeta^* \tag{3.53}$$

여기서 $a\ddot{\zeta}^*$항과 $b\dot{\zeta}^*$항은 구조물의 존재로 인하여 파가 교란되어 발생하는 힘으로 프루드-크릴로프 힘에 추가로 발생한다.

감소된 파 진폭, 파 속도 및 파 가속도는 다음의 식과 같다.

$$\begin{aligned} \zeta^* &= \zeta_a e^{-kT} \cos(\omega t) \\ \dot{\zeta}^* &= -\zeta_a e^{-kT} \omega \sin(\omega t) \\ \ddot{\zeta}^* &= -\zeta_a e^{-kT} \omega^2 \cos(\omega t) \end{aligned} \tag{3.54}$$

식(3.54)을 식(3.53)에 치환하면 :

$$F_w = \zeta_a e^{-kT}\{c - a\omega^2\}\cos(\omega t) - \zeta_a e^{-kT}\{b\omega\}\sin(\omega t) \tag{3.55}$$

파랑 강제력을 파와 위상이 같은 항과 위상이 다른 항으로 분리하면:

$$\begin{aligned} F_w &= F_a \cos(\omega t + \epsilon_{F\zeta}) \\ &= F_a \cos(\epsilon_{F\zeta})\cos(\omega t) - Fa\sin(\epsilon_{F\zeta})\sin(\omega t) \end{aligned} \tag{3.56}$$

식(3.55)와 식(3.56)에서 동일한 위상을 가진 항을 등치시키면 두 개의 미지수에 두 개의 식이 다음과 같이 얻어진다.

$$\begin{aligned} F_a \cos(\epsilon_{F\zeta}) &= \zeta_a e^{-kT}\{c - a\omega^2\} \\ F_a \sin(\epsilon_{F\zeta}) &= \zeta_a e^{-kT}\{b\omega\} \end{aligned} \tag{3.57}$$

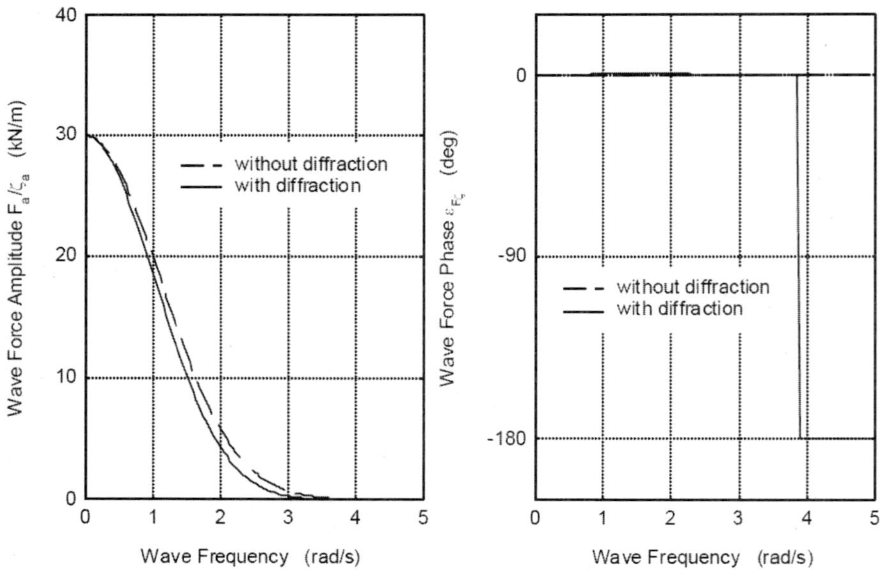

[그림 3.15] 수직 원주 부유체에 작용하는 파랑 강제력

상기의 두 식을 제곱한 후에 더하면 파랑 강제력을 다음의 식으로부터 구할 수 있다.

$$\frac{F_a}{\zeta_a} = e^{-kT}\sqrt{\{c - a\omega^2\}^2 + \{b\omega\}^2} \tag{3.58}$$

또한, 상기 두 식을 나눔에 의하여 파랑 강제력의 위상을 구할 수 있다.

$$\epsilon_{F\zeta} = \arctan\left\{\frac{b\omega}{c - a\omega^2}\right\}, \qquad 0 \le \epsilon_{F\zeta} \le 2\pi \tag{3.59}$$

위상각은 0과 2π 사이에서 정확한 사분면의 값을 구해야 한다.

식(3.58)와 식(3.59)에 의하면 파랑 강제력 F_a는 파 진폭 ζ_a에 선형적으로 비례하나 위상각 $\epsilon_{F\zeta}$은 파 진폭 ζ_a에 무관하다. 즉, 시스템이 선형임을 확인할 수 있다.

그림 3.15는 파랑 강제력과 위상각을 파 주파수의 함수로 보여주고 있다. 주파수가 작을 때(장파)는 파의 산란에 의한 파 강제력이 매우 작고 프루드-크릴로프 힘이 주도적인 것을 알 수 있다. 또한, 파 주파수가 커짐에 따라 파의 산란에 의한 힘의 비율이 증가함을 알 수 있다. 본 구조물의 경우에는 프루드-크릴로프 힘이 작아지고 산란파에 의한 영향이 상대적으로 커지면서 어느 순간 갑자기 −π의 위상 변화가 발생한다. 이 때 파와 동일한 위상의 파 강제력 $F_a\cos(\epsilon_{F\zeta})$은 작아지면서 부호가 바뀌며, 다른 위상을 가진 파 강제력 $F_a\sin(\epsilon_{F\zeta})$은 부호가 그대로 유지된다.

4) 운동방정식

식(3.12)에서 유체동역학적 힘을 좌변에 파 강제력 항을 우변에 위치하면 파랑 중에서 상하동요하는 수직 주상체에 대한 운동방정식은 다음과 같이 된다.

$$(m+a)\ddot{z} + b\dot{z} + cz = a\ddot{\zeta}^* + b\dot{\zeta}^* + c\zeta^* \tag{3.60}$$

상대운동 원칙을 이용하면, 이 운동방정식은 뉴우톤의 2차 법칙과 파랑 중에서 상하동요하는 주상체 주위 물 입자의 전체 상대 운동으로부터 직접 유도할 수도 있다.

$$m\ddot{z} = a(\ddot{\zeta}^* - \ddot{z}) + b(\dot{\zeta}^* - \dot{z}) + c(\zeta^* - z) \tag{3.61}$$

5) 규칙파 중 운동응답

규칙파 중에서의 상하동요는 다음과 같이 표기한다.

$$\begin{aligned} z &= z_a \cos(\omega t + \epsilon_{z\zeta}) \\ \dot{z} &= -z_a \omega \sin(\omega t + \epsilon_{z\zeta}) \\ \ddot{z} &= -z_a \omega^2 \cos(\omega t + \epsilon_{z\zeta}) \end{aligned} \tag{3.62}$$

식(3.54)과 식(3.62)를 운동방정식 식(3.60)에 대입하면 다음과 같은 식을 얻는다.

$$\begin{aligned} & z_a\{c - (m+a)\omega^2\}\cos(\omega t + \epsilon_{z\zeta}) - z_a\{b\omega\}\sin(\omega t + \epsilon_{z\zeta}) \\ & = \zeta_a e^{-kT}\{c - a\omega^2\}\cos(\omega t) - \zeta_a e^{-kT}\{b\omega\}\sin(\omega t) \end{aligned} \tag{3.63}$$

조화함수들을 추가 분해 후에 동일한 위상을 가진 항들을 정리하면:

$$\begin{aligned} & z_a\left[\{c - (m+a)\omega^2\}\cos(\epsilon_{z\zeta}) - \{b\omega\}\sin(\epsilon_{z\zeta})\right]\cos(\omega t) \\ & - z_a\left[\{c - (m+a)\omega^2\}\sin(\epsilon_{z\zeta}) + \{b\omega\}\cos(\epsilon_{z\zeta})\right]\sin(\omega t) \\ & = \zeta_a e^{-kT}\{c - a\omega^2\}\cos(\omega t) - \zeta_a e^{-kT}\{b\omega\}\sin(\omega t) \end{aligned} \tag{3.64}$$

위상이 동일한 항 들을 등치하면 두 개의 미지수 즉 상하동요 진폭 z_a와 위상 각 $\epsilon_{z\zeta}$에 대한 두개의 식을 얻는다.

$$z_a\left[\{c-(m+a)\omega^2\}\cos(\epsilon_{z\zeta})-\{b\omega\}\sin(\epsilon_{z\zeta})\right]=\zeta_a e^{-kT}\{c-a\omega^2\}$$

$$z_a\left[\{c-(m+a)\omega^2\}\sin(\epsilon_{z\zeta})+\{b\omega\}\cos(\epsilon_{z\zeta})\right]=\zeta_a e^{-kT}\{b\omega\} \tag{3.65}$$

상기의 두 식을 제곱한 후에 더하면 상하동요의 진폭 z_a을 다음의 식으로부터 구한다.

$$\frac{z_a}{\zeta_a}=e^{-kT}\sqrt{\frac{\{c-a\omega^2\}+\{b\omega\}^2}{\{c-(m+a)\omega^2\}^2+\{b\omega\}^2}} \tag{3.66}$$

식(3.65)에서 $z_a/\zeta_a e^{-kT}$항을 소거함에 의하여 위상각 $\epsilon_{z\zeta}$을 구한다.

$$\epsilon_{z\zeta}=\arctan\left[\frac{-mb\omega^3}{(c-a\omega^2)\{c-(m+a)\omega^2\}+\{b\omega\}^2}\right],\quad 0\le\epsilon_{z\zeta}\le 2\pi \tag{3.67}$$

위상각은 0과 2π 사이에서 정확한 사분면의 값을 구해야 한다. 위상각의 값은 arctangent 함수의 분자와 분모의 부호에 따라서 정해진다.

식(3.66)와 식(3.67)에 의하면 상하동요 진폭 z_a은 파 진폭 ζ_a에 선형적으로 비례하나 위상각 $\epsilon_{z\zeta}$은 파 진폭 ζ_a에 무관하다. 즉, 시스템이 선형임을 확인할 수 있다.

주파수에 따른 상하동요 진폭과 입사파 진폭과의 비율인 식(3.66)을 응답진폭함수 (Response Amplitude Operator (RAO))라 부른다.

그림 3.16은 규칙파 중 원주 구조물의 상하동요 응답진폭함수와 위상각을 보여주고 있다. 점선으로 되어 있는 결과는 파 강제력에 오로지 프루드-크릴로프 힘만 포함한 경우이다.

그림 3.17은 3개의 주파수 영역과 각 영역에서의 상하동요 응답의 성격을 보여주고 있다.

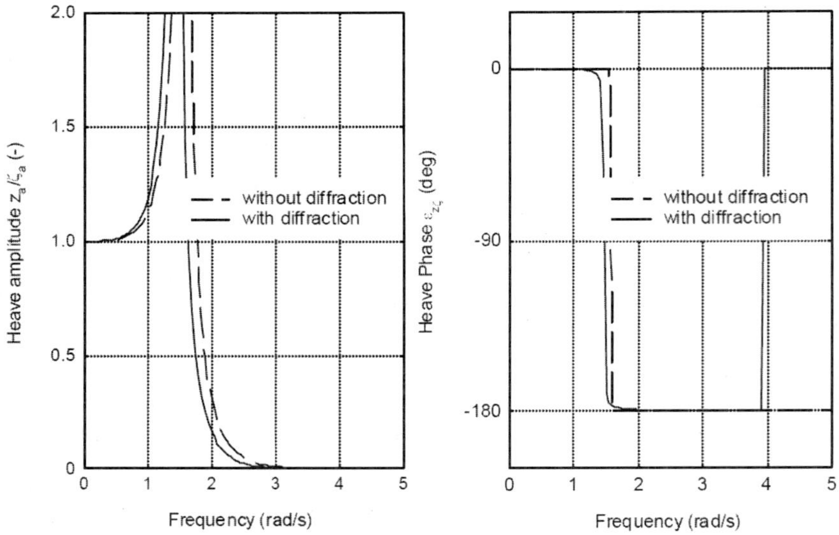

[그림 3.16] 수직한 주상체의 상하동요

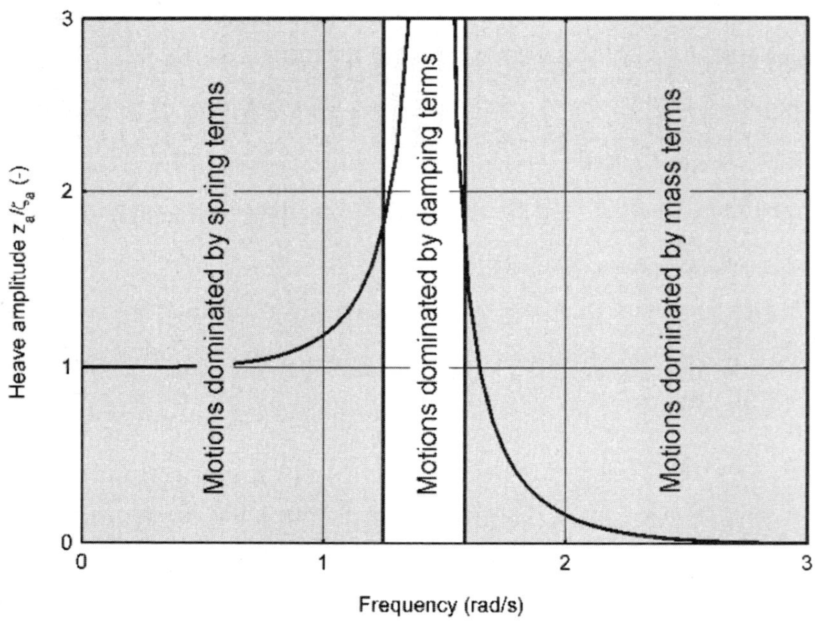

[그림 3.17] 주파수 영역과 운동 응답

- 저 주파수 영역($\omega^2 \ll c/(m+a)$): 유체정역학적 복원력이 주도하는 영역.
  입사파 주파수가 낮아지면 주상체는 파를 따라 움직인다. 따라서, 응답진폭함수는 1.0에 접근하고 위상각은 영에 접근한다. 매우 작은 주파수에서는 파장이 부유체의 수평 방향 길이(또는 직경)보다 매우 커서 부유체는 유체 입자의 궤적을 그대로 따라서 움직인다.
- 공진 주파수 영역($\omega^2 \approx c/(m+a)$): 감쇄 항의 영향이 주도적인 영역.
  감쇄계수가 작을 때 공진에 의한 매우 큰 운동응답이 발생할 수 있다. 식(3.67)과 그림 3.16에서 알 수 있듯이 공진 주파수에서 위상각의 변화가 $-\pi$만큼 발생한다. 감쇄계수가 작을 경우에 위상각의 변화는 갑자기 발생하게 된다.
- 고 주파수 영역($\omega^2 \gg c/(m+a)$): 질량 항의 영향이 주도적인 영역.
  구조물의 수평 방향 길이(또는 직경)에 여러 개의 파장이 포함되기 때문에 부유체의 운동응답에 파의 영향이 적어진다. 주파수가 커지면서($\omega^2 \approx c/a$) 위상 각의 변화가 또 한번 발생한다.

식(3.58), 식(3.59), 식(3.66) 및 식(3.67)로부터 수직 주상체에 대한 상하동요-파 강제력의 비 및 위상 각의 관계를 다음 식과 같이 구할 수 있다.

$$\frac{z_a}{F_a} = \frac{1}{\sqrt{\{c-(m+a)\omega^2\}^2 + \{b\omega\}^2}}$$

$$\epsilon_{zF} = \epsilon_{z\zeta} + \epsilon_{\zeta F} = \epsilon_{z\zeta} - \epsilon_{F\zeta} \tag{3.68}$$

4. 불규칙파 중 운동응답

제 1장에서 파 에너지 스펙트럼을 다음과 같이 정의하였다.

$$S_\zeta(\omega)\,d\omega = \frac{1}{2}\zeta_a^2(\omega) \tag{3.69}$$

마찬가지로 부유체 상하동요 $z(\omega,t)$의 에너지 스펙트럼이 다음과 같이 정의될 수 있다.

$$S_z(\omega)\,d\omega = \frac{1}{2}z_a^2(\omega) = \left|\frac{z_a}{\zeta_a}(\omega)\right|^2 \frac{1}{2}\zeta_a^2(\omega)$$

$$= \left|\frac{z_a}{\zeta_a}(\omega)\right|^2 S_\zeta(\omega)\,d\omega \tag{3.70}$$

따라서, 상하동요 스펙트럼은 응답진폭함수와 파 에너지 스펙트럼을 이용하여 구할 수 있다.

$$S_z(\omega) = \left|\frac{z_a}{\zeta_a}(\omega)\right|^2 S_\zeta(\omega) \tag{3.71}$$

파 에너지 스펙트럼으로부터 운동응답 스펙트럼으로 변환하는 과정이 전 절에서 예를 든 상하동요에 대하여 그림 3.18에 나타나 있다.

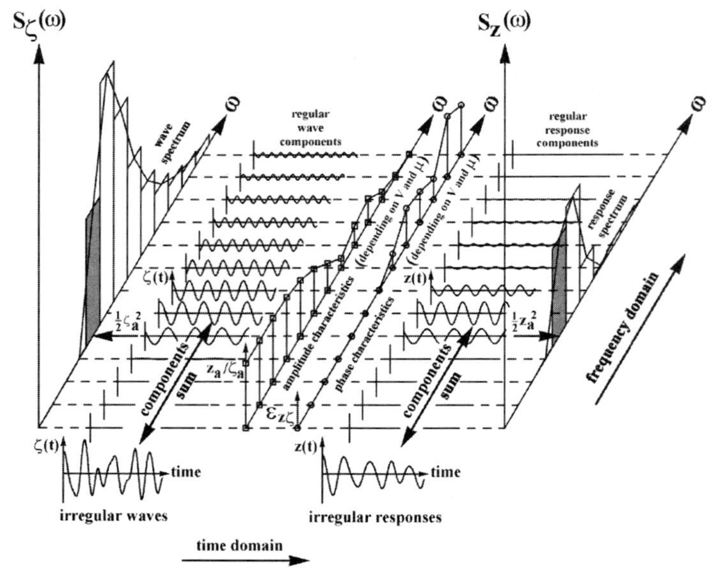

[그림 3.18] 파 에너지 스펙트럼에서 응답 스펙트럼으로의 변환

그림 3.18의 왼쪽 아래에 있는 불규칙파의 시계열 $\zeta(t)$는 서로 다른 주파수, 진폭 및 위상을 가지고 있는 많은 수의 규칙파의 합으로 되어 있다. 그림 왼편에 있는 파 스펙트럼은 각 성분 규칙파에 대한 $\frac{1}{2}\zeta_a^2(\omega)/\Delta\omega$ 값을 각 주파수 ω의 함수로 도시한 것이다. 각각의 규칙파 성분에 상하동요 응답진폭함수 $z_a/\zeta_a(\omega)$를 곱하면 각 주파수에 대하여 상하동요의 성분을 구할 수 있다. 불규칙한 상하동요 시계열 $z(t)$는 불규칙파 시계열을 구하는 과정과 마찬가지로 규칙 상하동요 성분을 다 합쳐 얻을 수 있다. 상하동요 응답 스펙트럼은 각각의 주파수에 대하여 $\frac{1}{2}z_a^2(\omega)/\Delta\omega$의 값을 ω의 함수로 도시함에 의하여 얻을 수 있으며 그림 3.18의 맨 오른쪽에 나타나 있다.

상하동요 스펙트럼 모멘트를 다음과 같이 정의한다.

$$m_{nz} = \int_0^\infty S_z(\omega)\,\omega^n\,d\omega, \qquad n = 0, 1, 2, \ldots.. \tag{3.72}$$

제 1장에서와 마찬가지로 불규칙파 중 운동응답의 크기와 주기의 통계값들을 스펙트럼 모멘트 값을 이용하여 구할 수 있다.

$$\begin{aligned}
&RMS = \sigma_z = \sqrt{m_{0z}} && \text{(운동응답의 제곱평균 실효값)}\\
&\bar{z}_{a1/3} = 2\sqrt{m_{0z}} && \text{(운동응답의 유의 진폭)}\\
&\bar{z}_{a1/10} = 2.55\sqrt{m_{0z}} && \text{(운동응답의 최대값 1/10의 평균)}
\end{aligned} \tag{3.73}$$

그리고,

$$\begin{aligned}
&T_{1z} = 2\pi\frac{m_{0z}}{m_{1z}} && \text{(평균 도심 주기)}\\
&T_{2z} = 2\pi\sqrt{\frac{m_{0z}}{m_{2z}}} && \text{(평균 영점 교차주기)}\\
&T_{cz} = 2\pi\sqrt{\frac{m_{2z}}{m_{4z}}} && \text{(평균 파정간 주기)}
\end{aligned} \tag{3.74}$$

제 4 장

파랑 중 6 자유도 부유체 운동

1. 서론

제 3장에서는 파랑 중 부유체 운동의 기본 개념을 쉽게 이해할 수 있도록 자유수면 상에 떠 있는 단순한 수직 주상체에 작용하는 파력과 그에 기인하는 상하동요 운동응답에 대하여 알아보았다. 그러나 파랑 중에서 완전한 부유체의 운동응답을 계산하기 위해서는 각 운동 모드 사이의 연성을 고려한 6 자유도 운동을 고려하여야 한다. 본 장에서는 선박이나 해양구조물과 같은 부유체가 파랑 중에 있을 때의 6 자유도 운동방정식을 유도하고 운동방정식으로부터 운동응답을 구하는 과정과 방정식에 포함된 유체동역학적 계수를 구하는 여러가지 이론들을 소개한다. 또한, 부유체 임의의 지점에서의 동적 거동, 갑판 침수, 슬래밍 등 부유체의 동적 거동과 관련된 현상들을 대하여 설명한다.

미소진폭파의 가정하에 동적 거동을 지배하는 운동방정식은 선형으로 가정한다. 또한, 부유체는 입사 규칙파와 일정한 각도 및 일정한 속도(정지상태는 전진 속도가 영인 경우임)를 유지하면서 전진하는 것으로 가정한다(운동방정식과 관련한 자세한 이론은 Salvesen et al (1970), Newman (1977), Ogilvie (1964), 및 Wehausen (1971) 등 참조).

2. 운동방정식

운동방정식의 선형화는 운동응답의 크기가 작다는 가정하에 이루어진다. 운동의 크기는 일반적으로 부유체가 안정적이고 입사파의 진폭이 작을 때 즉, 미소진폭파일 때 작다. 이러한 일반적 규칙에 중요한 예외는 횡파 상태에서의 횡동요 공진, SWATH 선의 선수요 공진 또는 반잠수식 시추선의 상하동요 공진 등과 같이 감쇄가 작은 상태에서 공진 현상이 발생할 때이다. 실험적 및 이론적 연구 결과는 선형이론으로도 부유체 운동을 매우 정도 높게 추정할 수 있다는 것을 보여 주고 있다. 전진 속도가 있는 경우의 횡동요도 등가 감쇄계수를 사용한 선형 방정식으로 비교적 만족스러운 운동응답의 추정이 가능한 것으로 알려져 있다.

파랑 중 부유체의 거동을 표현하고 추정하는데 사용하는 우수 직교좌표계에 대하여는 전 장에서 자세히 언급하였다. 부유체의 운동은 3개의 병진운동과 3개의 회전운동 즉, 총 6개의 운동의 중첩으로 나타낼 수 있다. 부유체의 6 자유도 운동은 부유체의 전진 속도와 같이 일정한 속도로 이동하는 관성좌표계 $O(x,y,z)$에 대한 물체고정좌표계 $G(\overline{x},\overline{y},\overline{z})$ 의 위치에 의하여 결정된다. 병진운동으로는 전후동요(surge), 좌우동요(sway) 및 상하동요(heave)가 있으며, 회전운동으로는 횡동요(roll), 종동요(pitch) 및 선수동요(yaw)가 있다.

전 장에서 다룬 상하동요하는 간단한 주상체의 경우와 마찬가지로 좀 더 복잡한 6 자유도 운동방정식을 유도하는 시작점은 뉴우튼의 2차 법칙이다. 뉴우튼의 2차 법칙은 지구고정좌표계 상의 양의 $x-$방향으로 일정 속도로 이동하는 관성좌표계에서 기술되어야 한다. 그러나 물체에 작용하는 힘과 모멘트는 물체고정좌표계에서 정의된다. 이러한 좌표계 사이의 변환을 고려하면 물체고정좌표계에서의 운동방정식은 비선형 Euler방정식이 된다. 이러한 이유로 운동방정식의 선형화는 부유체 운동의 이론적 해석에 앞서서 선행되는 과정이다.

물체고정좌표계를 이용한 6 자유도 선형 운동방정식은 다음과 같다.

$$\sum_{k=1}^{6} \triangle_{jk}\ddot{\eta}_k(t) = F_j(t) \qquad j=1,2,....6 \tag{4.1}$$

여기서

Δ_{jk} : 질량과 관성모멘트 항으로 구성된 관성 매트릭스

$\ddot{\eta}_k$: k 방향의 가속도

F_j : 물체에 작용하는 j방향의 힘과 모멘트

선형화 과정을 통하여 관성 매트릭스 Δ_{jk}에 있는 많은 항이 소거될 수 있다. Abkowitz(1969)는 물체고정좌표계의 $\bar{x}-\bar{z}$ 축으로 이루어진 평면에 대하여 대칭 즉, 좌우 대칭인 선박 또는 해양구조물 대하여 다음과 같은 6개의 식으로 된 운동방정식을 유도하였다.

$$
\begin{aligned}
&\Delta(\ddot{\eta}_1+\overline{z}_c\ddot{\eta}_5)=F_1\\
&\Delta(\ddot{\eta}_2+\overline{z}_c+\ddot{\eta}_4+\overline{x}_c\ddot{\eta}_6)=F_2\\
&\Delta(\ddot{\eta}_3-\overline{x}_c\ddot{\eta}_5)=F_3\\
&I_{44}\ddot{\eta}_4-I_{46}\ddot{\eta}_6-\Delta\overline{z}_c\ddot{\eta}_2=F_4\\
&I_{55}\ddot{\eta}_5+\Delta(\overline{z}_c\ddot{\eta}_1-\overline{x}_c\ddot{\eta}_3)=F_5\\
&I_{66}\ddot{\eta}_6-I_{64}\ddot{\eta}_4+\Delta\overline{x}_c\ddot{\eta}_2=F_6
\end{aligned}
\tag{4.2}
$$

여기서

$F_j(t),\ j=1,2,3$: $\overline{x},\overline{y},\overline{z}$ 축 방향의 총 외력

$F_j(t),\ j=4,5,6$: $\overline{x},\overline{y},\overline{z}$ 축을 중심으로 작용하는 총 모멘트

Δ : 부유체 질량

$I_{jj},\ j=4,5,6$: $\overline{x},\overline{y},\overline{z}$ 축에 대한 관성모멘트

I_{46} : 횡동요-선수동요 관성곱 $(=I_{64})$

$(\overline{x}_c,\ 0,\ \overline{z}_c)$: $\overline{x},\overline{y},\overline{z}$ 좌표계에서 질량 중심의 좌표

상기 식에서 $j=1,2$ 및 3인 경우는 각각 힘에 대한 운동방정식이고 $j=4,5$ 및 6인 경우는 모멘트에 대한 운동방정식이다.

식(4.1)과 식(4.2)를 비교하면 관성 매트릭스는 다음과 같음을 알 수 있다.

$$\Delta_{jk}=\begin{bmatrix} \Delta & 0 & 0 & 0 & +\Delta\bar{z}_c & 0 \\ 0 & \Delta & 0 & -\Delta\bar{z}_c & 0 & +\Delta\bar{z}_c \\ 0 & 0 & \Delta & 0 & -\Delta\bar{x}_c & 0 \\ 0 & -\Delta\bar{z}_c & 0 & I_{44} & 0 & -I_{46} \\ +\Delta\bar{z}_c & 0 & -\Delta\bar{x}_c & 0 & I_{55} & 0 \\ 0 & +\Delta\bar{x}_c & 0 & -I_{46} & 0 & I_{66} \end{bmatrix} \tag{4.3}$$

좌표계 원점이 질량중심과 동일한 경우에는 $\bar{x}_c$와 $\bar{z}_c$항이 모두 영이 되어 관성 매트릭스가 보다 단순하게 된다.

식(4.2)의 유도 과정에서 언급되었듯이 F_j는 물체고정좌표계의 $\bar{x}$, $\bar{y}$ 및 $\bar{z}$축 방향으로의 총 외력(또는 모멘트)를 나타내며 $\ddot{\eta}_j$는 축 방향으로의 가속도를 나타낸다. 부유체의 운동과 관련된 유체역학 문제를 공식화하고 해를 얻기 위해서는 물체고정좌표계보다는 관성좌표계를 이용하는 것이 편리한 경우가 많다. 선형화된 운동방정식에 관한 한 힘, 모멘트 및 운동 등의 성분 분리에 있어서 물체고정좌표계 또는 관성좌표계 중 어느 좌표계를 사용해도 차이가 발생하지 않으므로 이후의 모든 식의 전개는 특별한 언급이 없는 한 관성좌표계를 기준으로 한다. 그러나, 부유체 운동응답에 관한 유체역학 이론을 전개해 나감에 있어서 관련된 모든 물리량의 크기가 적절하게 확인되고 포함되기 위해서 두 좌표계 사이의 관계를 충분히 이해하고 있어야 한다.

식(4.3)의 항 중에서 유일한 관성곱 항인 횡동요-좌우동요 연성 항 I_{46}은 부유체가 좌표계 원점에 대하여 전후 방향으로 대칭일 때 영이 된다. 관성 매트릭스의 다른 비 대각선 요소들은 좌표계 원점이 질량 중심과 일치하게 되면 영이 된다. 해양구조물의 경우에는 대체로 좌표계 원점을 질량 중심점으로 잡지만 선박의 경우에는 좌표계 중심을 선체 중앙의 자유수면 상에 잡는 것이 편리한 경우가 많다.

파랑 중 다른 물체에 의하여 구속되지 않은 부유체의 6 자유도 운동방정식은 다음과 같다.

$$\sum_{k=1}^{6} \triangle_{jk} \ddot{\eta}_k(t) = F_j(t) = F_{Gj} + F_{Hj} \qquad j = 1, 2, \ldots .6 \tag{4.4}$$

여기서

F_{Gj} : 부유체에 작용하는 j방향 중력

F_{Hj} : 부유체에 작용하는 j방향 유체력

$\triangle_{jk}$: 식(4.3)의 관성 매트릭스

식(4.4)는 3장에서 취급한 1자유도 운동방정식을 6 자유도로 확장한 것이나, 이론의 전개와 수식 표현의 편리성을 위하여 3장과는 상이한 부호를 사용한다.

선형이론에서 부유체의 운동응답의 크기는 입사파 진폭과 선형적인 관계를 가지며 운동의 주파수는 입사파의 주파수와 같다. 선형 가정 하에 우리는 매우 편리하고 강력한 선형 시스템 이론을 이용하여 매우 유용한 결과를 도출할 수 있다. 그러나, 서론에서 언급한 바와 같이 결과의 해석과 이용이 때때로 제한적이라는 것은 유념할 필요가 있다.

규칙파 중에서의 운동응답을 고려하면, 시간의 함수로 나타낸 부유체의 운동응답 $\eta_j(t)$는 부유체가 파와 만나는 조우주파수를 가진 조화운동으로 표현된다.

$$\eta_j(t) = \bar{\eta}_j e^{-i\omega_e t} = \left|\bar{\eta}_j\right| \cos(\omega_e t + \sigma_j) \qquad j = 1, 2, 3, \ldots .6 \tag{4.5}$$

여기서 ω_e는 조우주파수를 나타내며 다음의 식과 같다(식(3.4)와 동일).

$$\omega_e = \omega_0 - \frac{\omega_0^2}{g} U_0 \ \cos\mu \tag{4.6}$$

$\bar{\eta}_j$는 부유체의 j방향 복소 응답함수이며 $j = 1, 2 \ldots 6$는 각각 전후동요, 좌우동요, 상하동요, 횡동요, 종동요 및 선수동요를 나타낸다.

부유체에 작용하는 중력은 단순하게 물체의 중심에 작용하는 무게를 의미한다. 중력의 평균값은 부력의 평균값과 상호 상쇄되므로, 중력은 운동하는 부유체에 작용하는 유

체정역학적 힘과 합쳐져서 순 유체정역학적 힘으로 구조물에 작용한다.

부유체에 작용하는 유체정역학적 힘과 유체동역학적 힘은 수면에 잠긴 부분에 작용하는 유체 압력을 직접 적분함에 의하여 구할 수 있다. 따라서, 6 자유도 각각에 대한 유체력은 다음의 식과 같이 수식화 할 수 있다.

$$F_{Hj} = -\iint_s P\, n_j\, ds \qquad j = 1,2,....6 \tag{4.7}$$

여기서

n_j : 부유체 외부로 향한 일반화된 단위 수직 벡터
P : 유체 압력
s : 수면하 접수면적

일반화된 단위 수직 벡터의 각 성분은 병진운동($j = 1,2,3$)에 대해서는 일반적인 부유체 표면에서의 수직 벡터의 성분과 같고, 회전운동($j = 4,5,6$)에 대해서는 수직 벡터의 모멘트 성분과 같다. 따라서, 다음과 같은 관계가 있다.

$$(n_1, n_2, n_3) = \vec{n}$$
$$(n_4, n_5, n_6) = \vec{r} \times \vec{n} \tag{4.8}$$

여기서

$\vec{n}$: 부유체 외부로 향한 수직 벡터
$\vec{r}$: 좌표계 원점에서 부유체 표면 임의의 위치까지의 벡터
$(= x\vec{i} + y\vec{j} + z\vec{k})$

부유체 표면에 작용하는 압력은 Bernoulli 식으로부터 구할 수 있다. 비점성, 비회전

유체를 가정하면 압력의 식은 다음과 같다.

$$P = \frac{1}{2}\rho U_0^2 - \rho\frac{\partial \Phi}{\partial t} - \frac{1}{2}\rho(\nabla\Phi \times \nabla\Phi) - \rho g z \quad (4.9)$$

여기서

ρ : 유체 밀도
$\nabla\Phi$: 유체 유동에 대한 총 속도 벡터
U_0 : 부유체의 전진 속도

식(4.9)의 첫 3개 항은 유체동역학적 압력을, 마지막 항은 유체정역학적 압력을 나타낸다. 이 식을 식(4.7)에 대입하면 부유체에 작용하는 유체력은 다음과 같이 유체정역학적 및 유체동역학적 기여 부분으로 나뉘어진다.

$$F_{Hj} = F_{HSj} + F_{HDj} \quad (4.10)$$

여기서

$$F_{HSj} = \rho g \iint_S z n_j \, ds \quad (4.10a)$$

$$F_{HDj} = -\rho \iint_S \left(\frac{1}{2} U_0^2 - \frac{\partial \Phi}{\partial t} - \frac{1}{2}\nabla\Phi \cdot \nabla\Phi \right) n_j ds \quad (4.10b)$$

1) 순 유체정역학적 힘

유체정역학적 힘을 구하기 위해서는 식(4.10a)의 적분을 수행하여야 한다. 식 중에 z 값은 물체고정좌표계 $(\overline{x}, \overline{y}, \overline{z})$에서의 상응하는 값으로 치환되어야 한다. 선형이론에서 식(4.10a)의 순간적인 접수면에 대한 적분은 교란되지 않은 자유표면까지만 수행된다.

왜냐하면 교란되지 않은 자유표면과 실제 파면 사이의 면적은 고차 항으로 무시할 수 있기 때문이다.

평균 유체정역학적 힘과 평균 중력은 서로 상쇄 되므로 식(4.10a)를 이용하여 구한 유체정역학적 힘 F_{HSj}과 중력 F_{Gj}을 합하면 순 유체정역학적 힘을 구할 수 있다.

$$F^*_{HSj} = F_{Gj} + F_{HSj} \qquad j = 1, 2, \ldots 6 \tag{4.11}$$

여기서

F_{Gj} : j 방향의 중력

F_{HSj} : j 방향의 유체정역학적 힘

F^*_{HSj} : j 방향의 순 유체정역학적 힘

순 유체정역학적 힘은 복원력계수 C_{jk}와 부유체 운동 $\eta_k(t)$를 이용하여 다음과 같이 쓸 수 있다.

$$F^*_{HSj} = -\sum_{j=1}^{6} C_{jk}\bar{\eta}_k e^{-i\omega_e t} \tag{4.12}$$

여기서 C_{jk}는 k축 방향의 단위 변위에 대하여 j축 방향으로 부유체에 작용하는 순 유체정역학적 힘을 나타내는 유체정역학적 복원력계수이다. 대부분의 선박이나 해양구조물과 같이 좌우 대칭인 부유체에 대하여 다음의 식과 같다.

$$C_{jk} = 0 \text{ 아래 계수를 제외한 전체}$$

$$C_{33} = \rho g \int B(x)dx$$

$$C_{35} = C_{53} = -\rho g \int xB(x)dx$$

$$C_{44} = \rho g \nabla \overline{GM_T}$$

$$C_{55} = \rho g \nabla \left(\overline{GM_L} + \frac{\overline{LCF^2}}{\nabla} S \right)$$

$$= \rho g S_{11} + \rho g \nabla \left(\overline{KB} - \overline{KG} \right) \tag{4.13}$$

여기서

$B(x)$	: 수선면의 폭(x 함수)
$\overline{GM}_T$	: 횡 방향 메타센터 높이
$\overline{GM}_L$	: 종방향 메타센터 높이
$\overline{LCF}$	: 종방향 부면심
S	: 수선면적 $\int_L B(x)dx$
S_{11}	: 수선면적의 y축에 대한 2차 모멘트 = $\int_L x^2 B(x)dx$

적절한 단위의 변화를 통하여 식(4.13)에 있는 유체정역학적 복원력계수 C_{jk}를 부유체의 안정성 해석에 사용되는 복원력계수로 변환할 수 있다. 센티미터당 배수톤수(tons per cm immersion, TPC), 센티미터당 트림배수 톤수(change in displacement per cm trim aft), 단위경사당 횡복원력(righting moment per degree of heel) 및 센티미터당 트림 모멘트(moment to trim one cm, MTC)는 각각 C_{33}, C_{35}, C_{44} 및 C_{55}와 관련이 있다.

2) 유체동역학적 힘

유체동역학적 힘은 식(4.10b)의 계산을 통하여 구할 수 있다. 그러나, 계산에 앞서 유체장 내의 전체 속도 포텐셜 $\Phi(x,y,z,t)$을 알아야 한다. 선형이론의 가정하에 전체 속도 포텐셜을 다음의 식과 같이 다양한 성분 포텐셜의 단순 합으로 표현할 수 있다고 가정한다.

$$\Phi(x,y,z,t) = [-U_0 x + \phi_s(x,y,z)] + \phi_T e^{-i\omega_e t} \tag{4.14}$$

$$= [-U_0 x + \phi_s(x,y,z)] + \left[(\phi_I + \phi_D) + \sum_{j=1}^{6} \phi_j \overline{\eta_j}\right] e^{-i\omega_e t}$$

정상 성분 비정상 성분

여기서

ϕ_s : 정상 이동으로 인한 섭동 포텐셜

ϕ_T : 비정상 섭동 포텐셜 $= (\phi_I + \phi_D) + \sum_{j=1}^{6} \phi_j \overline{\eta}_j$

ϕ_I : 입사파 포텐셜

ϕ_D : 산란파 포텐셜

ϕ_j : j 방향 운동으로 인한 방사파 포텐셜

ϕ_I, ϕ_D, ϕ_j는 모두 시간에는 독립적이고 공간 변수만의 함수로 되어 있다. 정상 성분은 부유체의 정상 전진속도로 인한 성분이며, 그 중에서 $-U_0 x$항은 자유흐름 속도 항이고 ϕ_s는 부유체의 존재로 인하여 발생하는 정상 섭동 속도포텐셜이다. 상기 두 가지 속도포텐셜을 합한 $(-U_0 x + \phi_s)$항은 정수 중에서 일정한 속도로 전진하는 선박(또는 해양구조물) 주위의 유동 문제에 대한 해가 된다. 따라서, 일정 속도로 전진하는 부유체로 인한 주위 유체의 유동 속도는 다음과 같다.

$$W = \nabla(-U_0 x + \phi_s) = -U_0 + \nabla\phi_s \tag{4.15}$$

비정상 항은 시간 종속인 모든 항을 포함하고 있다. 운동응답의 시간 종속은 입사파 주파수에서의 조화함수로 나타난다. 비정상 부분은 입사파 포텐셜 ϕ_I, 산란파 포텐셜(diffraction potential) ϕ_D, 및 각 자유도 운동으로 인한 방사파 포텐셜(radiation potential) ϕ_j로 나뉘어 진다. 포텐셜 ϕ_I와 ϕ_D는 평형 상태에 있는 부유체에 파가 입사할 때의 산란 문제를 풀어서 구할 수 있다. 산란파는 입사파가 물체에 부딪힐 때 파의 산란에 의하

여 발생한다. 입사파와 산란파를 합한 유동장에 의하여 발생하는 유체동역학적 힘은 파강제력으로 불린다. 방사 포텐셜은 정수 중에서 부유체가 정해진 6 자유도 운동을 할 때의 방사 문제를 풀어서 구할 수 있다. 방사 문제를 풀어서 구하는 유체동역학적 힘은 부가 질량 및 감쇄와 관련되어 발생하는 힘이다.

여러가지 비정상 항의 연성항들은 모두 크기가 작은 고차항이므로 선형이론에서는 무시한다. 정상 성분 $(-U_0 x+\phi_s)$는 정수 중에서의 조파저항 문제로 비정상 문제와는 독립적으로 구할 수 있다. 일관성 있는 체계적인 선형이론에 의하면 비정상 문제를 구하기 위한 경계치 문제에는 정상 섭동 포텐셜 ϕ_s가 포함되어야 한다. 따라서 정상 항과 비정상 항은 서로 연성되어 있다. 그러나 그러한 연성을 고려하여 부유체 운동을 이론적으로 구하는 것이 매우 어렵기 때문에 비정상 문제 즉, 부유체 운동 문제를 풀 경우에 섭동 항 사이의 연성은 무시하고 정상 항 중에서 자유흐름 항 만을 고려한다.

본 장에서 사용하는 선형이론에 따라, 정상 속도 항은 다음과 같이 자유흐름으로 근사할 수 있다고 가정한다.

$$W \approx (-U_0,\ 0,\ 0) \tag{4.16}$$

또한, Bernoulli 식에서 전체 속도 포텐셜의 고차항 $\nabla\Phi \cdot \nabla\Phi$을 소거하면 비정상 압력의 식은 다음과 같이 된다.

$$P \approx -\rho\frac{\partial\Phi}{\partial t} = -\rho\left[-i\omega_e - U_0\frac{\partial}{\partial x}\right]\phi_T e^{-i\omega_e t} \tag{4.17}$$

결과적으로 부유체에 작용하는 비정상 유체동역학적 힘은 식(4.10b)를 이용하면 다음과 같다.

$$\widetilde{F}_{HDj} \approx \rho\iint_S n_j\left[-i\omega_e - U_0\frac{\partial}{\partial x}\right]\phi_T e^{-i\omega_e t}\,ds \tag{4.18}$$

여기서 선형이론의 일관성을 갖기 위해 상기 식에서의 적분은 부유체의 평균접수면적 S에 대하여 수행한다. 식(4.18)의 유체동역학적 힘 $\widetilde{F}_{HDj}$의 틸다(~)는 고려하고 있는 힘이 비정상 힘인 것을 표시한다.

식(4.14)에 있는 전체 비정상 속도 포텐셜 ϕ_T를 식(4.18)에 대입하면 크게 두가지 서로 상이한 힘의 합으로 이루어지는 전체 유체동역학적 힘을 구할 수 있다.

$$
\begin{aligned}
\widetilde{F_{HDj}} &= \left[\rho \iint_S n_j \left(-i\omega_e - U_0 \frac{\partial}{\partial x}\right)\phi_I\, ds\right] e^{-i\omega_e t} \\
&+ \left[\rho \iint_S n_j \left(-i\omega_e - U_0 \frac{\partial}{\partial x}\right)\phi_D\, ds\right] e^{-i\omega_e t} \\
&+ \sum_{k=1}^{6} \left[\rho \iint_S n_j \left(-i\omega_e - U_0 \frac{\partial}{\partial x}\right)\phi_k\, ds\right] \overline{\eta_k}\, e^{-i\omega_e t} \\
&= \left\{F_j^I + F_j^D\right\} e^{-i\omega_e t} + F_{R_j} \\
&= F_{EX_j} + F_{R_j}
\end{aligned}
\tag{4.19}
$$

여기서 F_j^I와 F_j^D는 각각 입사파 및 산란파에 의하여 발생하는 파랑 강제력의 복소 진폭이며 전자는 프루드-크릴로프 힘, 후자는 산란파 강제력으로 불린다. F_{R_j}는 부유체의 강제 운동에 의하여 발생하는 j방향으로의 방사력으로 나타낸다.

방사력 F_{R_j}을 단순화하기 위하여 새로운 기호 T_{jk}를 도입하면

$$
T_{jk} = \rho \iint_S n_j \left(-i\omega_e - U_0 \frac{\partial}{\partial x}\right)\phi_k\, ds \tag{4.20}
$$

따라서

$$
F_{R_j} = \sum_{k=1}^{6} T_{jk}\overline{\eta}_k e^{-i\omega_e t} \tag{4.21}
$$

여기서 $T_{jk}\bar{\eta}_k$는 k 방향의 강제 운동에 의하여 j 방향으로 발생하는 방사력의 복소 진폭이다.

(1) 파랑 강제력(Wave Exciting Forces)

식(4.19) 첫째와 둘째 항을 합한 힘이 파랑 강제력이며 물체가 수중에 고정되어 있다고 가정할 때 파가 물체에 작용하는 힘이다. 첫째 항의 복소 진폭 F_j^I는 물체에 의하여 교란되지 않은(물체가 파에 대하여 투명하다고 가정) 파계에 존재하는 압력을 접수 표면에 대하여 적분하여 얻어지는 힘이다. 이 힘은 입사파의 속도 포텐셜을 알면 단순한 적분에 의하여 바로 얻을 수 있으므로 따로 유체역학 문제를 풀 필요가 없다. F_j^I는 파 강제력을 전통적인 횡동요 문제에 고려한 Froude(1861)와 6 자유도 문제로 일반화시킨 Krylov(1898)의 이름을 따서 프루드-크릴로프 힘이라고 불린다. 그들은 처음으로 입사파의 속도 포텐셜을 이용하여 구조물에 작용하는 파랑 강제력의 근사값을 추정하였다. 프루드-크릴로프 근사는 물체의 크기에 비해서 입사파의 파장이 커질수록 파랑 강제력에 대한 추정 정도가 높아진다. 파장이 짧아질수록 산란파 포텐셜을 무시할 수 없으며, 파장이 매우 짧아지면 프루드-크릴로프 힘은 작아지면서 전체 파랑 강제력은 대체로 프루드-크릴로프 근사값의 두 배가 된다.

파랑 강제력의 둘째 항은 부유체에 의하여 입사파가 산란되기 때문에 발생하는 힘이다. 산란파 포텐셜은 입사파 포텐셜과 함께 물체 표면에서의 동역학적 경계조건을 만족시켜야 하는 포텐셜로 물리적인 면에서 필히 존재하여야 하는 포텐셜이다. 식(4.19)에 의하면 산란파 강제력 F_j^D을 구하기 위해서는 산란파 포텐셜 ϕ_D를 먼저 구해야 한다. 그러나 F_j^D는 ϕ_D를 구하지 않고도 계산 할 수 있다(Newman, 1977). 방사파 포텐셜 ϕ_j와 산란파 포텐셜 ϕ_D는 수학적으로 유사한 문제의 해이기 때문에 그린 정리(Green theorem)와 물체 경계조건을 이용하여 소위 하스킨트 관계(Haskind Relations)를 유도할 수 있다. 이 관계를 이용하면 산란파 강제력을 입사파 포텐셜 및 방사 포텐셜로부터 구할 수 있다. 즉, 산란파 포텐셜을 모르더라도 산란파 강제력을 구할 수 있게 된다. 이 관계는 부유체 운동응답 추정에 있어서 계산 시간을 대폭 단축할 수 있다는 점에서 매우 중요하다.

(2) **방사력**(Radiation Forces)

비정상 유체동역학적 힘의 마지막 항은 방사력 F_{Rj}이다. 이 힘은 정수 중에서 부유체가 정해진 모우드로 강제 동요할 때 부유체로부터 방사되는 파에 의하여 발생한다. 식(4.21)에 있는 T_{jk} 항은 부유체가 k 방향으로 단위진폭 운동을 할 때 부유체에 작용하는 j 방향의 유체동역학적 힘을 나타낸다. 즉, k차 모우드의 운동으로부터 j차 모우드의 유체동역학적 힘으로의 일종의 변환함수이다. 복소 함수인 T_{jk}를 다음과 같이 정의하면:

$$T_{jk} = w_e^2 A_{jk} - i\omega_e B_{jk} \tag{4.22}$$

식(4.21)로부터,

$$F_{R_j} = \sum_{k=1}^{6} \left(\omega_e^2 A_{jk} - i\omega_e B_{jk}\right)\overline{\eta}_k e^{-i\omega_e t} \tag{4.23}$$

여기서

A_{jk} : k방향 단위진폭 운동으로 인한 j방향 부가질량계수, $Re(T_{jk}/\omega_e^2)$

B_{jk} : k방향 단위진폭 운동으로 인한 j방향 감쇄계수, $Im(-T_{jk}/\omega_e)$

부가질량계수 A_{jk}와 감쇄계수 B_{jk}의 정의에 w_e^2와 $-iw_e$를 사용한 이유는 나중에 운동방정식에 포함될 때의 편이를 위하여이다. 강제동요로 인하여 발생하는 유체동역학적 힘 중에서 실수부는 가속도와 위상이 동일하다. 따라서 그 힘은 물체의 질량에 더해지는 부가질량의 구실을 한다. 마찬가지로 유체동역학적 힘 중에 감쇄항은 속도와 동일한 위상을 가진다. 부가질량계수와 감쇄계수는 모두 입사파 주파수의 함수이다. 부가질량계수와 감쇄계수의 물리적 의미에 대하여는 단순한 원주 구조물의 상하동요 응답을 취급한 3장에서 자세히 설명하였다.

3) 선형 운동방정식

앞 절에서 구한 모든 힘 관련 수식들을 운동방정식 식(4.4)에 대입한다. $\ddot{\eta}_k$는 식(4.5)에 의하여 다음과 같이 변환된다.

$$\ddot{\eta}_j(t) = -\omega_e^2 \bar{\eta}_j e^{-i\omega_e t} \qquad j = 1,2,3...6 \tag{4.24}$$

최종적으로 정리된 운동방정식은 다음과 같다.

$$\begin{aligned} F_j &= \sum_{k=1}^{6} -\omega_e^2 \Delta_{jk} \overline{\eta_k} e^{-i\omega_e t} = F_j = F_{HS_j} + F_{EX_j} + F_{R_j} \\ &= -\sum_{k=1}^{6} -C_{jk} \overline{\eta_k} e^{-i\omega_e t} + F_j^I e^{-i\omega_e t} + F_j^D e^{-i\omega_e t} \\ &+ \sum_{k=1}^{6} \left(\omega_e^2 A_{jk} - i\omega_e B_{jk}\right) \overline{\eta_k} e^{-i\omega_e t} \end{aligned} \tag{4.25}$$

마지막으로 유체정역학적 복원력, 부가질량, 감쇄 항들을 운동방정식의 좌변으로 이항하고 양변에서 지수항을 소거하면 다음과 같은 운동방정식이 된다.

$$\sum_{k=1}^{6} \left[-\omega_e^2 (\Delta_{jk} + A_{jk}) + i\omega_e B_{jk} + C_{jk}\right] \bar{\eta}_k = F_j^I + F_j^D \qquad j = 1,2,.....6 \tag{4.26}$$

우변의 $F_j^I + F_j^D$는 식(4.19)에서 정의된 파 강제력의 두가지 성분이다.

식(4.26)은 규칙파 중에서 구속되지 않은 부유체에 대한 선형 운동방정식으로 미지의 6 자유도 복소 진폭함수 $\bar{\eta}_k$에 대한 6개의 연성, 선형 방정식이다. 관성 매트릭스(Δ_{jk})는 식(4.3)에, 유체정역학적 복원력계수(C_{jk})는 식(4.13)에 각각 주어져 있다. 부가질량계수(A_{jk}), 감쇄계수(B_{jk}) 및 파 강제력의 복소 진폭함수(F_j^I 및 F_j^D)는 식(4.19)와 식(4.20)에 있는 적분을 수행함에 의하여 얻을 수 있다. 물론 적분을 수행할려면 방사 포텐셜과 산란파 포텐셜의 값을 알아야한다. 방사 포텐셜과 산란파 포텐셜을 해석적으로 구하는 다양한 방법은 다음 절에서 취급한다.

부유체 운동방정식 식(4.26)과 단순한 스프링-질량-감쇄 시스템의 차이점은 부가질량계수(A_{jk}), 감쇄계수(B_{jk}) 및 파 강제력의 복소 진폭함수(F_j^I 및 F_j^D)가 모두 주파수의 함수라는 점이다.

질량 항은 부유체 자체의 질량과 유체동역학적 부가질량을 포함하고 있다. 감쇄 항은 자유수면에서 방사파 발생에 의한 에너지 소실과 관련이 있다. 포텐셜 이론 하에서 점성에 의한 감쇄는 무시되어 있다. 그러나 등가의 점성 감쇄를 포함할 필요가 있으면 그 항은 포텐셜 감쇄계수 B_{jk}에 추가될 수 있다.

유체정역학적 복원력이 없는 운동 모우드에 대해서는 복원력계수가 영이다. 예를들면, 좌우동요에 대한 복원력계수(C_{22})는 영이다.

부유체가 대칭성이 전혀 없는 형상을 가지고 있는 경우에는 식(4.26)에 포함된 6개의 방정식을 동시에 풀어야 한다. 그러나, 대부분의 선박이나 해양구조물의 경우와 같이 형상이 좌우대칭이면 6개의 방정식이 2조의 방정식 군(각조에 3개의 방정식)으로 분리된다. 즉, 수직면 내에서의 운동 모우드 즉, 전후동요, 상하동요 및 종동요와 수평면 내에서의 운동 모우드 즉, 좌우동요, 횡동요 및 선수동요가 분리된다. 지금까지의 모든 이론 전개가 좌우대칭인 부유체를 가정하였고, 실제로 운동방정식 식(4.26)에 있는 모든 계수들 Δ_{jk}, C_{jk}, A_{jk}, 및 B_{jk}의 연성항은 모두 영임을 알 수 있다. 그러나, 이러한 운동방정식의 단순화는 선형이론의 가정하에서만 가능하다. 비선형이론에서는 연성이 존재하며, 때로는 연성이 매우 중요한 물리적 의미를 가지는 부유체 운동 현상도 있다. 예를 들면, 상하동요-횡동요 비선형 연성은 횡동요 불안정을 야기하며 때로 심한 횡동요로 인하여 선박을 전복에 이르게도 한다.

식(4.26)의 좌변의 모든 계수 Δ_{jk}, C_{jk}, A_{jk}, 및 B_{jk}와 우변의 파 강제력 F_j^I 및 F_j^D을 알면 복소연립방정식을 풀어서 복소함수인 운동응답을 구할 수 있다. 다음절에서는 유체동역학적 계수와 파강제력을 구하는 방법들이 제시되었다.

3. 스트립(STRIP) 이론

스트립 이론에 대한 수학적 유도과정의 세부 내용은 아직도 여러 학자들 사이에 이론의 여지가 있고, 지속적으로 정도 높은 이론들이 제시되고 있지만 스트립 이론의 물리적 가정은 비교적 쉽게 서술이 가능하다. 첫째로, 선박(또는 부유체)은 길이에 비해서 폭과 흘수가 훨씬 작고 길이에 걸쳐서 단면이 서서히 변화하는 세장체로 가정한다. 선속이 영이고 입사파의 주파수가 비교적 큰 경우에는 선박의 폭 방향으로의 유체 입자 속도의 변화가 길이 방향으로의 변화보다 훨씬 클 것으로 예상할 수 있다.

결과적으로, 그림 4.1에서 볼 수 있는 바와 같이 선박의 임의의 단면에서의 유동장은 그 부분에서 2차원 유동으로 가정할 수 있으며 각 부분에 작용하는 유동의 영향을 전체 길이에 대하여 적분함에 의하여 선박 전체에 의한 영향을 구할 수 있다. 예를 들어, 선박 전체에 대한 부가질량은 다음 식과 같이 2차원 단면에 대한 부가질량으로부터 구한다.

$$A_{33} = \int_L a_{33}(x)dx \tag{4.27}$$

여기서

a_{33} : 2차원 단면에 대한 부가질량계수
L : 선박 길이

각 단면에 대한 부가질량계수 a_{33}은 그림 4.1에 있는 2차원 유체역학 문제로부터 구할수 있다. 스크립 이론의 핵심은 3차원 유체역학 문제를 해를 구하기가 보다 용이한 2차원 유체역학 문제로 변환하는데 있다. 스트립 이론은 기본적으로 세장체에 유효한 이론이지만 실험 결과와의 비교 연구에 의하면 선박 길이와 폭의 비가 3보다 크면 실용적인 면에서 충분한 가능성이 있는 것으로 평가되고 있다.

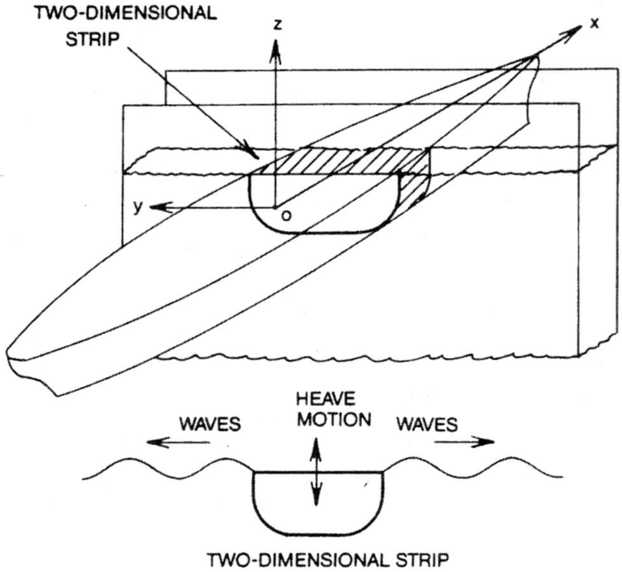

[그림 4.1] 2차원 단면(strip)의 상하동요

입사파의 주파수가 작고 선속이 클 경우에 일반적인 스트립 이론의 가정이 더 이상 유효하지 않기 때문에 수정된 가정에 기초한 새로운 공식화가 필요하다. Newman(1978)은 규칙파 중에서 선박의 운동응답을 구하기 위한 여러가지 스트립이론의 변화와 발전에 대한 자세한 설명을 하고 있다. 보편적으로 많이 사용되고 있는 스트립 이론으로는 Salvesen, Tuck and Faltinsen(1970), Tasai and Takaki(1969) 및 Söding(1969) 등이 있다.

스트립 이론의 응용에 대한 간단한 예로서 다음의 상하동요-종동요 연성 운동방정식을 이용하여 설명한다.

$$\left(-\omega_e^2(\Delta + A_{33}) + i\omega_e B_{33} + C_{33}\right)\overline{\eta_3} + \left(-\omega_e^2 A_{35} + i\omega_e B_{35} + C_{35}\right)\overline{\eta_5} = F_{EX3}$$

$$\left(-\omega_e^2 A_{53} + i\omega_e B_{53} + C_{53}\right)\overline{\eta_3} + \left(-\omega_e^2(I_{55} + A_{55}) + i\omega_e B_{55} + C_{55}\right)\overline{\eta_5} = F_{EX5} \qquad (4.28)$$

여기서

A_{jk} : k 모우드의 가속도로 인한 j 모우드 부가질량계수

B_{jk} : k 모우드의 속도로 인한 j 모우드 감쇄계수

C_{jk} : k 모우드의 변위로 인한 j 모우드 유체정역학적 복원력계수

F_{EX_j} : j 모우드의 복소 파랑 강제력

식(4.28)에서 좌표계 원점이 무게중심에 위치하고 있다고 가정하였다. 식(4.28)에 포함되어 있는 각종 계수들과 파랑 강제력을 결정하는 것은 선박 운동을 추정하는데 가장 중요한 과정이다. 이 문제는 스트립 이론을 이용함에 의하여 단순화될 수 있다.

[표 4.1] 스트립 이론에 의한 상하동요-종동요 연성 운동방정식 계수들

$$A_{33} = \int a_{33} dx \qquad B_{33} = \int b_{33} dx$$

$$A_{35} = -\int x a_{33} dx - \frac{U_0}{\omega_e^2} B_{33} \qquad B_{35} = -\int x b_{33} dx - U_0 A_{33}$$

$$A_{53} = -\int x a_{33} dx + \frac{U_0}{\omega_e^2} B_{33} \qquad B_{53} = -\int x b_{33} dx - U_0 A_{33}$$

$$A_{55} = \int x^2 a_{33} dx + \frac{U_0^2}{\omega_e^2} A_{33} \qquad B_{55} = \int x^2 b_{33} dx + \frac{U_0^2}{\omega_e^2} B_{33}$$

$$C_{33} = \int c_{33} dx = \rho g \int B(x) dx$$

$$C_{35} = C_{53} = -\int x c_{33} dx = -\rho g \int x B(x) dx$$

$$C_{55} = \rho g \nabla \overline{GM}_L + LCF^2 C_{33} \approx \int x^2 c_{33} dx = \rho g \int x^2 B(x) dx$$

$$F_{EX3} = \bar{\zeta} \int_L e^{ikx} e^{-kT^*(x)} [c_{33} - \omega_0 (\omega_e a_{33} - i b_{33})] dx$$

$$F_{EX5} = -\bar{\zeta} \int_L e^{ikx} e^{-kT^*(x)} \left[x (c_{33} - \omega_0 (\omega_e a_{33} - i b_{33})) - \frac{U_0}{i\omega_e} \omega_0 (\omega_e a_{33} - i b_{33}) \right] dx$$

여기서

a_{33}, b_{33} : 2차원 단면에 대한 상하동요 부가질량 및 감쇄계수

c_{33} : 2차원 단면에 대한 복원력계수$(=\rho g B(x))$

$B(x)$: 2차원 단면의 수선면 폭

$S(x)$: 2차원 단면적

$T^{*}(x)$: 2차원 단면의 평균 폭$(=S(x)/B(x))$

$\bar{\zeta}$: 입사파 단폭

표 4.1에 3차원 문제에 있어서의 각종 계수들과 파랑 강제력을 스트립 이론을 사용하여 2차원 계수들의 적분형식으로 나타내었다(Principle of Naval Architecture(1989))

스트립 이론을 사용한 전산프로그램으로 선박 운동 성능을 성공적으로 추정하는데는 그림 4.1에 도시된 2차원 유체역학 문제를 효율적이고 정도높게 추정하는 방법이 중요하다. 수학적으로는 라플라스 편미분방정식을 지배방정식으로 하는 경계치 문제로서 해를 구하는 여러가지 방법이 있다. 다음 절에 방사 문제와 산란 문제에 대하여 2차원 속도 포텐셜을 구하는데 있어서 많이 사용되고 있는 방법들을 소개한다.

4. 2차원 포텐셜 이론

2차원 속도 포텐셜을 구하는데 있어서 많이 사용되어 온 방법에는 다중극법(multipole method)((Ursell, 1949), (Porter, 1960) 등)과 경계적분법(boundary integral methods) ((Frank.1967), (Yeung, 1982) 등)이 있다.

1) 다중극법(Multipole Method)

다중극법은 Ursell(1949)에 의하여 처음으로 개발되었다. 이 방법은 라플라스 방정식, 자유수면 경계조건 및 무한 원방 조건을 만족하며 좌표계 원점에 분포되는 포텐셜 함수

의 중첩으로 구성되어 있다. 사용되는 포텐셜 함수는 무한 원방에서 방사파를 발생시키는 용출 및 이중극과 원점에서 멀어질수록 급격하게 감소하는 일련의 다중극이다. 용출, 이중극 및 다중극의 세기는 물체 표면에서 동적 경계조건을 만족하도록 결정된다. Ursell(1949)은 상하동요하는 원주 문제를 풀기 위하여 용출과 대칭적인 다중극을 사용하였다. 좌우동요와 횡동요 문제에는 이중극과 비대칭의 다중극이 사용되었다. 다중극법에서 사용하는 포텐셜 항의 수는 물체 표면에 동적 경계조건을 만족시키는 점의 개수에 의하여 결정된다.

원형이 아닌 단면의 경우에는 등각사상 이론을 사용한다. 등각사상은 변수 변환에 의하여 하나의 형상을 다른 형상으로 사상하는 수학적 과정으로 좌표의 변환에 사용되는 함수를 사상함수라 한다. 다중극법에서 선박의 단면을 반원으로 전환하는 사상함수는 원주에 대한 Ursell의 해와 연관되어 실제 선박 단면에 대한 2차원 포텐셜 해를 준다.

다중극법의 어려운 점은 여러가지 단면의 변환을 위한 적절한 사상함수를 결정하는 것이다. 사상함수를 찾기 위한 여러가지 방법의 제안되었다(Lewis(1929), Tasai(1959), Demanche(1968) and Landweber와 Macagno(1959) 등).

임의의 그러나 대칭인 단면을 단위 원으로 사상하는 함수의 일반적 형태는 다음과 같다.

$$z = M_s \sum_{n=0}^{N} \left\{ a_{2n-1} \zeta^{-(2n-1)} \right\} \tag{4.29}$$

여기서

$z = x + iy$	: 선체 단면을 표시하는 복소 좌표(그림 4.2-b)
$\zeta = ie^{\alpha}e^{-i\theta}$	: 원형 단면을 표시하는 복소 좌표(그림 4.2-a)
M_s	: 축척계수
a_{-1}	: +1
a_{2n-1}	: 등수사상 계수, $n = 1, 2, \ldots\ldots, N$
N	: 사용된 변수의 개수

식(4.29)은 자유수면을 관통하는 단면에만 적용할 수 있다. 따라서, 구상 선수 또는 잠

수함과 같이 완전히 몰수된 단면에는 사용할 수 없다.

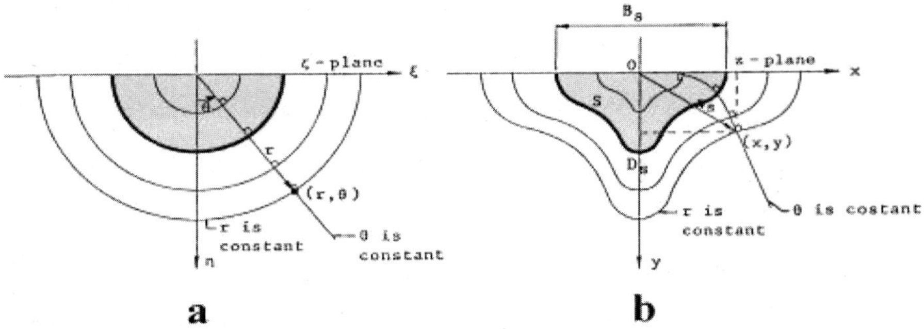

[그림 4.2] 두 평면 사이의 사상함수

식(4.29)를 z 평면(선박의 단면)과 ζ평면(원형 단면)에서의 좌표 값의 관계로 나타내면 다음과 같다.

$$x = -M_s \sum_{n=0}^{N} \left\{ (-1)^n a_{2n-1} e^{-(2n-1)\alpha} \sin((2n-1)\theta) \right\}$$

$$y = +M_s \sum_{n=0}^{N} \left\{ (-1)^n a_{2n-1} e^{-(2n-1)} \cos((2n-1)\theta) \right\} \tag{4.30}$$

Ursell 방법에서 $\alpha = 0$는 원형 단면을 나타낸다. 원형 단면에서 선박 단면으로의 등각 변환은 상기 식에서 $\alpha = 0$을 사용하면 얻어진다. 즉,

$$x_0 = -M_s \sum_{n=0}^{N} \left\{ (-1)^n a_{2n-1} \sin((2n-1)\theta) \right\}$$

$$y_0 = +M_s \sum_{n=0}^{N} \left\{ (-1)^n a_{2n-1} \cos((2n-1)\theta) \right\} \tag{4.31}$$

(1) Lewis 등각사상

매우 간단하나 선박 운동성능 해석에 자주 사용되는 사상함수가 식(4.31)에서 $N=2$를 사용함에 의하여 구할 수 있으며, 이러한 변환은 Lewis 변환으로 알려져 있다 (Lewis(1929)). Lewis 변환에 의하여 얻어지는 소위 Lewis 형상은 다음의 식으로 표현된다.

$$x_0 = M_s\ ((1+a_1)\sin\theta - a_3\cos 3\theta)$$

$$y_0 = M_s\ ((1-a_1)\sin\theta + a_3\cos 3\theta) \tag{4.32}$$

상기 식에서 $\theta = 0$일 때 y_0의 값이 선박 단면의 흘수를 나타내고, $\theta = \pi/2$일 때 x_0 값이 수선의 반폭을 나타낸다. 따라서, 축척계수는 다음과 같이 구해진다.

$$M_s = \frac{B_s/2}{1+a_1+a_3} \quad \text{또는} \quad M_s = \frac{D_s}{1-a_1+a_3} \tag{4.33}$$

여기서

B_s : 선박 단면에서 수선의 반폭

D_s : 선박 단면의 흘수

계수 a_1, a_2 및 축적계수 M_s는 선박 단면의 반폭 B_s, 흘수 D_s 및 단면적 A_s의 값을 알면 구할 수 있다.

반폭과 흘수의 비 H_0는 다음과 같다.

$$H_0 = \frac{B_s/2}{D_S} = \frac{1+a_1+a_3}{1-a_1+a_3} \tag{4.34}$$

Lewis 형상을 적분하여 단면적계수를 구하면 :

$$\sigma_s = \frac{A_s}{B_s D_s} = \frac{\pi}{4} \frac{1 - a_1^2 - 3a_3^2}{(1 + a_3)^2 - a_1^2} \tag{4.35}$$

식(4.34)와 식(4.35)에서 a_1을 소거하고 a_3를 H_0와 σ_s의 함수로 정리하면 다음과 같다.

$$c_1 a_3^2 + c_2 a_3 + c_3 = 0 \tag{4.36}$$

여기서

$$\begin{aligned} c_1 &: 3 + \frac{4\sigma_s}{\pi} + \left(1 - \frac{4\sigma_s}{\pi}\right)\left(\frac{H_0 - 1}{H_0 + 1}\right)^2 \\ c_2 &: 2c_1 - 6 \\ c_3 &: c_1 - 4 \end{aligned} \tag{4.37}$$

유효한 해는 다음과 같다.

$$\begin{aligned} a_3 &= \frac{-c_1 + 3 + \sqrt{9 - 2c_1}}{c_1} \\ a_1 &= \frac{H_0 - 1}{H_0 + 1}(a_3 + 1) \end{aligned} \tag{4.38}$$

a_3의 해 중에서 근호 앞에 음의 부호가 있는 경우는 고리가 생기는 형상으로 제사상한에서 선분이 교차하게 된다. 따라서, 이 해는 고려하지 않는다. 전형적인 Lewis 형상이 그림 4.3에 예시되었다.

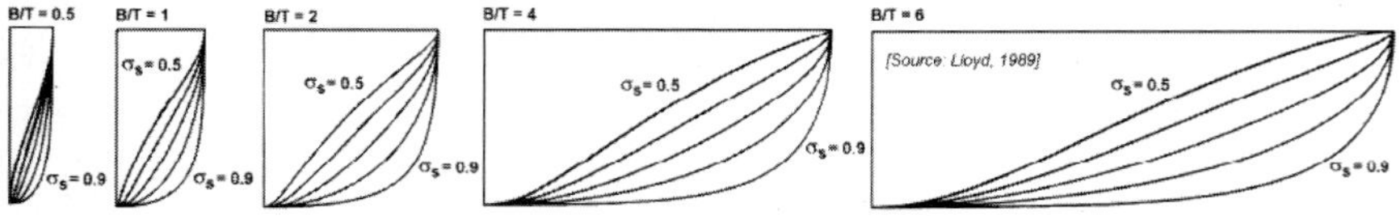

[그림 4.3] 전형적인 Lewis 형상

Lewis 형상은 모든 선형에 적용될 수 없는 제약이 있다. 주어진 반폭 - 흘수비에 가능한 단면적계수의 범위는 다음과 같다.

$$\text{for} \quad H_0 \le 1.0: \quad \frac{3\pi}{32}(2 - H_0) \le \sigma_s \le \frac{\pi}{32}\left(10 + H_0 + \frac{1}{H_0}\right)$$

$$\text{for} \quad H_0 \ge 1.0: \quad \frac{3\pi}{32}(2 - \frac{1}{H_0}) \le \sigma_s \le \frac{\pi}{32}\left(10 + H_0 + \frac{1}{H_0}\right) \tag{4.39}$$

단면적계수 σ_s의 값이 식(4.39)의 범위를 벗어나면 최대한 적절한 Lewis 계수를 얻기 위하여 경계에서의 값을 사용하여야 한다. 또한, 구상 선수 또는 흘수가 매우 작은 단면에서의 수치적 문제는 다음과 같이 반폭 - 흘수비의 제한을 통하여 피할 수 있다: $0.01 < H_0 < 100$.

좀더 .정확한 단면 변환은 등각사상함수에 사용하는 매개변수 N을 증가시킴에 의하여 가능하다. 축척계수 Ms와 등각사상 계수 $a_{2n\text{-}1}$는 실제 선체 단면과 근사한 단면의 차이에 대한 제곱평균값을 최소화함에 의하여 구할 수 있다.

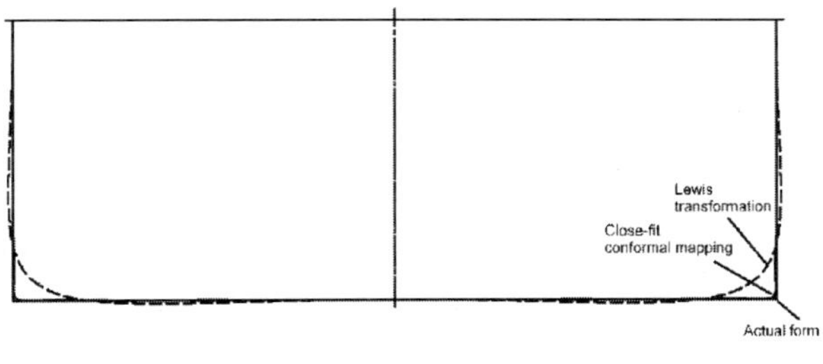

[그림 4.4] 사각형에 대한 Lewis 변환과 10-매개변수 close-fit 등각사상

그림 4.4에 폭이 20.0m이고 흘수가 10.0m인 사각형 단면에 대한 Lewis 변환과 10-매개변수 close-fit 등각사상의 차이를 보여주고 있다.

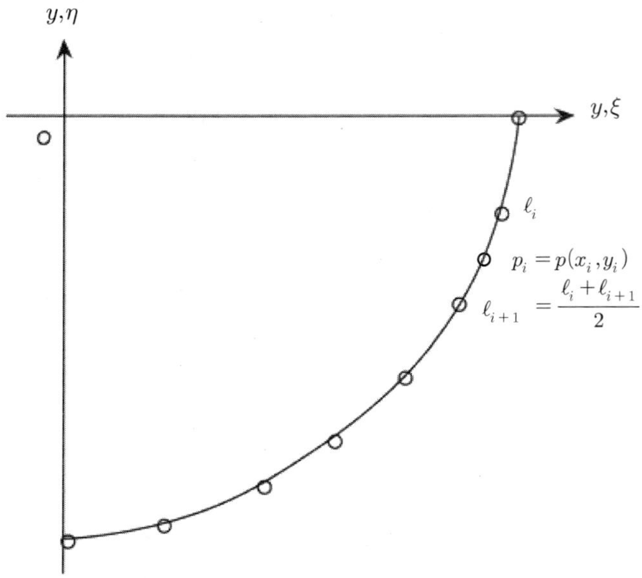

[그림 4.5] Frank's method에서 단면의 근사

2) 경계적분법(Boundary Integral Method 또는 Frank's Close Fit Method)

○본 절에서 다루는 2차원 경계적분법은 Frank(1967)에 의하여 제안되었기 때문에 Frank's Close Fit 법으로도 불린다. 본 방법은 무한한 수심을 가진 교란되지 않은 유체 중에 전체 또는 부분적으로 잠겨있는 단순 연결된 임의의 형상을 가진 2차원 부유체에 적용이 가능하다(그림 4.5). 반면에 다중극법은 전체가 잠겨 있는 부유체에 대해서는 적용이 불가능하고 단면의 형상에 대해서도 적용에 한계를 가지고 있다.

x축은 교란되지 않은 자유표면과 일치하고 y축은 양의 방향이 상방향이다. 수면에 잠겨있는 단면형상 C_0는 x축 하부에 존재하며 y축은 단면형상 C_0의 대칭축이다. 2차원 부유체는 정해진 주파수 w로 다음과 같이 단순 강제 조화운동을 한다.

$$A(x,y,t) = Re\{a^{(m)}(x,y)e^{-i\omega t}\} \tag{4.40}$$

복소 운동 진폭 $a^{(m)}$에서 상첨자 m은 2, 3 및 4의 값을 가지며 각각 좌우동요, 상하동요 및 횡동요 운동 모우드를 나타낸다. 강제 동요는 충분히 정상상태에 도달한 것으로 가정한다.

유체는 비압축성, 비점성 및 비회전성이고 표면장력의 영향은 무시할 수 있다고 가정한다. 입사파가 미소진폭파라는 가정하에 부유체 운동과 속도의 진폭도 충분히 작아서 선형 시스템으로 가정한다.

(1) 문제의 수식화

다음과 같이 복소 함수의 형식을 가진 포텐셜 함수를 가정:

$$\Phi^{(m)}(x,y,t) = Re\{\phi^{(m)}(x,y)\, e^{-i\omega t}\} \tag{4.41}$$

복소 속도 포텐셜 $\phi^{(m)}$은 전체 유체 영역 내의 지배방정식과 다음의 경계조건들을 만족하여야 한다.

- 라플라스 방정식

$$\nabla^2\phi^{(m)} = \frac{\partial^2\phi^{(m)}}{\partial x^2} + \frac{\partial^2\phi^{(m)}}{\partial y^2} = 0 \text{ 전체 유체 영역} \tag{4.42}$$

- 해저면 경계조건

무한 수심의 경우에 해저면 경계조건은 다음과 같다.

$$\frac{\partial\phi^{(m)}}{\partial y} = 0, \qquad y \to -\infty \tag{4.43}$$

- 자유수면 경계조건

부유체 외부의 자유수면 경계조건은 다음과 같다.

$$\frac{\partial\phi^{(m)}}{\partial y} - \nu\phi^{(m)} = 0, \qquad y = 0 \tag{4.44}$$

여기서

$$\nu : \frac{\omega^2}{g} \tag{4.45}$$

• 부유체 표면에서의 운동학적 경계조건

동요하는 부유체 표면에 있는 유체 입자의 수직 방향 속도는 강제동요 속도 의 수직 방향 성분과 동일하다.

$$\vec{n} \cdot \nabla \phi^{(m)} = - i\omega a^{(m)} n^{(m)} \tag{4.46}$$

여기서 $n^{(m)}, m = 2,3,4$는 물체 표면에서 일반화된 방향 여현으로 다음과 같이 정의된다.

$$\begin{aligned} n^{(2)} &= \cos(n,x) \\ n^{(3)} &= \cos(n,y) \\ n^{(4)} &= xn^{(3)} - yn^{(2)} \end{aligned} \tag{4.47}$$

• 방사조건

부유체의 강제동요로 인하여 부유체로부터 멀리 떨어진 곳의 자유수면의 유동은 외부로 전진해 나가는 규칙파의 형태를 가진다.

$$\lim_{x \to \pm\infty} \left(\frac{\partial \phi^{(m)}}{\partial x} \mp i\nu\phi^{(m)} \right) = 0 \tag{4.48}$$

• 대칭 및 역대칭 조건

좌우동요와 횡동요는 반대칭이고 상하동요는 대칭이므로 각 운동 모우드에 대한 속도 포텐셜은 다음의 관계를 가진다.

$$\begin{aligned} &\text{좌우동요} : \phi^{(2)}(x,y) = - \phi^{(2)}(-x,y) \\ &\text{상하동요} : \phi^{(3)}(x,y) = + \phi^{(3)}(-x,y) \\ &\text{횡동요} \quad : \phi^{(4)}(x,y) = - \phi^{(4)}(-x,y) \end{aligned} \tag{4.49}$$

(2) 속도 포텐셜

상기의 경계치 문제의 해는 적분방정식 방법을 이용하여 구할 수 있다. 물체 외부의 유체장에 대하여 그린 정리를 적용하면

$$\int_{\Sigma}\{\phi(Q)G_n(P;Q)-\phi_n(Q)G(P;Q)\}dl(Q)$$
$$=\iint_S\{\phi(Q)\nabla^2 G(P;Q)-G(P;\,Q)\nabla^2\phi(Q)\}dS \tag{4.50}$$

여기서 그린함수 $G(P\,;\,Q)$는 점 $Q(\xi,\eta)$에 있는 용출점으로부터 필드점 $P(x,y)$에 야기되는 포텐셜 함수로 식(4.42), 식(4.43), 식(4.44) 및 식(4.48)를 만족하는 포텐셜을 나타낸다. $\sum$는 유체장을 둘러싸고 있는 전체 경계면을 나타낸다. 널리 알려져 있는 그린함수(Green Function)는 Wehausen과 Laiton(1960)에 의하여 다음과 같이 제안되었다.

$$G(P;Q)=G(x,y;\xi,\eta)=$$
$$\frac{1}{2\pi}Re\left\{\ln(z-\zeta)-\ln(z-\bar{\zeta})+2PV\int_0^\infty\frac{e^{-ik(z-\bar{\zeta})}}{\nu-k}dk\right\}-iRe\left\{e^{-i\nu(z-\bar{\zeta})}\right\} \tag{4.51}$$

여기서

$$z:\,x+iy,\qquad \zeta:\,\xi+i\eta,\qquad \bar{\zeta}:\,\xi-i\eta \tag{4.52}$$

여기서 ς는 x축의 하부 공간에서 정의되고 $\bar{\zeta}$는 x축 상부 공간에서 정의된다. $\nu=\omega^2/g$는 무한수심의 유체영역에서의 파수이고 PV는 변수가 k인 principal value 적분이다.

Lamb(1932)은 물체 주위의 속도 포텐셜을 물체 표면에 용출을 분포함에 의하여 얻을 수 있음을 보였다.

$$\phi(P)=\int_{\sum B}\sigma(Q)G(P\,;\,Q)dl(Q) \tag{4.53}$$

용출의 세기 $\sigma(Q)$는 부유체 표면에서의 운동학적 경계조건인 식(4.46)를 만족시킴에 의하여 구할 수 있다. 즉,

$$(\vec{n}\cdot\nabla)\int_{\sum B}\sigma(Q)G(P\,;\,Q)dl(Q)=-\,i\omega a^{(m)}n^{(m)}(P) \tag{4.54}$$

여기서 $\vec{n}$은 부유체 외부로 향한 단위 수직벡터이고 $\sigma(Q)$는 미지의 용출 강도를 나타낸다.

용출 강도 $\sigma(Q)$를 알면 선형화된 Bernoulli 식으로부터 부유체 표면에 작용하는 압력을 구할 수 있다.

$$P=-\,\rho\Phi_t(x,y,t)=\rho Re\left\{i\omega e^{-\,i\omega t}\int_{\sum B}\sigma(Q)G(P\,;\,Q)dl(Q)\right\} \tag{4.55}$$

마찬가지로 자유표면의 변위는 다음과 같다.

$$\eta(x,y,t)=\frac{1}{g}Re\left\{i\omega e^{-\,i\omega t}\int_{\sum B}\sigma(Q)G(P\,;\,Q)dl(Q)\right\}_{y=0} \tag{4.56}$$

Webster(1979)는 Frank의 방법을 임의의 2차원 형상의 물체에 적용할 수 있도록 확장 개선하였다. 다음은 Webster가 제안한 과정을 따라서 미지의 용출 강도에 대한 적분방정식 해를 구한다.

식(4.54)을 그림 4.5의 기호를 따라서 다시 쓰면 :

$$(\vec{n}\cdot\nabla)\int_{\sum B}\sigma(Q)G(P\,;\,Q)dl(Q)|_{P_i}=-\,i\omega a^{(m)}n^{(m)}(P_i) \tag{4.57}$$

여기서 P_i는 그림 4.5에 표시되어 있는 바와 같이 i 선분의 중앙점을 나타낸다.

적분방정식 식(4.57)을 풀기 위하여 물체 표면에 기본 함수 $f_j(\xi,\eta)$를 도입한다. 이 함수는 점 (ξ,η)가 j번째 선 요소 안에 있으면 1의 값을 갖고 그 외에는 영으로 정의한다. 미지의 용출 강도함수는 다음과 같이 표현할 수 있다.

$$\sigma(\xi,\eta)=\sigma_j f_j(\xi,\eta) \tag{4.58}$$

매트릭스 b_{ij}를 다음과 같이 정의하면

$$b_{ij}=(\vec{n}\cdot\nabla)\left\{\int_{l_j}^{l_{j+1}}G(x,y;\xi,\eta)dl(\xi,\eta)\right\}_{P_i} \tag{4.59}$$

식(4.57)은 다음과 같이 된다.

$$\sigma_j b_{ij}=-i\omega a^{(m)}n^{(m)}(P_i)=-i\omega a_i^{(m)}n_i^{(m)} \tag{4.60}$$

미지의 용출 강도는 다음과 같이 구할 수 있다.

$$\sigma_j=-i\omega a_i^{(m)}n_i^{(m)}b_{ij}^{-1} \tag{4.61}$$

추가로 매트릭스 u_{ij}를 다음과 같이 정의한다.

$$u_{ij}=\int_{l_i}^{l_{i+1}}G(x,y;\xi,\eta)dl(\xi,\eta)|_{P_i} \tag{4.62}$$

압력 적분 식(4.55)과 자유수면 변위 식(4.56)를 상기의 매트릭스 정의를 이용하여 표현하면 :

$$P(x,y,t) = \rho Re\left\{\omega^2 a_i^{(m)} n_i^{(m)} b_{ij}^{-1} u_{jk} f_k e^{-i\omega t}\right\} \tag{4.63}$$

$$\eta(x,y,t) = \frac{1}{g} Re\left\{\omega^2 a_i^{(m)} n_i^{(m)} b_{ij}^{-1} u_{jk} f_k e^{-i\omega t}\right\}\Big|_{y=0} \tag{4.64}$$

부유체에 작용하는 r 방향의 유체동역학적 힘은 압력을 접수면에 대하여 적분한 후에 r 방향 성분을 취함에 의하여 구할 수 있다.

$$F_r(x,y,t) = -Re\left\{\rho\omega^2 a_i^{(m)} n_i^{(m)} b_{ij}^{-1} u_{jk} d_k n_{r,k} e^{-i\omega t}\right\} \tag{4.65}$$

여기서 d_k는 k번째 선 요소의 길이이고 $n_{r,k}$는 k번째 선 요소의 중앙점에서의 수직 단위 벡터와 r 방향의 단위 벡터 사이의 방향여현이다. b_{ij}, σ_j 및 u_{ij}를 구하는 수치 계산 과정은 Frank(1967)에 자세히 설명되어 있다.

전 장에서 기 설명한 바와 같이 유체동역학적 힘 식(4.65)은 두 가지 힘 성분을 구성되어 있다. 하나는 물체의 가속도(또는 변위)와 동일한 위상을 가졌고, 다른 성분은 물체의 속도와 동일한 위상을 가지고 있다. 이러한 성분들은 각각 부가질량계수와 감쇄계수와 관련이 있다. q 방향의 운동에 의하여 r 방향으로의 힘을 고려하면 부가질량계수와 감쇄계수의 정의에 의하여 유체역학적 힘을 다음과 같이 표현할 수 있다.

$$\begin{aligned} F_r &= -\mu_{rq}\ddot{A}_q - \lambda_{rq}\dot{A}_q \\ &= Re\left\{\left(\omega^2\mu_{rq} + i\omega\lambda_{rq}\right)\cdot a^q e^{-i\omega t}\right\} \end{aligned} \tag{4.66}$$

식(4.65)은 다음의 식과 같다.

$$F_r(x,y,t) = -Re\left\{\rho\omega^2 a_i^{(q)} n_i^{(q)j} b_{ij}^{-1} u_{jk} d_k n_{r,k} e^{-i\omega t}\right\} \tag{4.67}$$

식(4.66)와 식(4.67)을 이용하여 다음의 같이 부가질량계수와 감쇄계수를 구할 수 있다.

$$\mu_{rq} = - n_{q,i} Re\,(b_{ij}^{-1} u_{jk})\, d_k\, n_{r,k}$$

$$\lambda_{rq} = - n_{q,i} Im\,(b_{ij}^{-1} u_{jk})\, d_k\, n_{r,k} \tag{4.68}$$

Frank의 방법의 장점은 계산이 빠르고 선박 단면의 형상을 선 요소의 개수를 조절함에 의하여 얼마든지 정확하게 근사할 수 있다는 것이다. 한쪽 단면에 대체로 10 내외의 선 요소를 사용하여도 충분히 정도 높은 부가질량계수와 감쇄계수를 구할 수 있다. 그러나 단점으로는 특이파수가 존재한다는 것이다. 사실 부유체가 자유수면을 관통하는 문제를 다룰 경우에 대부분의 경계적분법에서 특이파수 문제가 발생한다. John(1950)은 용출점 분포법에 의하여 자유수면 문제를 풀 때 처음으로 특이파수 문제를 발견하였다. 특이파수는 경계적분법을 이용하여 부유체의 운동 문제를 풀 때 해가 유일하지 않거나 발산하는 현상이 생기는 이산된 특정 주파수들을 의미한다(Ohmatsu(1975)). 이 문제는 부유체 내부에 있는 가상(수학적 의미)의 유체가 부유체의 운동에 대하여 공진을 일으키는 현상과 연관이 있다. Ohmatsu(1975), Ogilvie and Shin(1978), Sayer and Ursell(1977) et al 등에 의하여 특이파수 문제를 해결하는 여러가지 방법이 제시되었다. 일반적으로 많이 사용되는 방법은 물체 내부의 자유수면에 일종의 뚜껑을 덮어서 유체 유동을 억제하는 방법이다. 즉, 물체내부 자유수면에 선 요소를 추가로 배치하고 유체 속도가 영인 운동학적 경계조건을 부과하는 것이다.

(3) 결과 비교

전술한 바와 같이 Frank의 방법은 선체 단면의 형상을 가장 정확히 고려할 수 있으나 특이파수 문제가 있고 다른 방법에 비해 비교적 계산 시간이 많이 걸린다. 따라서, 선형에 대한 자료가 확정되지 않은 초기설계 단계에서는 입력 자료로 선박의 폭, 흘수 및 단면적만이 필요한 Lewis Form 방법이 유용할 수 있다. 선형이 확정된 후에는 Frank의 방법이나 다매개변수 등각변환법을 사용하는 것이 바람직하다. 전몰 부유체의 단면이나 구상 선수 단면 및 단면계수($\sigma_S = A_S / B_S T_S$)가 0.5보다 작은 단면에 대해서는 Frank의 방법을 사용하여야 한다.

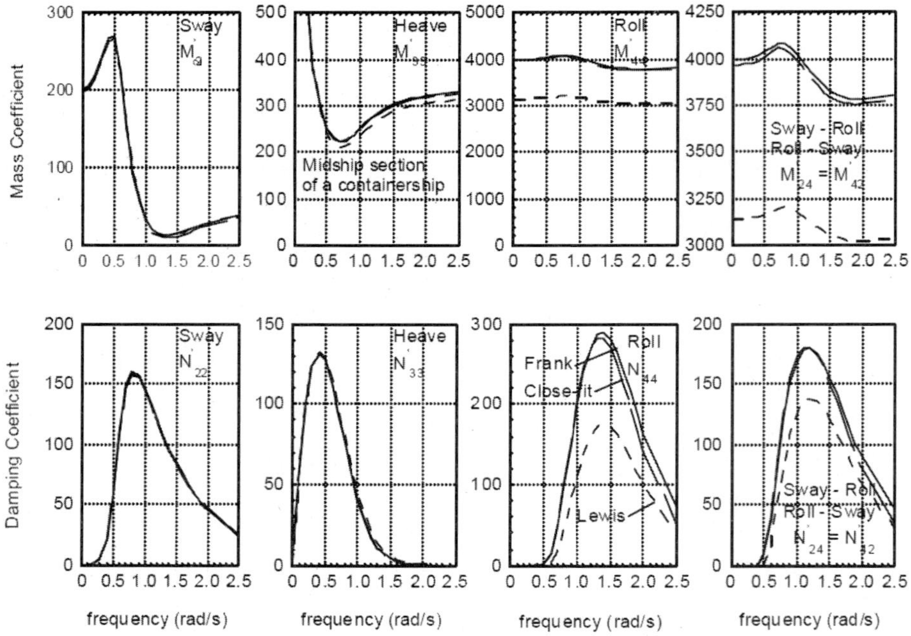

[그림 4.6] 유체역학 계수의 비교

그림 4.6에 2차원 유체역학적 계수를 구하는 3가지 방법을 컨테이너운반선의 중앙단면에 적용한 결과를 비교하였다.

- 10-매개변수 등각사상을 사용한 Ursell-Tasai 방법
- Lewis 등각사상을 사용한 Ursell-Tasai 방법
- 경계적분법(Frank의 방법)

횡동요를 제외하면 3가지 방법이 모두 잘 일치하는 결과를 주고 있다. 횡동요에 대해서는 Lewis Form을 사용한 결과가 가장 정도가 낮은 결과를 주었다. 그림 4.4에서 보는 바와 같이 Lewis 등각변환에 의해서는 빌지부분을 정확하게 근사할 수가 없으므로 세 가지 방법 중에서 가장 낮은 감쇄계수 값을 주고 있다.

5. 3차원 포텐셜 이론

전 절에서 2차원 물체에 대한 포텐셜 이론에 대하여 논의 하였다. 부유체는 기본적으로 3차원이고 따라서 3차원 속도 포텐셜을 직접 구하는 것이 해의 정도를 높힐 수 있는 방법이 된다.

파랑 중에 부유체에 작용하는 유체동역학적 힘과 운동 특성을 계산하는 3차원적인 방법이 선형 3차원 포텐셜 이론에 기초하여 개발되었다. 본 절에서는 3차원 산란 이론(diffraction theory)에 대하여 개략적으로 취급한다. 물체는 임의의 형상을 가지고 있으며 이동 속도는 없는 것으로 가정한다. 대부분의 해양구조물이 해저에 고정되어 있거나 이동 속도가 없는 특성이 있으므로 적절한 가정으로 볼 수 있다.

1) 산란 이론(Diffraction Theory)

물체고정좌표계 $G(\overline{x},\overline{y},\overline{z})$는 물체의 무게중심 G에 원점을 가지고 있으며 부유체의 운동에 따라서 같이 움직인다. 부유체의 형상은 이 좌표계에서 정의되며, 부유체 표면의 한 점은 물체고정좌표계에서 위치 벡터 $\vec{x}=(\overline{x},\overline{y},\overline{z})$로 표현된다. $\overline{x}$축의 양의 방향은 선수, $\overline{y}$축의 양의 방향은 좌현을 향하고 $\overline{z}$축의 양이 방향은 상방향이다. 이 좌표계는 부유체의 평균 위치에서 관성좌표계 $O(x,y,z)$와 일치한다. 부유체의 이동 속도가 영이므로 관성좌표계는 지구고정좌표계와 동일하다.

파고와 모든 포텐셜 함수는 관성좌표계를 기준으로 표현된다. 부유체 운동의 위상은 물체의 무게중심에서의 파고를 기준으로 산정한다.

전 절에서 언급한 바와 같이 선형이론에 의하면 입사파 중에서 부유체가 운동할 때 발생하는 포텐셜은 교란되지 않는 입사파 포텐셜 Φ_w, 입사파가 고정된 물체에 의하여 산란되어 발생하는 산란파 포텐셜의 Φ_d 및 부유체의 6 자유도 운동에 의하여 발생하는 방사 포텐셜 Φ_j의 합으로 표현된다.

$$\Phi=\Phi_w+\Phi_d+\sum_{j=1}^{6}\Phi_j \tag{4.69}$$

유체는 비압축성, 비점성 및 비회전성이고 표면장력의 영향은 무시할 수 있다고 가정한다. 입사파가 미소진폭파라는 가정하에 부유체 운동과 속도의 진폭도 충분히 작아서 선형 시스템을 가정한다.

상기의 가정하에 속도 포텐셜은 지배방정식인 라플라스 방정식과 유체 영역을 둘러싸고 있는 전체 경계에서 경계조건을 만족하여야 한다.

• 라플라스 방정식

$$\frac{\partial^2 \Phi}{\partial x^2} + \frac{\partial^2 \Phi}{\partial y^2} + \frac{\partial^2 \Phi}{\partial z^2} = 0 \text{ 전 유체 영역} \tag{4.70}$$

•해저면 경계조건

$$\frac{\partial \Phi}{\partial z} = 0 \qquad z = -h \tag{4.71}$$

여기서 h 관성좌표계 $O(x, y, z)$의 원점으로부터 해저면까지의 거리이다.

• 자유표면 경계조건

$$g\frac{\partial \Phi}{\partial z} + \frac{\partial^2 \Phi}{\partial t^2} = 0 \qquad \text{at} \qquad z = 0 \tag{4.72}$$

• 동요하는 물체표면의 동역학적 경계조건

동요하는 물체표면의 평균 위치에서 다음의 조건을 만족하여야한다.

$$\frac{\partial \Phi}{\partial n} = \vec{v} \cdot \vec{n} \tag{4.73}$$

여기서 $\vec{v}$는 물체표면 임의 점에서의 속도를 나타내며 $\vec{n}$은 물체의 바깥으로 향한 수직벡터이다.

• 방사조건

물체로부터 무한 원방에서는 포텐셜이 영이 되어야 한다는 조건으로 물체의 운동에 의하여 발생하는 방사 포텐셜과 산란파 포텐셜은 본 조건을 만족하여야한다.

자유표면 경계조건은 유체 표면의 압력은 대기압이고 표면에 있는 유체입자는 표면과 같이 이동한다는 조건(비누출 조건)으로부터 유도되었다. 물체표면 경계조건과 해저면 경계조건도 각각 해당되는 위치에서의 비누출 조건이다.

규칙파 중에서 지구고정좌표계(이동 속도가 없을 때는 관성좌표계와 동일)와 시간 t의 함수로 표시되는 포텐셜 Φ는 다음과 같이 복소함수를 이용하여 공간-종속항과 시간-종속항의 곱으로 표현할 수 있다.

$$\Phi(x,y,z;t) = Re\{\phi(x,y,z)\, e^{-i\omega t}\} \tag{4.74}$$

포텐셜 함수 Φ에 대한 지배방정식과 경계조건은 식(4.74)을 이용하면 복소 속도 포텐셜 ϕ에 대한 조건으로 변형된다. 식(4.74)의 'Re' 표시는 특별한 구분이 필요한 경우가 아니면 식의 간편성을 위하여 이후의 식에서는 생략한다.

Tuck(1970)의 표현을 따라서 선형이론에 의한 복소 속도 포텐셜은 다음과 같이 여러 포텐셜의 합으로 표현 할 수 있다.

$$\phi = -i\omega \sum_{j=0}^{7} \phi_j \zeta_j \tag{4.75}$$

여기서 $j=0$은 교란되지 않은 입사파, $j=1,\ldots.6$은 6 자유도 운동의 각 모우드를 나타내고 $j=7$은 산란파를 나타낸다. 식(4.75)는 속도 포텐셜을 표현하는 방법에서 식(4.14)와 다르나 본 절에서는 Tuck(1970)의 표현을 그대로 따른다.

교란되지 않은 장파정 입사파 포텐셜의 공간-종속 부분은 다음과 같다.

$$\phi_0 = \frac{g\zeta_0}{\omega} \frac{\cosh k(h+z)}{\cosh kh} e^{ik(x\cos\mu + y\sin\mu)} \tag{4.76}$$

여기서

ζ_0	: 교란되지 않은 규칙파의 진폭(m)
$k=2\pi/\lambda$	: 파수(rad/m)
λ	: 파장(m)
μ	: 양의 x축과 입사파의 진행 방향 사이 각도
ω	: 파 원주파수(rad/s)
h	: 관성좌표계 원점에서 해저면까지의 거리(m)
h	: 수심(m)

다음의 분산법칙은 파 주파수 ω 파수, k 및 수심 h 사이의 관계를 나타낸다.

$$\omega^2 = kg\,\tanh kh \tag{4.77}$$

장파정 규칙파의 파형은 동역학적 자유수면 경계조건으로부터 구할 수 있다.

$$\zeta = -\frac{1}{g}\,\frac{\partial \Phi}{\partial t} \tag{4.78}$$

따라서 파형의 식은 :

$$\zeta(x,y;t) = \zeta_0\, e^{ik(x cos\mu + y sin\mu) - i\omega t} \tag{4.79}$$

j 모우드 부유체 운동은 다음과 같이 주어진다.

$$\zeta_j(t) = \bar{\zeta}_j\, e^{-i\omega t} = \left|\bar{\zeta}_j\right| \cos(\omega t + \sigma_j) \qquad j = 1,2,3\ldots 6 \tag{4.80}$$

여기서 문자 위 가로줄은 복소 운동 진폭을 의미한다. 본 절에서는 표기의 편리를 위하여 문자 위 가로줄을 생략한다.

복소 속도 포텐셜 ϕ는 교란되지 않은 입사파 포텐셜 ϕ_0, 산란파 포텐셜 ϕ_7 및 물체의 k 모우드 운동와 관련있는 포텐셜 ϕ_k의 중첩으로 나타낼 수 있다. $(k=1,\ldots 6)$:

$$\phi = -i\omega\left\{(\phi_0+\phi_7)\zeta_0 + \sum_{j=1}^{6}\phi_k\zeta_k\right\} \tag{4.81}$$

선형 Bernoulli 식으로부터 압력을 구하면 다음과 같다.

$$\begin{aligned} p(x,y,z;t) &= -\rho\frac{\partial\Phi}{\partial t} \\ &= \rho\omega^2\left\{(\phi_0+\phi_7)\zeta_0 + \sum_{j=1}^{6}\phi_k\zeta_k\right\}e^{-i\omega t} \end{aligned} \tag{4.82}$$

따라서, j 방향 파 강제력$(j=1,2,3)$과 모멘트$(j=4,5,6)$는 다음과 같다.

$$\begin{aligned} X_j &= -\iint_{S_0} p n_j\, dS_0 \\ &= -\rho\omega^2\zeta_0 e^{-i\omega t}\iint_{S_0}(\phi_0+\phi_7)n_j\, dS_0 \end{aligned} \tag{4.83}$$

또한, 물체의 운동에 의한 j 방향 유체동역학적 힘과 모멘트는 다음과 같다.

$$\begin{aligned} F_j &= -\iint_{S_0} p n_j\, dS_0 \\ &= -\rho\omega^2\sum_{j=1}^{6}\zeta_j e^{-i\omega t}\iint_{S_0}\phi_k n_j\, dS_0 \end{aligned} \tag{4.84}$$

여기서

S_0 : 물체의 평균 접수면
n_j : 표면 요소 dS_0에서 j 모우드 방향 코사인

물체 표면에서 일반화된 방향 코사인은 다음과 같다.

$$n_1 = \cos(n, x)$$

$$n_2 = \cos(n, y)$$

$$n_3 = \cos(n, z)$$

$$n_4 = yn_3 - zn_2$$

$$n_5 = zn_1 - xn_3$$

$$n_6 = xn_2 - yn_1 \tag{4.85}$$

부가질량계수와 감쇄계수는 다음과 같이 정의 된다.

$$a_{jk} = -Re\left[\rho \iint_{S_0} \phi_k n_j \, dS_0\right]$$

$$b_{jk} = -Im\left[\rho\omega \iint_{S_0} \phi_k n_j \, dS_0\right] \tag{4.86}$$

부가질량계수와 감쇄계수에는 다음과 같은 대칭관계가 성립한다.

$$a_{jk} = a_{kj}$$

$$b_{jk} = b_{kj} \tag{4.87}$$

2) 포텐셜 해석

입사파 포텐셜 ϕ_0는 식(4.76)에 주어져 있다.

부유체가 $j\,(j = 1, \ldots 6)$ 모우드 운동을 할 때 평균 접수면 S_0 상의 한 점(x, y, z)에서의 방사 포텐셜 ϕ_j와 물체에 의한 입사파의 산란으로 발생하는 산란파 포텐셜 ϕ_7은 물체 표면에 다음의 식으로 주어진 용출점을 연속적으로 분포함에 의하여 표현될 수 있다는 것이 알려져 있다(Lamb(1932)).

$$\phi_j(x,y,z) = \frac{1}{4\pi}\iint_{S_0} \sigma_j(\hat{x},\hat{y},\hat{z})\, G(x,y,z,\hat{x},\hat{y},\hat{z})\, dS_0, \qquad j=1,\dots 7 \quad (4.88)$$

여기서

- $\phi_j(x,y,z)$는 평균 접수면 S_0 상의 한 점(x,y,z)에서의 포텐셜 함수. $j=1,\dots 6$인 경우는 물체의 j 모우드 운동에 대한 포텐셜이고, ϕ_7은 산란파 포텐셜이다.
- $\sigma_j(\hat{x},\hat{y},\hat{z})$는 평균 접수면 S_0에 분포되는 복소 용출 포텐셜로 미지의 세기를 가지고 있다.
- $G(x,y,z,\hat{x},\hat{y},\hat{z})$는 접수면 상의 점$(\hat{x},\hat{y},\hat{z})$에 위치한 진동하는 포텐셜$\sigma_j(\hat{x},\hat{y},\hat{z})$의 점$(x,y,z)$에 있는 포텐셜 $\phi_j(x,y,z)$에 대한 그린함수(Green function) 또는 영향함수이다. 그린함수는 라플라스 방정식, 선형화된 해저면과 자유표면 경계조건 및 무한원방에서의 방사조건을 만족한다.
- 그린함수는 Wehausen and Laitone(1960) 및 John(1949)에 의하여 각각 다른 형태로 다음과 같이 제시되었다.

(1) $G(x,y,z,\hat{x},\hat{y},\hat{z})$(Wehausen과 Laitone(1960))

$$= \frac{1}{r} + \frac{1}{r_1}$$

$$+ PV\int_0^\infty \frac{2(\xi+\nu)e^{-\xi n}\cosh\xi(h_o+\hat{z})\cosh\xi(h_o+z)}{\xi\sinh\xi h - \nu\cosh\xi h} J_o(\xi R)\, d\xi$$

$$+ i\,\frac{2\pi(k^2-\nu^2)\cosh k(h_o+\hat{z})\cosh k(h_o+z)}{(k^2-\nu^2)h-\nu} J_0(kR) \quad (4.89)$$

(2) $G(x,y,z,\hat{x},\hat{y},\hat{z})$(John (1949))

$$= 2\pi\cdot\frac{\nu^2-k^2}{(k^2-\nu^2)h+\nu}\cosh k(h_o+z)\cosh k(h_o+\hat{z})\{Y_0(kr) - iJ_0(KR)\}$$

$$+ \sum_{i=o}^{\infty}\frac{4(k_i^2+\nu^2)}{(k_i^2+\nu^2)h-\nu}\cos k_i(h+z)\cos k_i(h+\hat{z})\, K_0(k_i R) \quad (4.90)$$

여기서

$$r = \sqrt{(x-\hat{x})^2 + (y-\hat{y})^2 + (z-\hat{z})^2}$$

$$r_1 = \sqrt{(x-\hat{x})^2 + (y-\hat{y})^2 + (z+2h_o+\hat{z})^2}$$

$$R = \sqrt{(x-\hat{x})^2 + (y-\hat{y})^2}$$

ξ : 독립변수

J_0, K_0 와 Y_0 : 베셀 함수들

k_i : $\tanh(k_i h) + \nu = 0$의 양의 근

상기 두 식은 등가의 식이나 변수들의 크기에 따라서 수치계산에서 선호되는 식이 다르다. 일반적으로 식(4.90)이 대부분의 경우에 계산 상 편리하나 R이 영일 때는 K_0값이 무한대가 되므로 R이 작거나 영일 경우에는 식(4.89)를 사용하여야 한다.

미지의 용출점 세기 $\sigma_j(\hat{x},\hat{y},\hat{z})$는 식(4.88)을 물체 표면에서의 경계조건 식(4.73)에 대입하여 구한 적분방정식의 해가 된다.

$$\frac{\partial \phi_j}{\partial n} = -\frac{1}{2}\sigma_j(x,y,z) + \frac{1}{4\pi}\iint_{S_0} \sigma_j(\hat{x},\hat{y},\hat{z}) \frac{\partial G(x,y,z,\hat{x},\hat{y},\hat{z})}{\partial n} dS_0 = n_j, \tag{4.91}$$

방사 포텐셜 ϕ_j를 구하는 경우, 식(4.91)의 우변 n_j는 식(4.85)에서 정의된 일반화된 방향 코사인을 사용한다. 산란파 포텐셜 ϕ_7의 경우에는 식(4.91)의 우변은 다음과 같다.

$$n_7 = \frac{\partial \phi_7}{\partial n} = -\frac{\partial \phi_0}{\partial n} \tag{4.92}$$

적분방정식 식(4.91)의 해인 미지의 용출점 세기 $\sigma_j(\hat{x},\hat{y},\hat{z})$를 식(4.88)에 대입하여 포텐셜 $\phi_j(x,y,z), j=1,....7$을 구한 후에 그 해당 포텐셜을 각각 식(4.83)와 식(4.86)에 대입하여 파 강제력과 부가질량계수 및 감쇄계수를 구한다.

최종적으로 6 자유도 운동 ς_k은 다음과 같은 복소 연립방정식의 해로써 얻어진다.

$$\sum_{k=1}^{6}\left\{-\omega^2(m_{jk}+a_{jk})-i\omega b_{jk}+c_{jk}\right\}\zeta_k = X_j \quad \text{for} \quad j=1,....6 \tag{4.93}$$

여기서

m_{jk} : k 모우드의 가속도와 j 모우드의 힘이 연성된 관성 매트릭스

a_{jk} : k 모우드의 가속도와 j 모우드의 힘이 연성된 부가질량 매트릭스

b_{jk} : k 모우드의 속도와 j 모우드의 힘이 연성된 감쇄 매트릭스

c_{jk} : k 모우드의 변위와 j 모우드의 힘이 연성된 복원력 매트릭스

X_j : j 모우드의 파강제력

3) 수치 계산

적분방정식을 수치적으로 풀기 위해서는 부유체의 표면을 다수의 판넬로 분할해야 한다. 그림 4.7에 원유운반선의 표면을 다수의 판넬로 분할한 예를 보여주고 있다.

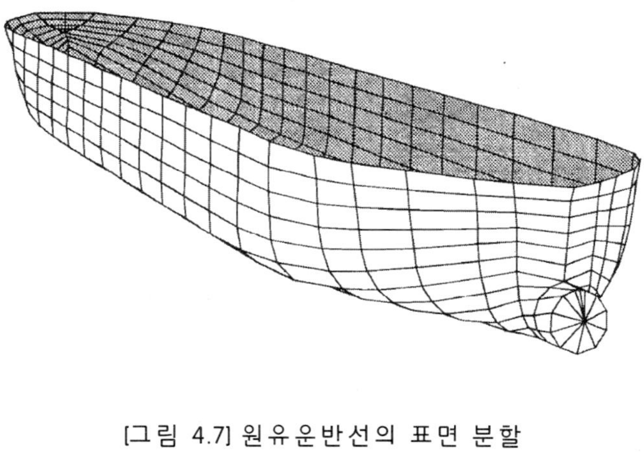

[그림 4.7] 원유운반선의 표면 분할

부유체의 평균 접수면을 N개의 패널로 나누고 식(4.91)을 이산화하면 다음과 같이 N개의 미지 계수에 대한 연립방정식을 얻는다. 각 패널의 용출점 세기는 균일하다고 가정한다.

$$-\frac{1}{2}\sigma_{mj}+\frac{1}{4\pi}\sum_{n=1}^{N}\sigma_{nj}\frac{\partial G_{mn}}{\partial n}\triangle S_n = n_{mj},\quad m=1,..N \quad n \neq m \tag{4.94}$$

각 패널에서의 수직 방향 속도는 오로지 한 점에서 만족하며, 일반적으로 패널의 도심이 선정된다. 그러한 점을 콜로캐이션 포인트(collocation point)라고 한다.

식(4.94)은 다음과 같이 N 개의 복소 미지 계수에 대한 매트릭스방정식으로 표현할 수 있다.

$$\begin{bmatrix} A_{11} & \cdots & \cdots & \cdots & A_{1N} \\ \cdots & A_{22} & \cdots & \cdots & \cdots \\ \cdots & \cdots & A_{33} & \cdots & \cdots \\ \cdots & \cdots & \cdots & \cdots & \cdots \\ A_{N1} & \cdots & \cdots & \cdots & A_{NN} \end{bmatrix} \cdot \begin{pmatrix} \sigma_{1j} \\ \cdots \\ \cdots \\ \cdots \\ \sigma_{Nj} \end{pmatrix} = \begin{pmatrix} n_{1j} \\ \cdots \\ \cdots \\ \cdots \\ n_{Nj} \end{pmatrix} \tag{4.95}$$

여기서

$$A_{nn} =-\frac{1}{2}$$

$$A_{nn} = \frac{1}{4\pi}\frac{\partial G_{mn}}{\partial n}\triangle S_n$$

σ_{nj} : 미지의 요출점 강도

이 연립방정식은 직접법(LU-decomposition) 또는 반복법에 의하여 해를 구한다. 반복법에 의한 방법은 미지수 개수의 제곱에 비례하는 계산 시간이 걸리는 반면에 직접법은 미지수 개수의 3승에 비례하는 시간이 소용된다.

해의 정확도는 사용한 판넬의 크기와 개수에 크게 의존한다. 각 판넬에 있어서 용출의 세기가 균일하다고 가정하고 있으므로 유체 유동이 급격하게 변하는 부분에는 좀더 작은 판넬을 사용하여야 한다. 입사파의 영향이 큰 부분에서는 판넬의 크기를 입사파 파장의 1/8보다 작게 해야 한다.

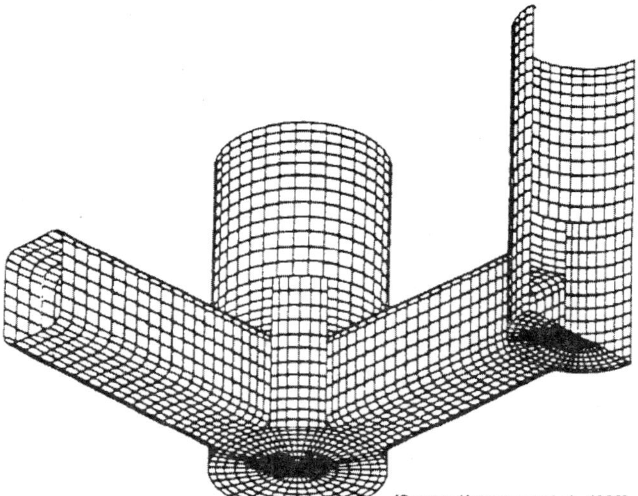
[Source: Korsmeyer et.al., 1988]

[그림 4.8] 인장각 플랫폼의 판넬 모델링

반잠수식 해양구조물의 원 단면을 갖는 수직 컬럼의 경우 원주 방향으로 적어도 16개의 판넬이 분포되어야 한다. 결과적으로 반잠수식 해양구조물 판넬의 크기는 대체로 매우 작게 된다. 그림 4.8에 6개의 컬럼을 가진 인장각 플랫폼(TLP)의 1/4에 대한 판넬 모델링의 예를 보여 주고 있다.

식(4.95)의 해를 구하는 과정에서 특이파수(irregular frequency)라고 하는 문제가 필연적으로 발생한다. 2차원의 경우에 생기는 특이파수 문제가 4.4절에 이미 언급하였다. 특정한 불연속적인 주파수에서 영향함수의 매트릭스의 행렬식 Amn이 영이 되면서 해가 무한대가 되는 비현실적인 현상이 발생한다. 특이파수 문제는 일반적으로 물체 내부 유체의 공진현상과 관련되어 있다. 특이파수 문제를 해결하는 방법 중의 하나는 물체 내부의 자유수면에 뚜껑을 씌우는 것이다. 즉, 물체 내부의 자유수면에 적정한 숫자의 패널을 분포하고 그 패널에 속도가 영인 경계조건을 부과하여 유체의 유동이 없도록 하는 것이다. 그림 4.9에 자유수면에 떠있는 반구에 대한 부가질량계수와 감쇄계수를 보여주고 있다. 특이파수를 고려하지 않은 계산 결과인 점선을 보면 특정한 주파수들에서 해가 비정상적인 경향을 보이는 특이파수가 존재함을 알 수 있다. 실선이 결과는 물체 내부의 자유수면에 뚜껑을 씌운 결과로서 특이파수가 제거되었음을 볼 수 있다. 특이파수는 물체 내부의 자유수면 공진 문제이므로 자유수면 관통형 구조물에서만 발생한다.

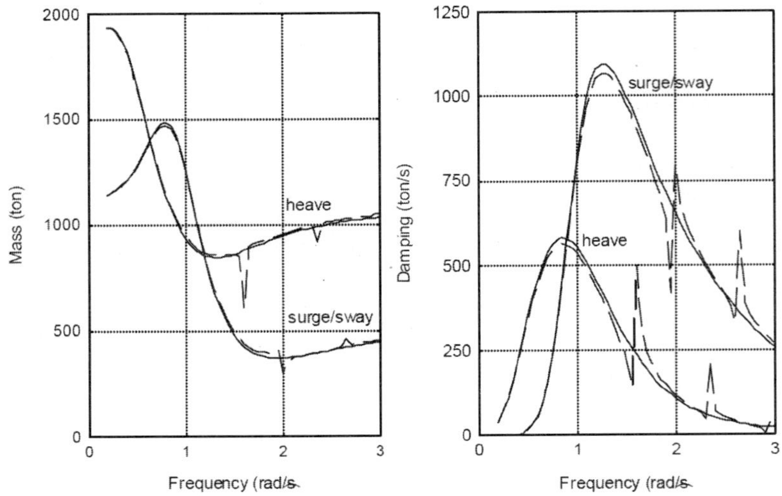

[그림 4.9] 특이파수에 대한 자유수면 뚜껑 효과

6. 규칙파 중 운동응답

부유체의 6 자유도 운동방정식인 복소연립방정식 식(4.93)의 해는 복소 운동진폭 (ζ_k, $k=1,2,...6$)으로 주어진다. 응답진폭함수는 운동 진폭과 입사파 진폭(또는 파 경사)의 비로 정의된다. 그리고, 운동 응답의 위상은 무게중심 위치에 입사파의 파정이 위치할 때를 기준으로 표시한다.

$$RAO: \frac{|\overline{\zeta_j}|}{\zeta_0}(\omega) \qquad \text{위상} : \epsilon_{j\zeta}(\omega) \qquad j=1,2,3$$

$$RAO: \frac{|\overline{\zeta_j}|}{\zeta_0}(\omega) \text{ 또는 } \frac{|\overline{\zeta_j}|}{k\zeta_0}(\omega) \quad \text{위상} : \epsilon_{j\zeta}(\omega) \qquad j=4,5,6 \tag{4.96}$$

여기서

$$\zeta(x,y;t) = \zeta_0 \cos\omega t \qquad \text{: 무게 중심 위치에서의 입사파}$$

$$\zeta_j(t) = \overline{\zeta_j} e^{-i\omega t} = \left|\overline{\zeta_j}\right| \cos(\omega t + \varepsilon_{j\zeta}) \qquad j = 1,2,\ldots 6$$

그림 4.10과 그림 4.11은 스트립법을 이용하여 추정한 원유운반선의 연성된 상하동요와 종동요 운동응답을 보여주고 있다. 해석시 사용된 선속은 0 knots와 16 knots이고 심수파의 입사각은 180°(선수파)와 90°(선측파) 두 가지가 사용되었다.

선속이 영이고 입사파 방향이 선수파일 때 상하동요와 종동요를 검토한다. 결과는 그림 4.10에 굵은 선으로 표시되어 있다. 입사파의 파장이 매우 클 때 선박은 파 중에 있는 나뭇잎처럼 움직인다. 즉, 부유체는 수면의 변위를 따라서 움직이므로 상하동요의 진폭은 파 진폭과 동일하고 종동요의 진폭은 파 기울기와 동일하다. 결과적으로 응답진폭함수는 상하동요와 종동요 공히 1.0이고, 상하동요의 위상각은 0° 또는 -360°, 종동요의 위상각은 -90°이 된다.

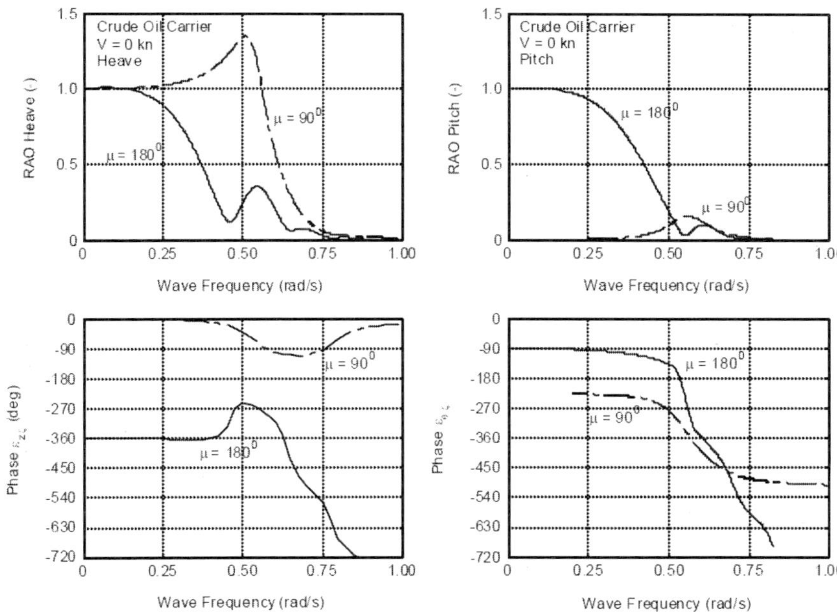

[그림 4.10] 원유운반선의 상하동요 및 종동요, 선속: 0 knots

운동응답의 공진 주파수와 부유체 고유진동 주파수는 반드시 일치하고 있지는 않다. 부유체의 고유진동 주파수를 결정할 때는 운동방정식의 우변을 영으로 하고, 운동응답의 공진 주파수를 결정할 때는 운동방정식에 파강제력을 포함한다. 공진 주파수는 응답진폭함수가 최대값을 갖고 위상이 급격히 변화하는 현상으로부터 확인할 수 있다.

그림 4.10에 일점 쇄선으로 표시된 선측파의 결과를 보면, 파장이 길 때는 파면의 변위를 따라서 그대로 부유체가 운동한다. 선수파에 있어서는 선박 길이와 파장의 비가 중요한 반면에 선측파에서는 선박의 폭과 파장의 비가 중요한 변수가 된다.

선측파 중에서의 종동요는 단지 선체 중앙을 기준으로 한 선수와 선미 형상의 비대칭성에 의하여 야기되며, 대부분의 경우 매우 작은 응답진폭함수 값을 가진다.

그림 4.11에 나타난 전진 속도가 있는 선박의 운동응답은 전체적으로 선속이 영인 경우와 유사한 경향을 보여주고 있다. 그러나 선수파일 때 상하동요에 1.0을 초과하는 현상이 나타난 것을 알 수 있다. 선속이 빠른 선박에서는 파강제력의 증가에 의하여 응답진폭함수 값이 1.0을 초과하는 현상이 보편적으로 나타난다.

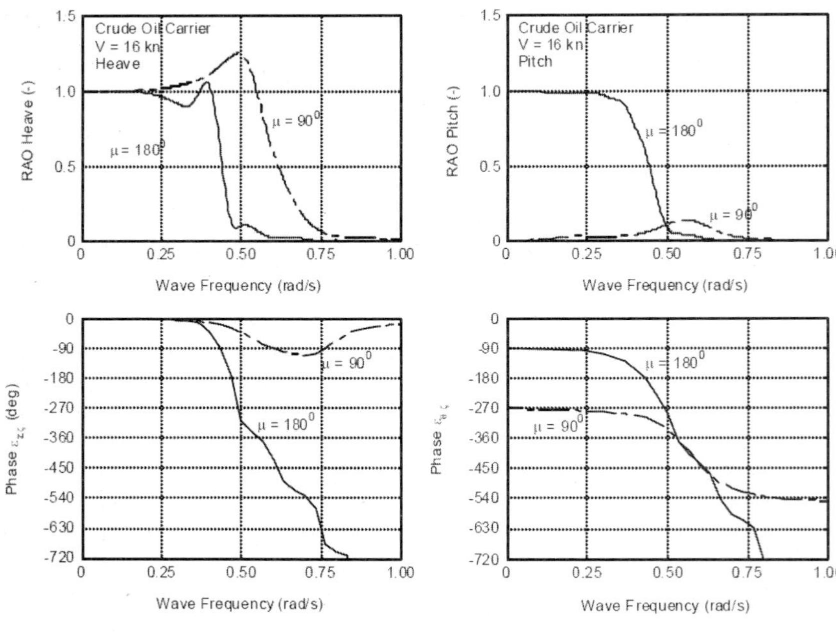

[그림 4.11] 원유운반선의 상하동요 및 종동요, 선속: 16 knots

25knots의 속력으로 항해하는 항공모함의 6 자유도 운동응답의 예가 그림 4.12에 도시되었다. 실선은 스트립법에 의한 운동해석 결과이고 점선은 모형시험 결과이다.

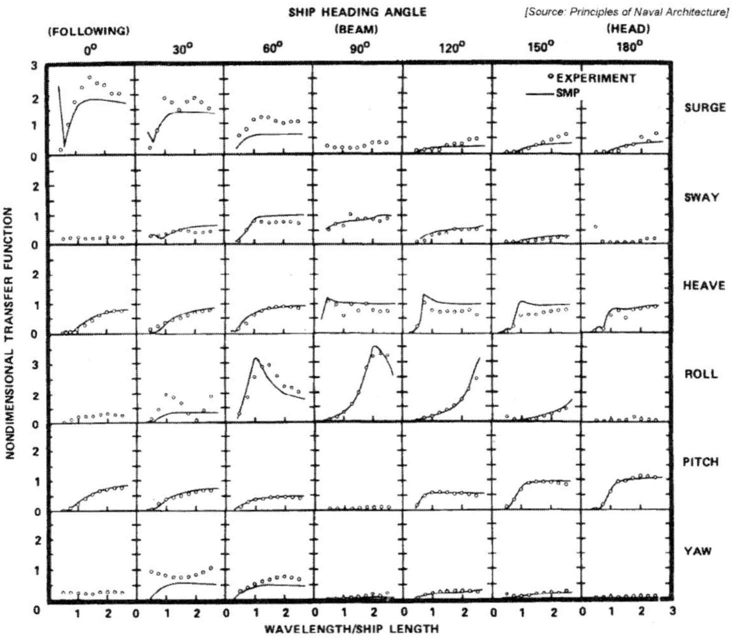

[그림 4.12] 항공모함의 6 자유도 운동 성능 (출처 : PNA(1989))

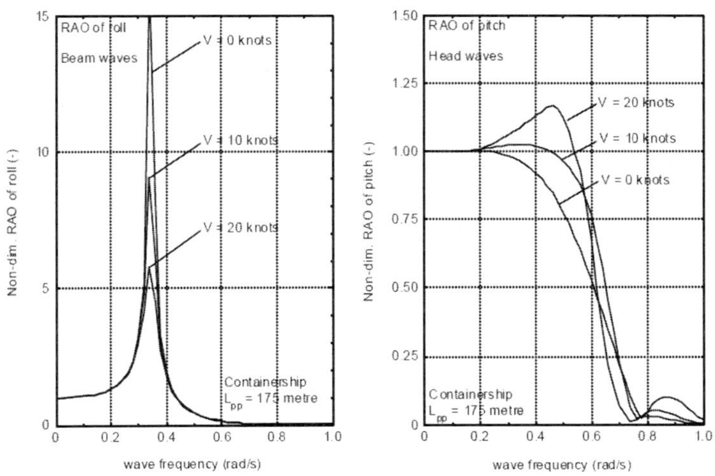

[그림 4.13] 컨테이너운반선의 상하동요 및 횡동요 응답진폭함수

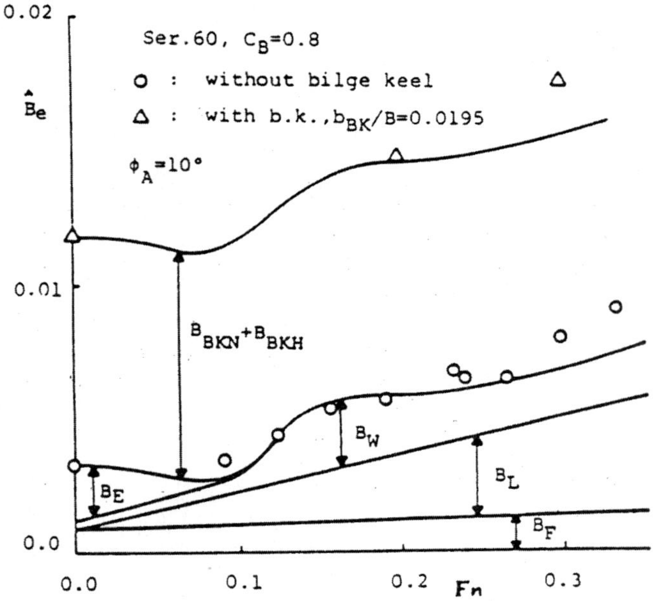

[그림 4.14] 선속 변화에 따른 감쇄계수의 변화 (Himeno(1981))

그림 4.13은 컨테이너운반선의 선측파 중 횡동요와 선수파 중 종동요 응답진폭함수의 속력에 따른 변화를 보여주고 있다. 횡동요는 선속이 증가함에 따라 응답진폭함수가 감소하지만 종동요는 반대로 증가하는 경향을 보이고 있다. 종동요의 응답진폭함수가 선속이 증가함에 따라 커지는 것은 파 강제력의 증가에 따른 것이다. 횡동요하는 선박은 단면의 형상이 비대칭이 되며 선속이 있을 경우에는 양력이 발생한다. 이 때 발생하는 양력은 횡동요에 감쇄력으로 작용하게 되어 선속이 증가할수록 횡동요 응답진폭함수는 감소하게 된다.

그림 4.14는 시리즈 60 선형에 대하여 선속의 변화에 따른 여러가지 감쇄계수 성분의 크기의 변화를 보여주고 있다(Himeno(1981)). 선속의 변화에 대하여 양력에 의한 감쇄계수의 변화가 가장 크게 발생하는 것을 볼 수 있다.

그림 4.14에 있는 감쇄계수 성분들의 정의는 다음과 같다.

- B_F : 점성에 의한 선체 표면마찰로 인하여 발생하는 모멘트
- B_E : 선체 빌지부 또는 선형 변화가 급격한 부분에 생성되는 와류로 인하여 발

생하는 모멘트

- B_L : 횡동요시 발생하는 양력에 의한 모멘트
- B_W : 횡동요시 발생하는 방사파로 인한 모멘트로 선형 포텐셜 이론에서 고려하는 감쇄모멘트
- B_{BKN} : 빌지킬에 작용하는 수직력에 의한 모멘트
- B_{BKH} : 빌지킬에 의하여 발생하는 선체 주위 유동장 변화에 의한 모멘트
- B_{BKW} : 빌지킬에 의하여 발생하는 방사파로 인한 모멘트(대체로 매우 작음)

7. 불규칙파 중 운동응답

전 절에 기술된 과정에 의하여 구한 규칙파 중의 부유 구조물에 대한 응답진폭함수와 파 에너지 스펙트럼을 결합하여 운동 에너지 스펙트럼을 얻을 수 있으며 전진 속도가 없는 간단한 부유체에 대하여는 3장에서 취급하였다. 선박이 정해진 속도를 가지고 항해할 때는 지구상의 고정점에서 관측하는 파의 주파수와는 다른 주파수 즉, 만남 주파수 ω_e를 가진 파를 만나게 된다. 본 절은 선박이 만나는 주파수가 변함에 따른 파 스펙트럼의 변환에 대하여 설명을 시작한다.

1) 스펙트럼 변환

만남주파수 ω_e가 독립변수인 파 스펙트럼 $S_\zeta(\omega_e)$의 값은 절대주파수 ω의 함수로 주어진 스펙트럼 $S_\zeta(\omega)$의 값과 다르다. 이유는 파 에너지가 다음의 관계를 만족해야 하기 때문이다. 즉, 주파수 폭 $d\omega$와 $d\omega_e$ 내에 동일한 양의 파 에너지가 포함되어 있어야 한다.

$$S_\zeta(\omega_e)\, d\omega_e = S_\zeta(\omega)\, d\omega \tag{4.97}$$

이 관계는 그림 4.15에 도시되었다.

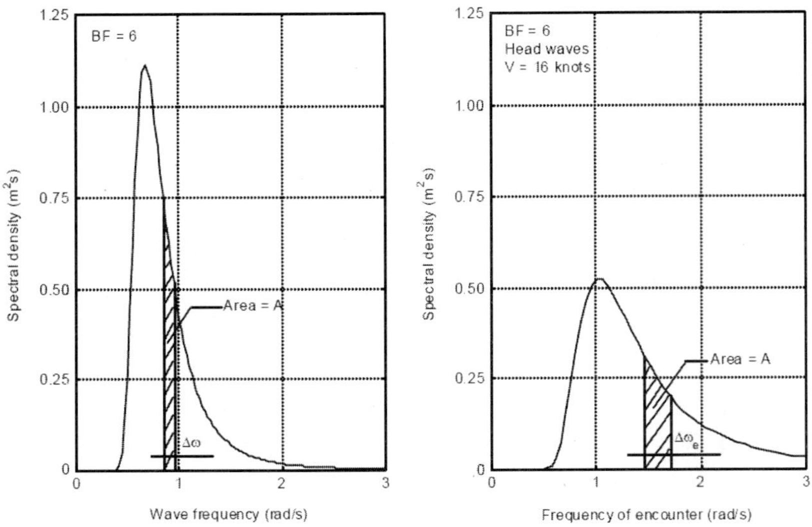

[그 림 4.15] 파 스펙트럼의 변환

식(4.97)을 변환하면 :

$$S_\zeta(\omega_e) = \frac{S_\zeta(\omega)}{d\omega_e/d\omega} \tag{4.98}$$

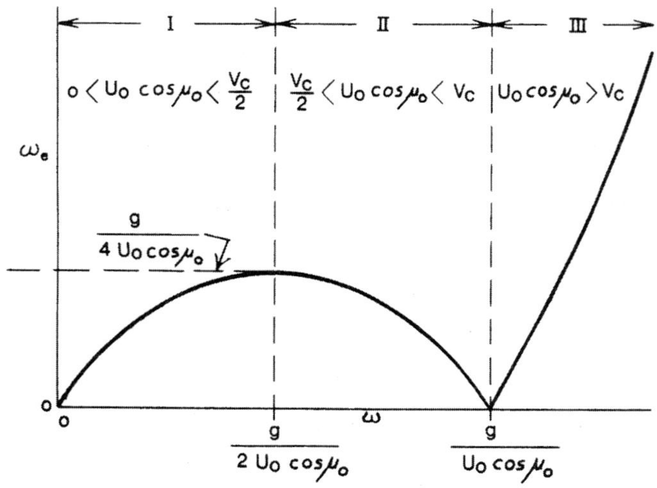

[그 림 4.16] 절대주파수와 조우주파수와의 관계

심수에서 조우주파수와 절대주파수의 관계는 다음과 같다.

$$\omega_e = |\omega - kU_0\cos\mu_0| = \left|\omega - \frac{\omega^2}{g}U_0\cos\mu_0\right| = \left|\omega\left(1 - \frac{U_0}{c}cos\mu_0\right)\right| \tag{4.99}$$

여기서

ω	: 지구 고정점에서의 파 절대주파수(rad/s)
ω_e	: 움직이는 점에서의 파 조우주파수(rad/s)
U_0	: 선박 전진 속도(m/s)
c	: 파 위상 속도(m/s)
μ_0	: 파 입사각(deg)(선수파: 180°)

따라서, 심수에서 :

$$\frac{d\omega_e}{d\omega} = \left|1 - \frac{2\omega U_0\cos\mu_o}{g}\right| \tag{4.100}$$

식(4.100)를 식(4.98)에 대입하면 다음의 파 스펙트럼 식을 얻는다.

$$S_\zeta(\omega_e) = \frac{S_\zeta(\omega)}{|1 - (2\omega U_0/g)\cos\mu_0|} \tag{4.101}$$

식(4.99)에 의하면 선수파의 경우에는 조우주파수가 절대주파수보다 항상 크고 횡파의 경우에는 입사파 주파수에 변화가 없다.

선미파나 선미사파의 경우는 특별한 고려가 필요하며, 그림 4.16에 절대주파수와 조우주파수의 관계를 나타내었다.

- $\omega \to 0$: 파의 위상속도가 매우 빠르기 때문에 조우주파수는 선박의 전진속도 U_0의 영향을 거의 받지 않는다.
- $0 < \omega \leq g/2U_0\cos\mu_0$: ω가 커짐에 따라서 파의 위상속도가 서서히 감소하면서

U_0의 영향이 증가한다. 절대주파수 $\omega = g/2U_0\cos\mu_0$일 때 조우주파수 ω_e가 최대값($\omega_e = g/4U_0\cos\mu_0$)을 갖는 것을 알 수 있다. 이 때 $d\omega_e/d\omega$의 값이 영이 되기 때문에 식(4.101)에서 알 수 있듯이 조우주파수 함수로 표시된 파 스펙트럼 $S_\zeta(\omega_e)$ 값이 무한대가 됨을 알 수 있다.

- $g/2U_0\cos\mu_0 < \omega < g/U_o\cos\mu_0$: ω값이 $g/2U_0\cos\mu_0$보다 커지면 파의 위상속도가 지속적으로 작아지면서 동시에 조우주파수 ω_e도 줄어든다.
- $\omega = g/U_0\cos\mu_0$: 입사파의 위상속도가 선박의 전진속도와 같아진다. 이 때 선박은 파도를 탈 수 있다.
- $\omega > g/U_0\cos\mu_0$: 파의 위상속도가 선박의 속도보다 작아서 선박에 승선한 상태에서는 마치 선수파를 만나는 것 같은 느낌을 받는다.

임의의 절대주파수 ω에 대하여 절대주파수와 선수파에서의 조우주파수의 차이는 절대주파수와 선미파에서의 조우주파수의 차이와 같다.

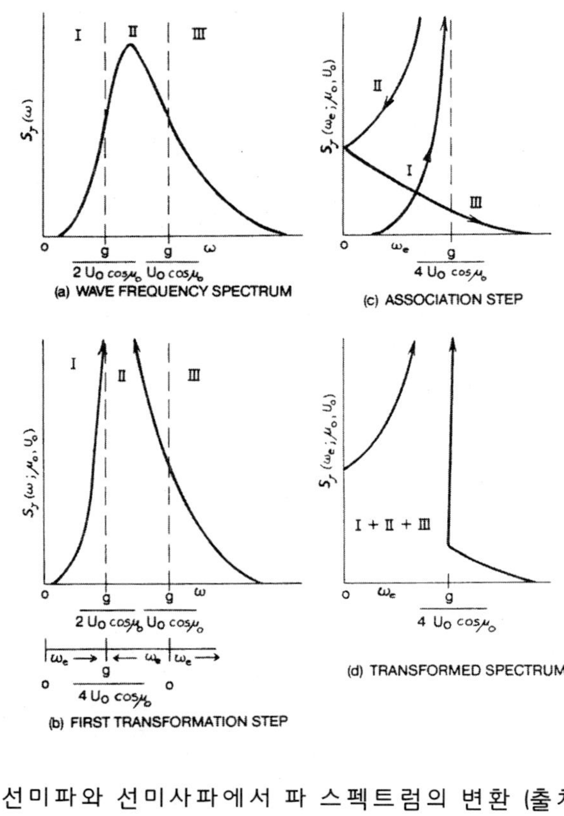

[그림 4.17] 선미파와 선미사파에서 파 스펙트럼의 변환 (출처: PNA(1989))

그림 4.17은 식(4.101)에 따른 스펙트럼 변환 과정을 도식적으로 나타내었다. (a) 부분은 절대파 스펙트럼과 그림 4.16에서 구분한 주파수 구역을 보여준다. (b) 부분은 조우파 스펙트럼을 절대주파수와 조우주파수의 함수로 나타내었다. 절대주파수가 $\omega = g/2U_0\cos\mu_0 (\omega_e = g/4U_0\cos\mu_0)$에 접근하면서 식(4.101)의 분모가 영이 되면서 조우파 스펙트럼이 무한대가 됨을 알 수 있다. (c) 부분은 조우파 스펙트럼을 조우주파수의 함수로 나타내었다. 3개의 주파수 구역에 의한 기여는 그대로 나타내었다. (d) 부분은 각 주파수 구역에서 중복되는 부분을 합한 결과로 구하고자 하는 최종 조우파 스펙트럼을 나타낸다. 결과적으로 조우파 스펙트럼은 조우주파수 $\omega_e = g/4U_0\cos\mu_0$에서 나타나는 무한대 값으로 인하여 수학적으로 다루기가 어렵다. 이러한 문제는 입사파가 선미파나 선미사파인 경우에 나타나며 선수파나 선측파의 경우에는 발생하지 않는다.

2) 운동응답 스펙트럼

조우주파수 ω_e를 독립변수로 하는 운동응답 스펙트럼은 응답진폭함수와 파 스펙트럼의 결합으로부터 다음과 같이 구할 수 있다.

$$S_\eta(\omega_e) = \left| \frac{\eta_a}{\zeta_a}(\omega_e) \right|^2 S_\zeta(\omega_e) \tag{4.102}$$

운동응답 스펙트럼의 모멘트는 다음과 같이 주어진다.

$$m_{n\eta} = \int_0^\infty \omega_e^n \, S_\eta(\omega_e) \, d\omega_e \,, \qquad n = 0, 1, 2, \ldots \tag{4.103}$$

식(4.103)의 적분은 선수파나 선측파의 경우에는 선속이 영인 경우와 마찬가지로 아무런 문제가 없다. 그러나, 선미파의 경우에는 파 스펙트럼 값이 특정 주파수에서 무한대의 값을 가지므로 적분과정이 매우 복잡하게 된다. 이 문제는 다음과 같이 적분을 조우주파수 대신에 절대주파수에 대하여 수행함에 의하여 피할 수 있다.

$$m_{n\eta} = \int_0^\infty \left|\omega - (\omega^2 U/g)\cos\mu_o\right|^n \left|\frac{\eta_a}{\zeta_a}(\omega)\right|^2 S_\eta(\omega)\, d\omega, \qquad n = 0,1,2,\dots \tag{4.104}$$

이 식은 운동응답 스펙트럼 $S_\eta(\omega_e)$을 조우주파수 영역에서 직접 적분하는 것을 피하고 있다.

운동응답 스펙트럼의 모멘트 값을 이용하여 다음과 같이 운동 진폭의 통계값들을 구할 수 있다.

$$\bar{\eta}_{1/3} = 2\sqrt{m_{0\eta}} \qquad \text{(운동 응답의 유의 진폭)}$$
$$\bar{\eta}_{1/10} = 2.55\sqrt{m_{0\eta}} \qquad \text{(1/10 최대 운동응답의 평균값)}$$
(4.105)

불규칙파 중 운동응답의 특성 주기를 다음과 같이 구할 수 있다.

$$T_{-1\eta} = 2\pi\frac{m_{-1\eta}}{m_{0\eta}} \qquad \text{(평균 주기)}$$
$$T_{1\eta} = 2\pi\frac{m_{0\eta}}{m_{1\eta}} \qquad \text{(평균 도심 주기)}$$
$$T_{2\eta} = 2\pi\sqrt{\frac{m_{0\eta}}{m_{2\eta}}} \qquad \text{(평균 영점 교차 주기)}$$
$$T_{z\eta} = 2\pi\sqrt{\frac{m_{2\eta}}{m_{4\eta}}} \qquad \text{(평균 파정간 주기)}$$
(4.106)

운동응답 속도와 가속도의 스펙트럼은 운동 변위의 응답진폭함수에 ω_e 또는 $(\omega_e)^2$를 곱함에 의하여 각각 얻을 수 있다. 응답 스펙트럼에는 응답진폭함수의 제곱항이 사용되므로 스펙트럼 모멘트 사이에는 다음과 같은 관계가 성립한다.

$$m_{0\dot{\eta}} = m_{2\eta} \quad \text{및} \quad m_{0\ddot{\eta}} = m_{2\dot{\eta}} = m_{4\eta}$$
$$m_{1\dot{\eta}} = m_{3\eta} \quad \text{및} \quad m_{1\ddot{\eta}} = m_{3\dot{\eta}} = m_{5\eta}$$
$$m_{2\dot{\eta}} = m_{4\eta} \quad \text{및} \quad m_{2\ddot{\eta}} = m_{4\dot{\eta}} = m_{6\eta}$$
(4.107)

3) 1차 운동

그림 4.18은 부유체에 입사하는 불규칙파 특성 주기 T_2의 변화가 운동응답 스펙트럼에 미치는 영향의 한 예를 보여주고 있다. 운동 응답은 유의 파고 5.0 m의 불규칙 선수파 중에 선속 20 knots로 항해하는 컨테이너운반선의 상하동요에 대한 것이다. 가장 왼쪽에 있는 결과는 특성 주기 T_2가 6초인 경우로서 응답진폭함수가 파 에너지가 큰 주파수 영역에서 매우 작은 값을 가진다. 따라서, 응답 스펙트럼이 매우 좁은 주파수 영역에서 작은 값을 갖게 된다. 결과적으로 운동응답의 유의값이 매우 작다. 입사파의 특성주기가 커짐에 따라 운동응답이 극적으로 커지는 것을 알 수 있다.

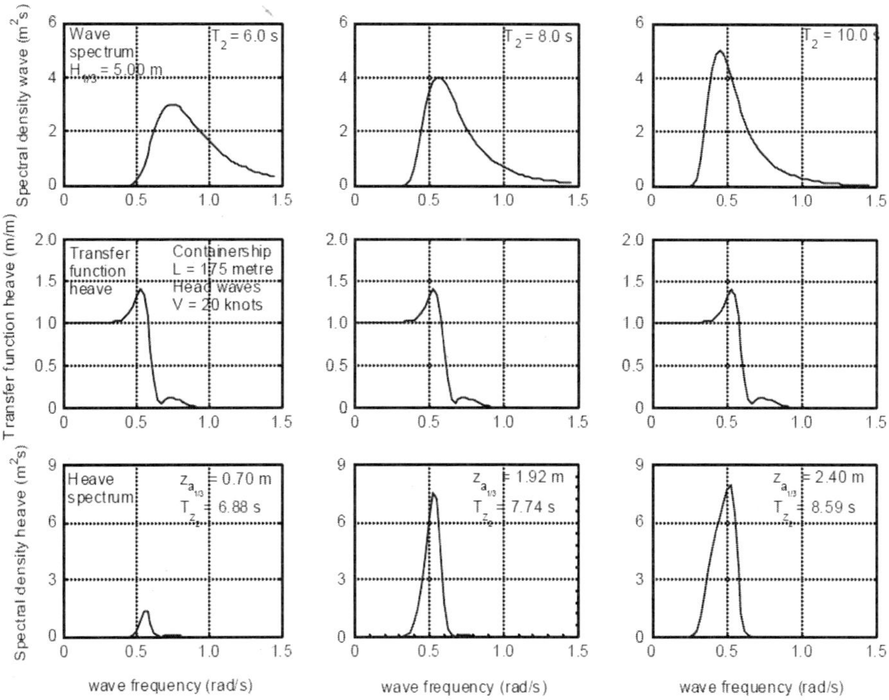

[그림 4.18] 파 특성 주기의 변화가 상하동요 운동에 미치는 영향

그림 4.19는 파 스펙트럼과 전진 속도가 영인 서로 다른 3가지 부유체의 상하운동 응답진폭함수를 보여준다.

• 폰툰(pontoon) 형태의 부유체는 상대적으로 공진 주파수가 높고 파 에너지의 대부분이 존재하는 매우 넓은 주파수 영역에서 RAO가 1.0인 운동응답을 보여준다. 따라서 대부분의 파 에너지가 상하운동으로 변환되며 매우 큰 상하운동을 하게 된다. 극단적인 예는 파 에너지가 존재하는 거의 전 주파수 영역에서 응답진폭함수가 1.0인 파랑 계측부이(wave buoy)이다. 이 때 응답 스펙트럼은 파 스펙트럼과 동일하게 되며, 이러한 것이 바로 파랑 계측장비에 요구되는 특성이다.

• 선박 형태의 부유체는 다소 낮은 고유주기를 가지므로 폰툰 형태 보다는 적으나 그래도 상당한 부분의 파 에너지를 상하운동으로 변환시킨다.

• 반잠수식 구조물은 큰 질량과 작은 수선면적으로 인하여 매우 낮은 고유주파수를 가지므로 파 에너지의 일부만이 상하운동으로 변환되어 결과적으로 매우 작은 상하운동응답을 보여준다. 따라서 반잠수식 형태의 부유체는 거친 해상 상태에서도 매우 안정된 거동을 보여준다.

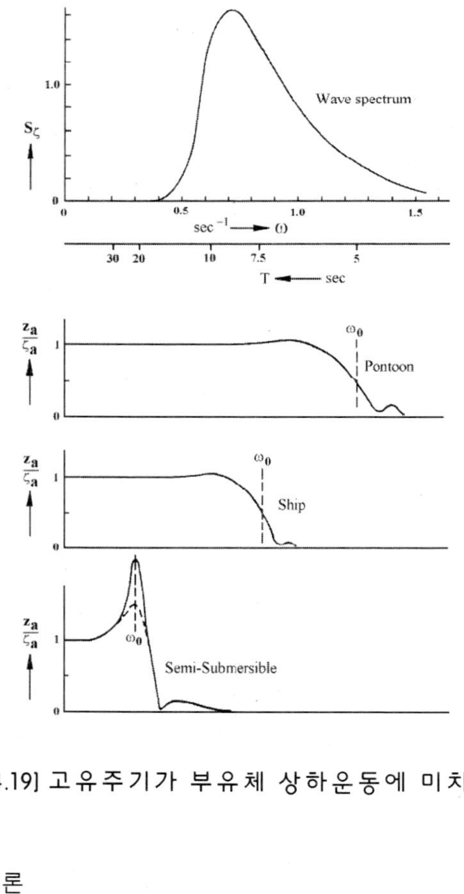

[그림 4.19] 고유주기가 부유체 상하운동에 미치는 영향

상기의 예를 통하여 부유체의 고유주기가 파랑 중에서 구조물의 운동 특성을 결정하는 매우 중요한 변수인 것을 알 수 있다. 운동응답의 크기가 작기 위하여는 구조물의 고유주기가 가능하면 파 에너지가 존재하는 주파수 범위에서 벗어나도록 설계되어야 한다.

4) 초과 확률

해양파는 파 에너지가 비교적 좁은 주파수 영역에 존재하는 협대역파(narrow banded wave)로 가정할 수 있다. 따라서, 파 스펙트럼과 응답진폭함수의 결합으로 구할 수 있는 운동응답의 스펙트럼도 협대역으로 가정할 수 있다. 3장 파진폭의 분포에서 언급한 바와 같이 협대역 스펙트럼을 갖는 운동응답의 시계열에 있어서 극값의 분포는 다음과 같이 레일리 분포를 갖는다.

$$f(\eta) = \frac{\eta}{m_{0\eta}} exp\left\{ \frac{-\eta^2}{2m_{0\eta}} \right\} \tag{4.108}$$

여기서 $m_{0\eta}$는 운동응답 스펙트럼의 0차 모멘트이다.

응답 진폭이 경계값 a를 초과할 확률은 다음과 같다.

$$\begin{aligned} P\{\eta > a\} &= \int_a^\infty \frac{\eta}{m_{0\eta}} \exp\left\{ \frac{-\eta^2}{2m_{0\eta}} \right\} d\eta \\ &= \exp\left\{ \frac{-\eta^2}{2m_{0\eta}} \right\} \end{aligned} \tag{4.109}$$

따라서 단위 시간에 응답 진폭이 경계값 a를 초과하는 횟수는 다음과 같이 구할 수 있다.

$$N_{hour} = \frac{3600}{T_{2\eta}} P\{\eta > a\} \tag{4.110}$$

여기서 $T_{2\eta}$는 운동응답시계열의 제로 교차 주기이다.

8. 파생 운동응답

1) 절대운동 및 상대운동

규칙파 중에서 부유 구조물의 6 자유도 운동 진폭과 위상각을 알면 물체 내 임의의 지점의 변위, 속도 및 가속도를 계산할 수가 있다. 이러한 계산은 복소 운동 진폭을 사용하여 수행할 수 있다.

부유체내 임의의 지점 $(\overline{x}, \overline{y}, \overline{z})$에서의 운동은 세가지 병진운동과 세가지 회전운동에 의하여 정의 될 수 있다. 부유체를 강체로 가정하였으므로 모든 지점에서의 회전운동은 동일하다. 따라서, 복소 진폭 $\overline{\eta}_4$, $\overline{\eta}_5$, $\overline{\eta}_6$은 모든 지점에서의 회전운동을 나타낸다. 벡터 부호를 써서 나타내면 다음과 같다.

$$\overline{\Omega} = (\overline{\eta}_4,\ \overline{\eta}_5,\ \overline{\eta}_6) \tag{4.111}$$

물체의 회전운동과 무게중심의 병진운동을 합한 결과로 나타나는 임의의 지점에서의 세 방향으로의 병진운동은 벡터 부호로 다음과 같이 표시한다.

$$\overline{\xi} = (\overline{\xi}_1,\ \overline{\xi}_2,\ \overline{\xi}_3) \tag{4.112}$$

여기서 $\overline{\xi}_1$, $\overline{\xi}_2$, $\overline{\xi}_3$는 임의의 지점 $(\overline{x}, \overline{y}, \overline{z})$에서의 전후동요, 좌우동요 및 상하동요의 복소 진폭이다.

복소 진폭 벡터 $\overline{\xi}$를 구하기 위하여는 물체의 6 자유도 운동에 의하여 임의의 지점 $(\overline{x}, \overline{y}, \overline{z})$에 야기되는 운동들을 모두 합하여야 한다. 6 자유도 운동의 크기가 작다는 가정하에 기본적인 운동학의 원리로부터 복소 진폭 벡터 $\overline{\xi}$를 다음과 같이 구할 수 있다.

$$\overline{\xi} = \overline{\eta} + \overline{\Omega} \times \overline{r} \tag{4.113}$$

여기서

$\overline{\eta} = (\overline{\eta}_1, \overline{\eta}_2, \overline{\eta}_3)$: 무게 중심에서의 병진운동

$\overline{r} = (\overline{x}, \overline{y}, \overline{z})$: 임의의 지점의 위치 벡터

복소 진폭 벡터의 각 성분은 다음과 같다.

$$\overline{\xi_1} = \overline{\eta_1} + \overline{z}\,\overline{\eta_5} - \overline{y}\,\overline{\eta_6}$$

$$\overline{\xi_2} = \overline{\eta_2} + \overline{x}\,\overline{\eta_6} - \overline{z}\,\overline{\eta_4}$$

$$\overline{\xi_3} = \overline{\eta_3} + \overline{y}\,\overline{\eta_4} - \overline{x}\,\overline{\eta_5} \qquad (4.114)$$

식(4.114)에 의하여 정의되는 운동을 물체 임의의 지점에서의 절대운동이라고 불린다.

임의의 지점에서의 속도와 가속도는 병진운동을 시간 미분함에 의하여 구할 수 있다. 즉, 속도와 가속도의 복소 진폭은 다음과 같다.

$\dot{\overline{\xi}} = i\omega_e \overline{\xi}$: 속도의 복소 진폭 벡터

$\ddot{\overline{\xi}} = -\omega_e^2 \overline{\xi}$: 가속도의 복소 진폭 벡터

(4.115)

부유체가 좌우 대칭일 때 즉, 종 방향 운동 모우드와 횡 방향 운동 모우드 사이에 연성이 없어서 분리할 수 있을 때는 문제가 단순하여 진다. 추가로 입사파가 선수파인 경우에 상하동요 성분만을 고려하면 식(4.114)는 다음과 같이 단순화 된다.

$$\overline{\xi}_3 = \overline{\eta}_3 - \overline{x}\,\overline{\eta}_5 \qquad (4.116)$$

여기서 $\overline{\xi}_3$는 점 $(\overline{x}, 0, \overline{z})$에서 수직운동의 복소 진폭이다.

응답진폭함수는 다음과 같다.

$$\frac{|\bar{\xi}_3|}{|\bar{\zeta}|} = \frac{|\bar{\eta}_3 - \bar{x}\bar{\eta}_5|}{|\bar{\zeta}|} \tag{4.117}$$

여기서 $|\bar{\xi}_3|$는 수직운동 복소 진폭의 크기를 나타낸다. 그림 4.20은 선수파 중에서의 절대운동 및 상대운동을 도시하였다.

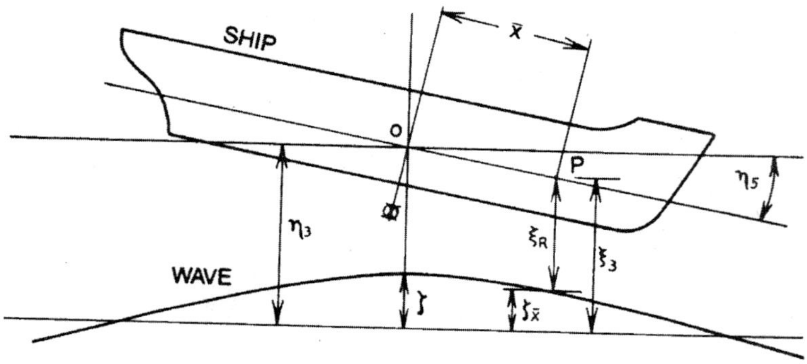

[그림 4.20] 선수파 중에서 절대운동 및 상대운동

파 주파수가 영에 접근함에 따라 종동요의 진폭은 파 기울기에 접근하고 상하동요의 진폭은 파 진폭에 접근하는 점근값을 가지므로 결과적으로 종동요와 상하동요의 합으로 이루어진 국소 수직운동의 응답진폭함수는 1에 접근한다. 매우 높은 주파수에서는 상하동요와 종동요 공히 영에 접근하므로 국소 수직운동 응답진폭함수도 마찬가지로 영에 접근한다.

국소 수직운동에 관심있는 지점이 원점에서 먼 지점에서는 상하동요보다 종동요의 영향이 훨씬 크게 나타난다. 또한 상하동요와 종동요의 위상차이로 인하여 선수파에서는 선미보다 선수에서 훨씬 더 큰 수직운동이 발생할 가능성이 크다.

규칙파 중 임의의 지점에서의 수직 절대운동의 진폭을 알면 수직 속도와 가속도의 진폭을 다음의 식에서 구할 수 있다.

$$|\bar{\dot{\xi}}_3| = \omega_e |\bar{\xi}_3|$$

$$|\bar{\ddot{\xi}}_3| = \omega_e^2 |\bar{\xi}_3| \tag{4.118}$$

부유체에 있어서 또 하나의 중요한 운동성능이 물체의 임의의 지점과 입사파 수면과의 수직 상대운동이다. 규칙파 중에서 수직 상대운동은 원하는 지점에서의 수직 절대운동에서 그 지점에서의 자유수면 변위를 뺌에 의하여 구한다. 이 때 상호간의 위상 관계를 고려하여야 한다. 자유수면의 변위는 입사파, 산란파, 방사파 및 부유체의 전진에 의하여 발생하는 파로 구성되어 있다. 상기 네가지 성분 중에서 입사파가 가장 중요한 성분이고 나머지 성분들은 서로 상쇄된다는 것이 전통적으로 채택되고 있는 가정이다.

입사파가 부유체의 존재로 인하여 변하지 않는다고 가정할 때 상대 수직운동은 다음과 같이 표현된다.

$$\begin{aligned}\overline{\xi_R} &= \overline{\xi_3} - \overline{\xi_{\bar{x}\bar{y}}} = \overline{\eta_3} - \bar{x}\overline{\eta_5} + \bar{y}\overline{\eta_4} - \overline{\zeta_{\bar{x}\bar{y}}} \\ &= \overline{\eta_3} - \bar{x}\overline{\eta_5} + \bar{y}\overline{\eta_4} - \bar{\zeta}e^{-ik(\bar{x}cos\mu + \bar{y}sin\mu)}\end{aligned} \tag{4.119}$$

여기서 $\bar{\zeta}_{\bar{x}\bar{y}}$는 부유체 임의의 지점 $x=\bar{x}$, $y=\bar{y}$에서 물체고정좌표계에 대한 복소파 진폭을 나타낸다. 선수파 중에서 상하동요와 종동요 만을 고려하면 식(4.119)는 다음과 같이 단순화 된다.

$$\bar{\xi}_R = \bar{\xi}_3 - \bar{\zeta}_{\bar{x}\bar{y}} = \bar{\eta}_3 - \bar{x}\bar{\eta}_5 - \bar{\zeta}e^{ik\bar{x}} \tag{4.120}$$

그리고, 선수 상대운동의 응답진폭함수는 다음의 식과 같다.

$$\left|\frac{\bar{\xi}_R}{\bar{\zeta}}\right| = \left|\frac{\bar{\eta}_3 - \bar{x}\bar{\eta}_5}{\bar{\zeta}} - e^{ik\bar{x}}\right| \tag{4.121}$$

상대운동의 응답진폭함수는 절대운동과 완전히 다른 점근값을 가지고 있다. 파장이 매우 긴 경우에 부유체는 파면의 변위를 그대로 따라서 움직이므로 상대운동은 영이 된다. 매우 짧은 파 중에서는 절대운동(상하동요 및 종동요)은 영이고 상대운동은 전적으로 파면의 변위에 좌우되므로 1.0 근처의 값을 갖는다.

그림 4.21은 선수파 중에서 선속의 변화에 따른 컨테이너운반선 절대운동과 상대운

동의 변화를 보여주고 있다. 주파수가 매우 작은 경우와 매우 큰 경우에 대하여 이 두 가지 운동의 점근값이 서로 반대되는 경향을 보이는 것을 알 수 있다.

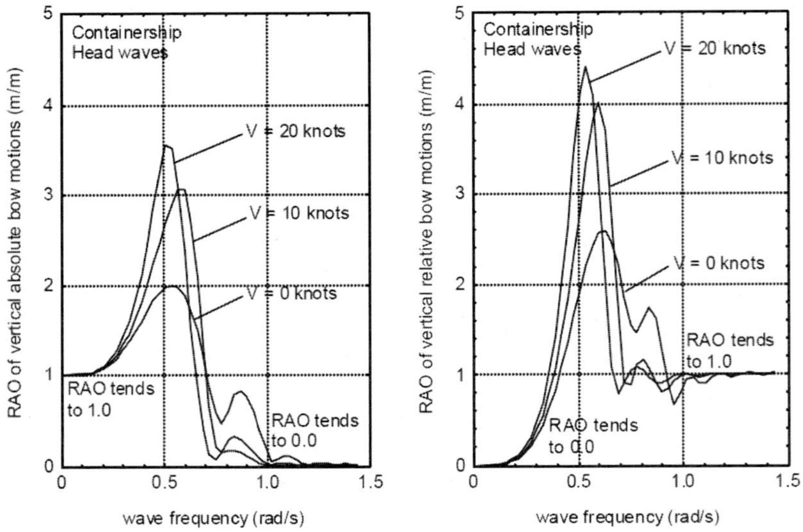

[그림 4.21] 컨테이너운반선 선수부에서의 절대운동과 상대운동

2) 갑판 침수(또는 청수 현상)

상대운동 추정의 중요성은 주로 선수파 상태에서 항해하는 선박에 발생하는 갑판 침수 현상을 파악하는데 있다. 갑판에 침수가 발생하면 갑판에서의 작업성능을 저하시킴은 물론 유체의 과격한 움직임에 의하여 갑판 보기들에 손상을 발생시킨다. 유사한 현상이 부유식 원유 생산, 저장 및 하역 선박(Floating Production, Storage and Offloading Vessel, FPSO)과 같은 해양구조물에서도 발생한다. 반잠수식시추선의 경우에는 갑판 하부와 파면과의 간격(또는 에어갭(air gap))을 충분히 유지해야 한다. 에어갭이 부족하면 파도가 갑판하부에 부딪히면서 충격력이 발생하여 갑판 구조에 손상을 일으키고 시추선의 작업성능을 저하시키는 결과가 발생한다.

갑판 침수의 발생을 예측하기 위하여는 선수에서의 상대운동과 건현의 크기를 비교하여야 한다. 갑판 침수 현상은 다음의 식에 의하여 정의 된다.

$$|\bar{\xi}_R| > F \qquad\qquad \text{선수부} \tag{4.122}$$

여기서 F는 선수에서의 가용 건현을 나타낸다.

레일리 분포를 이용하면 주어진 해상 조건에서 갑판 침수가 발생할 단기 확률은 다음과 같다.

$$P\{|\bar{\xi}_R| > F\} = \int_F^\infty \frac{|\bar{\xi}_R|}{m_{0R}} \exp\left(\frac{-|\bar{\xi}_R|^2}{2m_{0R}}\right) d\eta = \exp\left(\frac{-F^2}{2m_{0R}}\right) \tag{4.123}$$

여기서 m_{0R}은 선수 수직 상대운동 스펙트럼 하부의 면적을 나타낸다.

특정한 해상 상태에서 단위시간에 갑판 침수가 발생하는 횟수는 다음의 식으로 산출할 수 있다.

$$N_{shipping/hour} = \frac{3600}{T_{2R}} P\{|\bar{\xi}_R| > F\} \tag{4.124}$$

여기서 $T_{2R} = 2\pi\sqrt{m_{0R} / m_{2R}}$는 선수 상대운동의 평균 영점 교차 주기이다.

거의 동일한 과정을 이용하여 반잠수식 해양구조물에 있어서 필요한 에어갭(갑판 하부와 파면과의 간격) 최소치를 구할 수 있다.

3) 슬래밍

선수 상대운동과 관련이 있는 또 하나의 현상은 거친 해상 상태에서 선수가 수면으로 드러났다가 입수할 때 선저에 충격력이 발생하는 선저 슬래밍 현상이다. 슬래밍이 발생할 때 선저 구조물에 작용하는 충격력은 국부 구조물에 손상을 가져올 뿐만 아니라 휘핑(whipping)이라고 불리는 일시적인 진동응력을 유발한다. 결과적으로 선체구조에 피로 현상에 의한 손상을 입힐 수 있다.

슬래밍 현상 즉, 슬래밍 발생 가능성, 슬래밍에 의한 충격력 및 구조물의 응답 등을 완전하게 추정하는 데는 더 많은 이론적 및 수치적 연구를 필요로 한다. 슬래밍에 의한 충격력은 다음과 같은 여러가지 요소의 복합적인 영향을 받는다.

- 국부적인 선체 단면의 형상
- 선체와 파면 사이의 수직 상대운동
- 입수시 선저와 파면 사이의 각도
- 선저 국부 구조물의 신축성
- 선체 구조물의 전체적인 신축성

Ochi(1964)는 슬래밍 현상의 발생을 선박의 수직 상대운동에 대한 조건으로 변환하여 슬래밍 발생의 조건을 다음과 같이 정의하였다.

- 선수수선으로부터 선박 길이의 10% 후방 지점이 수면 바깥으로 나와야 한다.
- 자유수면에 입수하는 순간에 수직 상대속도가 특정한 한계치를 넘어야 한다.

본 제안은 이미 언급한 슬래밍 충격력에 영향을 주는 여러 가지 요소들을 고려하지 않았으므로 슬래밍 현상에 대한 엄밀한 해석에는 한계가 있는 이론이지만 선박의 운항성능을 평가하는데 매우 광범위하게 사용되는 조건이다.

선박의 선수선저가 수면위로 나오는 것은 수직 상대운동의 진폭 $\left|\bar{\xi}_R\right|$ 이 선수수선으로부터 $0.1LBP$ 지점에서의 흘수 d보다 커야 한다.

$$P\left\{\bar{\xi}_R > d\right\} = \exp\left(\frac{-d^2}{2m_{0R}}\right) \tag{4.125}$$

여기서 m_{0R}은 선수 수직 상대운동 스펙트럼 하부의 면적을 나타낸다.

마찬가지로 선수 수직 상대속도가 한계치 V_{CR}을 넘을 확률은 다음의 식과 같다.

$$P\left\{\dot{\bar{\xi}}_R > V_{CR}\right\} = \exp\left(\frac{-V_{CR}^2}{2m_{0\dot{R}}}\right) \tag{4.126}$$

여기서 $m_{0\dot{R}}$은 선수 수직 상대속도 스펙트럼 하부의 면적을 나타낸다. Ochi(1964)는 식 (4.126)에 사용할 한계치 V_{CR}로 $0.093\sqrt{gL}$ 을 사용할 것을 제안했다.

선수선저가 물 바깥으로 나오는 경우와 수직 상대속도가 한계치를 넘는 경우는 통계적으로 독립적인 사건(event)으로 가정할 수 있다.

슬래밍이 발생할 확률은 두 개의 독립적인 사건이 발생할 확률을 곱하여 산출할 수 있다.

$$P_{slam} = P\{|\bar{\xi}_R| > d\} \cdot P\{|\dot{\xi}_R| > V_{CR}\} \tag{4.127}$$

레일리 분포 함수를 이용하면 다음과 같다.

$$P_{slam} = \exp\left(-\frac{d^2}{2m_{0R}} - \frac{V_{CR}^2}{2m_{0\dot{R}}}\right) \tag{4.128}$$

특정한 해상 상태에서 단위시간에 슬래밍이 발생하는 횟수는 다음의 식으로 산출 할 수 있다.

$$N_{slam/hour} = \frac{3600}{T_{2R}} P_{slam} \tag{4.129}$$

여기서 $T_{2R} = 2\pi\sqrt{m_{0R}/m_{2R}}$는 $0.9LBP$ 지점에서의 수직 상대운동의 평균 영점 교차 주기이다.

선체 구조설계를 위하여 선수미 선저부와 선수 플래어 부분에 발생하는 슬래밍 충격력의 크기를 알아야 한다. 특히, 컨테이너운반선과 액화천연가스운반선 등의 경우에는 선박의 대형화와 고속화가 지속적으로 진행되는 있으므로 슬래밍 충격력에 대한 정도 높은 추정이 요구되고 있다.

슬래밍 현상과 충격력에 대하여는 von Karman(1929)과 Wagner(1932)의 선구적인 연구를 비롯하여 최근까지 많은 연구가 진행되고 있다. Armand and Cointe(1986), Howison et al.(1991)은 선저경사각이 작은 경우 점근법(method of matched asymptotic expansion)을 이용하여 Wagner의 이론을 더욱 발전시켰다. Dobrovol'skaya(1969)는 2차원 쐐기 형상의 구조물이 정속으로 입수 시 발생하는 유체현상에 대하여 처음으로 완전한 상사해(similarity solution)를 제시하였다. Zhao and Faltinsen(1993)은 경계요소법(boundary element method)을 이용하여 2차원 구조물의 슬래밍 문제에 대한 비선형, 시간영역해를 제시하였고, Zhao et al.(1996), Faltinsen과 Zhao(1997) 및 Faltinsen과 Chezhian(2005) 등의 연구를 통하여 임의의 2차원 및 3차원 구조물에 대한 슬래밍 해석 방법이 개발되어 왔다. 실험적 연구로서는 선저경사각이 없는 평판과 쐐기 형상의 구조물에 대한 Chuang (1966, 1967)의 체계적인 연구가 이론적인 연구의 검증을 위하여 많이 이용되고 있다. 또한, 최근 들어서 선박 해양 유체의 모든 분야에 전산유체역학에 의한 수치해석이 광범위하게 사용됨에 따라 슬래밍, 슬로싱 등 과격한 유체 유동 현상과 그에 따른 유체 충격력 문제의 해석에도 전산유체역학을 이용한 많은 연구가 수행되고 있다.

제 5 장

비선형 운동

1. 서론

3장과 4장에서는 선형시스템의 가정하에 부유체의 파랑 중 거동에 대하여 취급하였으며, 본 장에서는 비선형시스템의 파랑 중 거동에 대하여 알아본다.

비선형 파력 특히 2차 파력의 효과는 계류된 부유체의 거동에 가장 분명하게 나타난다. 전장에서 취급한 부유체들과는 다르게 여러 형태의 계류시스템에 의하여 주로 수평면 상에서의 거동이 제약된다. 해상에 계류된 부유체의 수평면 상의 거동을 분석해 보면 다음과 같이 세가지 중요한 성분으로 구성되어 있음을 알 수 있다.

① 일정한 파력에 의한 부유체의 평균 변위.

조류와 바람에 의한 힘이 부유체의 변위를 일으키는 힘이 됨을 바로 알 수 있다. 상기의 힘들에 추가로 파에 의한 힘, 소위 파 표류력으로 불리는 힘이 존재한다. 표류력은 비선형(2차) 파 포텐셜의 영향으로 발생하는 힘 성분이다. 이러한 힘들이 계류된 부유체에 작용하면 부유체는 작용하는 모든 외력이 평형을 이루는 새로운 위치로 이동한다.

② 파 주파수에 해당하는 주파수를 가진 부유체의 운동; 파 주파수 범위.

1차 파랑 하중에 의하여 발생하는 선형운동으로 5장과 6장에서 자세하게 취급되었다. 1차 파랑하중과 그로 인한 운동은 시간 평균값이 영이 된다.

③ 불규칙 파 중에 존재하는 주파수보다 훨씬 작은 주파수를 가진 운동; 매우 낮은 주파수 범위.

이 운동은 비선형 파력 즉, 저 주파수 파 표류력이 부유체-계류시스템과 결합되어 발생한다. 일반적으로 계류된 해양구조물이나 선박은 저 주파수, 수평 모우드의 운동응답을 하며, 그러한 저 주파수에서는 감쇄력이 매우 작다. 따라서 부유체-계류시스템 공진주기에서 매우 큰 운동을 하며 많은 경우에 부유체 전체 동적 거동을 주도하게 된다. 결과적으로 계류계에 큰 하중이 발생할 수 있다.

2. 벽에 작용하는 평균 파력

규칙파 중 수직벽에 작용하는 파력은 비선형 Bernoulli 식을 사용하여 구한 유체장내의 압력으로부터 산출할 수 있다. 또한 중첩원리를 사용하여 불규칙파 중 파력을 구할 수 있다.

1) 규칙파

심수 중에서 규칙파가 무한한 깊이를 가진 수직벽에 입사한다(그림 5.1). 입사한 파는 벽에서 완전히(100%) 반사되며 입사파와 중첩되어서 정지파(1장 참조)를 형성한다.

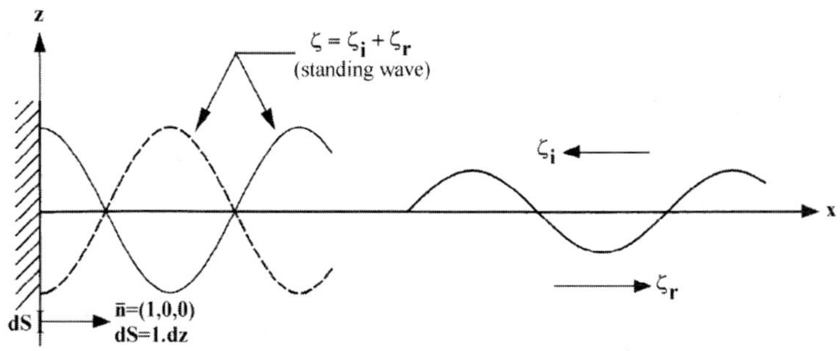

[그림 5.1] 수직벽에 입사하는 규칙파

교란되지 않은 입사파 포텐셜과 파형은 다음과 같이 정의된다.

$$\Phi_i = -\frac{\zeta_a g}{\omega} e^{kz} \sin(kx + \omega t)$$
$$\zeta_i = \zeta_a \cos(kx + \omega t) \tag{5.1}$$

반사파는 양의 x 방향으로 전진한다.

$$\Phi_r = -\frac{\zeta_a g}{\omega} e^{kz} \sin(kx - \omega t)$$
$$\zeta_r = \zeta_a \cos(kx - \omega t) \tag{5.2}$$

전체 파 시스템은 이 두 가지 파를 중첩함에 의하여 결정된다. 중첩 결과는 다음의 식과 같이 정지파(standing wave)가 된다.

$$\Phi = \Phi_i + \Phi_r = -2\frac{\zeta_a g}{\omega} e^{kz} \cos(kx) \sin(\omega t)$$
$$\zeta = \zeta_i + \zeta_r = 2\,\zeta_a \cos(kx) \cos(\omega t) \tag{5.3}$$

유체장 내의 압력분포는 Bernoulli 식으로부터 구할 수 있다

.

$$p = -\rho g z - \rho\frac{\partial \Phi}{\partial t} - \frac{1}{2}\rho(\nabla \Phi)^2$$
$$= -\rho g z - \rho\frac{\partial \Phi}{\partial t} - \frac{1}{2}\rho\left\{\left(\frac{\partial \Phi}{\partial x}\right)^2 + \left(\frac{\partial \Phi}{\partial z}\right)^2\right\} \tag{5.4}$$

속도 포텐셜의 t, x와 z에 대한 미분:

$$\frac{\partial \Phi}{\partial t} = -2\zeta_a\, g\, e^{kz} \cos(kx)\cos(\omega t)$$
$$u = \frac{\partial \Phi}{\partial x} = 2\zeta_a\, \omega e^{kz} \sin(kx)\sin(\omega t)$$
$$\nu = \frac{\partial \Phi}{\partial y} = -2\zeta_a\, \omega e^{kz} \cos(kx)\sin(\omega t) \tag{5.5}$$

벽 위치$(x=0)$에서 파형과 속도 포텐셜에 대한 미분은 다음과 같다.

$$
\begin{aligned}
&\zeta = 2\zeta_a \cos(\omega t) \\
&\frac{\partial \Phi}{\partial t} = -2\zeta_a g e^{kz} \cos(\omega t) \\
&u \ = \frac{\partial \Phi}{\partial x} = 0 \\
&\nu \ = \frac{\partial \Phi}{\partial z} = -2\zeta_a \omega e^{kz} \sin(\omega t)
\end{aligned}
\tag{5.6}
$$

벽에 작용하는 유체 압력은 다음과 같다.

$$
\begin{aligned}
p &= -\rho g z - \rho \frac{\partial \Phi}{\partial t} - \frac{1}{2}\rho\left\{\left(\frac{\partial \Phi}{\partial x}\right)^2 + \left(\frac{\partial \Phi}{\partial z}\right)^2\right\} \\
&= -\rho g z + 2\rho g \zeta_a e^{kz} \cos(\omega t) - \frac{1}{2}\rho(4\zeta_a^2 \omega^2 e^{2kz} \sin^2(\omega t)) \\
&= -\rho g z + 2\rho g \zeta_a e^{kz} \cos(\omega t) - \rho \zeta_a^2 \omega^2 e^{2kz} (1 - \cos(2\omega t))
\end{aligned}
\tag{5.7}
$$

식(5.7)의 각 항을 다음과 같이 분류한다.

$$
p = \overline{p}^{(0)} + \tilde{p}^{(1)} + \overline{p}^{(2)} + \tilde{p}^{(2)} \tag{5.8}
$$

여기서

$$
\begin{aligned}
&\overline{p^{(0)}} \ : \ -\rho g z \\
&\widetilde{p^{(1)}} \ : \ 2\rho g \zeta_a e^{kz} \cos(\omega t) \\
&\overline{p^{(2)}} \ : \ -\rho \zeta_a^2 \omega^2 e^{2kz} \\
&\widetilde{p^{(3)}} \ : \ \rho \zeta_a^2 \omega^2 e^{kz} \cos(2\omega t)
\end{aligned}
\tag{5.9}
$$

벽에 작용하는 힘의 평균값은 다음의 식으로 표현할 수 있다.

$$\overline{F} = -\overline{\int_{-\infty}^{\zeta} p\vec{n} \cdot \overrightarrow{dS}} = -\overline{\int_{-\infty}^{\zeta} p(z,t)dz} \tag{5.10}$$

여기서 적분 항 상부의 바(bar)는 시간 평균을 의미한다. 벽에서 유체로 향한 수직단위 벡터가 $\vec{n} = (1,0,0)$이면 $\vec{n} \cdot \overrightarrow{dS} = dz$가 된다. 식(5.10)을 수선면 상부와 하부의 두 부분으로 분리하여 고려하면:

$$\overline{F} = -\overline{\int_{-\infty}^{0} p(z,t)dz} - \overline{\int_{0}^{\zeta} p(z,t)dz} = \overline{F}_1 + \overline{F}_2 \tag{5.11}$$

식(5.11)의 첫 부분은 z축에 대하여 -∞ 에서 0까지 적분이며, 식(5.9) 중에서 $\overline{p}^{(0)}$와 $\overline{p}^{(2)}$에 의한 적분값만이 존재한다.

$$\begin{aligned}\overline{F_1} &= -\overline{\int_{-\infty}^{0} p(z,t)dz} = -\int_{-\infty}^{0} (-\rho gz - \rho\zeta_a^2\omega^2 e^{2kz})dz \\ &= \rho\omega^2\zeta_a^2 \int_{-\infty}^{0} e^{2kz}dz = \frac{1}{2}\rho g\zeta_a^2\end{aligned} \tag{5.12}$$

이 힘은 벽으로부터 유체 영역으로의 수직 방향 힘이다. 유체정역학적 힘인 첫째 항은 파력이 아니므로 고려 대상에서 제외한다. 둘째 항을 산출하는데 심수에서의 분산법칙이 사용되었다.

식(5.11)의 둘째 부분은 z축에 대하여 0에서 $\varsigma(t)$까지 적분이며, 식(5.9) 중에서 $\overline{p}^{(0)}$와 $\tilde{p}^{(1)}$에 의한 적분값만을 고려한다. 나머지 항들은 상대적으로 크기가 작은 고차항으로 무시한다.

$$\overline{F_2} = -\overline{\int_{0}^{\zeta} p(z,t)dz} = -\overline{\int_{0}^{\zeta} (-\rho gz + \rho g\zeta(t))dz}$$

$$= \rho g \overline{\int_0^{\zeta} z dz} - \rho g \overline{\int_0^{\zeta} \zeta(t) dz}$$

$$= \overline{\frac{1}{2}\rho g\{\zeta(t)\}^2 - \rho g\{\zeta(t)\}^2} = -\frac{1}{2}\rho g \overline{\zeta(t)^2}$$

(5.13)

파형 $\varsigma(t)$의 식(5.6)를 식(5.13)에 대입하면 다음과 같다.

$$\overline{F_2} = -\frac{1}{2}\rho g \overline{\{\zeta(t)\}^2}$$
$$= -\rho g \zeta_a^2 \overline{(1+\cos(2\omega t))} = -\rho g \zeta_a^2 \quad (5.14)$$

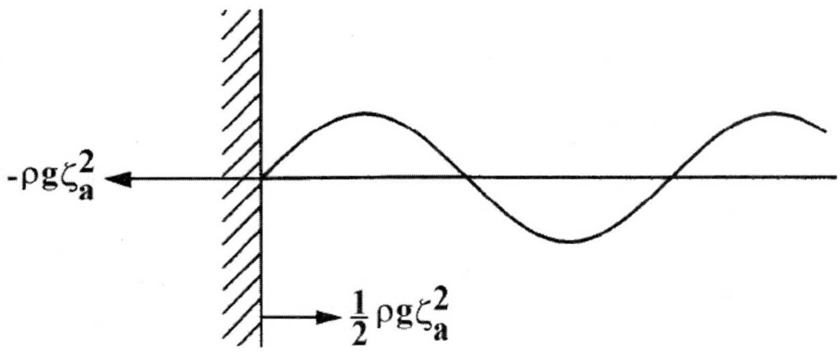

[그림 5.2] 벽에 작용하는 평균 파랑 하중

이 힘은 유체 영역에서 벽으로 향하는 힘이다.

결과적으로, 그림 5.2와 같이 폭 방향으로 단위 길이의 벽에 작용하는 시간평균 파력은 다음과 같다.

$$\overline{F} = \overline{F}_1 + \overline{F}_2 = -\frac{1}{2}\rho g \zeta_a^2 \quad (5.15)$$

벽에 작용하는 파력의 크기는 입사파 진폭의 제곱에 비례하며 힘의 방향은 유체 영역에서 벽 쪽으로 향한다.

이 힘은 3장에서 다룬 단위면적 당 입사파에 포함된 에너지와 관련이 있음을 알 수 있다.

$$E = \frac{1}{2}\rho g \zeta_a^2 \tag{5.16}$$

2) 불규칙파

규칙파에 대한 결과를 이용하여 불규칙파에 의한 평균 파 표류력을 구할 수 있다. 파 스펙트럼의 정의는 다음과 같다(1장 참조).

$$S_\zeta(\omega)d\omega = \frac{1}{2}\zeta_a^2(\omega)$$

$$\text{0차 모멘트} : m_{0\zeta} = \int_0^\infty S_\zeta(\omega)d\omega \tag{5.17}$$

불규칙파에 포함된 성분파에 의한 파력을 전부 합하면 다음과 같다.

$$\overline{F} = -\sum\frac{1}{2}\rho g\zeta_a^2(\omega) = -\rho g\int_0^\infty S_\zeta(\omega)d\omega = -\rho g m_{0\zeta} \tag{5.18}$$

스펙트럼의 영차 모멘트와 유의 파고의 관계를 이용하면 불규칙파로 인한 평균파 표류력은 다음과 같이 된다.

$$\overline{F} = -\frac{1}{16}\rho g\left(H_{1/3}\right)^2 \text{ : 폭방향 단위 길이의 벽에 작용하는 파력} \tag{5.19}$$

식의 전개 과정에서 입사파는 완전히 반사된다고 가정하였다. 입사파의 파장이 과히 크지 않아서 유체 입자의 운동이 자유표면 근처에 집중되면 입사파는 대형 선박에 의하여 대부분 반사될 수 있다. 이 경우에 식(5.19)는 선측파가 선박에 미치는 평균 표류력을 대략적으로 추정하는데 이용할 수 있다.

$$\overline{F} = \frac{1}{16}\rho g(H_{1/3})^2 L \tag{5.20}$$

여기서 L은 선박의 전장을 나타낸다.

3. 2차원 부유체에 작용하는 평균 파 표류력

입사파에 수직한 방향으로 놓여있는 무한히 긴 주상 부유체의 단위길이에 작용하는 평균 파 표류력이 Maruo(1960)에 의하여 다음의 식과 같이 제시되었다.

$$\overline{F} = \frac{1}{2}\rho g \zeta_{ar}^2 \tag{5.21}$$

여기서 ζ_{ar}은 입사파에 반대되는 방향으로 진행하는 반사파와 방사파를 합한 합성파의 진폭이다.

대체로 입사파의 일부가 반사되고 나머지는 부유체 하부를 통하여 전파된다. 반사파 외에 부유체의 운동에 의하여 파가 발생되어 전후 방향으로 방사된다. 반사파와 방사파는 입사파와 동일한 주파수를 갖는다. 따라서 두 성분의 합성파도 동일한 주파수를 갖는다. 합성파의 진폭은 반사파와 방사파의 진폭과 위상각의 함수이며 입사파 진폭과는 선형적인 관계를 갖는다. 따라서, 다음의 식과 같이 표현할 수 있다.

$$\zeta_{ar} = R(\omega)\zeta_a \tag{5.22}$$

여기서 $R(\omega)$는 반사계수이다.

식(5.22)를 식(5.21)에 대입하면 평균 파 표류력은 다음의 식과 같이 된다.

$$\overline{F_d} = \frac{1}{2}\rho g\{R(\omega)\zeta_a\}^2 \tag{5.23}$$

이 식은 평균 파 표류력이 입사파 진폭의 제곱에 비례함을 나타낸다. 앞 절에서 다루었던 수직벽에 작용하는 파력은 식(5.23)에서 반사계수 $R(\omega)$가 1.0인 경우와 동일하다는 것을 알 수 있다.

4. 저 주파수 파 표류력

계류시스템에 의하여 계류되어 있는 폭이 B인 사각형 부선에 불규칙 선수파가 입사하고 있다. 입사하는 불규칙파 시계열로부터 서서히 변화하는 파 포락선을 만들 수 있다. 파 포락선은 연속되는 파정(또는 파저)을 잇는 가상의 곡선으로 전체적인 수면의 변화가 상하 두 개의 포락선 내에 존재하게 된다.

앞 절의 결과로부터 파 포락선을 제곱한 값이 불규칙파 중 표류력에 관한 정보를 줄 것으로 기대할 수 있다. 이러한 목적을 위하여 파 포락선의 제곱에 대하여 스펙트럴 해석을 수행한다. 즉, 파 포락선에 대한 스펙트럼을 구하여 서서히 변화하는 파 표류력의 크기와 평균 주기를 구할 수 있다. 그러나 파 포락선에 대하여 정확한 스펙트럼을 구하려면 매우 긴 파 신호가 요구되므로 현실적으로 매우 어렵다. 정확한 스펙트럼을 구하기 위하여 200~250개의 주기가 필요하고, 파 포락선의 평균 주기가 약 100초로 가정하면 필요한 파 신호의 길이가 6~7시간이 된다.

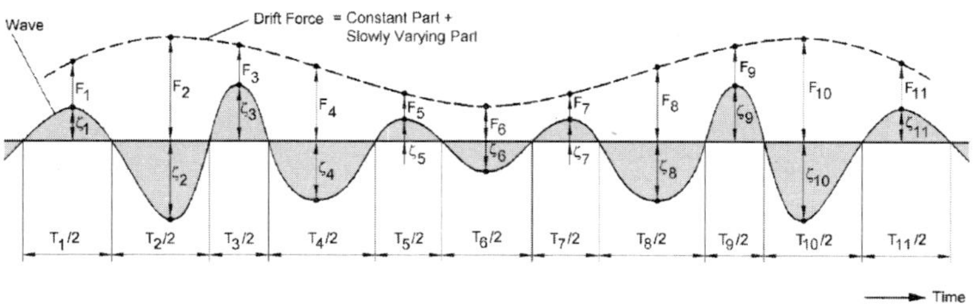

[그림 5.3] 불규칙파 신호와 파 표류력

비교적 단순한 다른 방법으로는 불규칙파 시계열에서 개개의 파를 이용하는 방법이다. 불규칙파계가 진폭이 파정의 높이 또는 파저의 깊이이고 주기(실제로는 주기의 반)가

인접한 제로 교차 간격으로 정의되는 단일 파들의 연합으로 이루어져 있다고 가정한다 (그림 5.3).

이렇게 얻어진 단일 파들은 각각 하나의 규칙파로 취급되며, 식(5.23)을 이용하여 종방향 파 표류력을 다음과 같이 구할 수 있다.

$$F_i = \frac{1}{2}\rho g \left\{R(\omega_i)\zeta_{ai}\right\}^2 B \quad \text{여기서} \quad \omega_i = \frac{2\pi}{T_i} \tag{5.24}$$

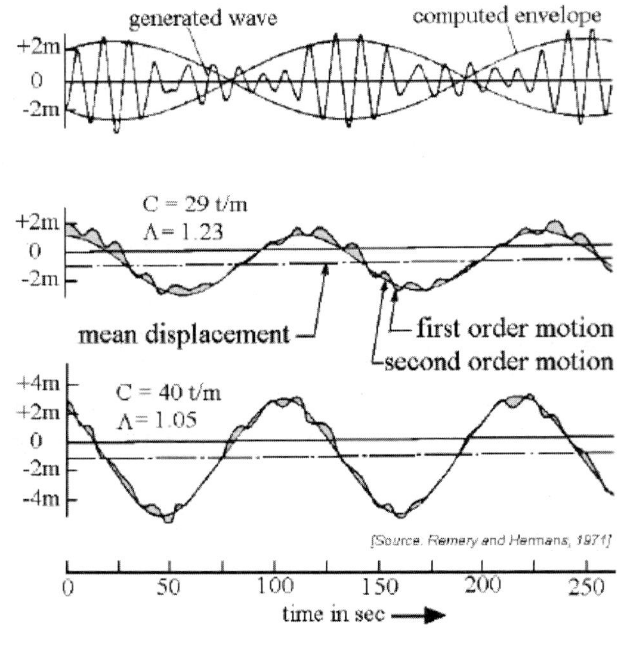

[그림 5.4] 계류된 부선의 저 주파수 전후동요

상기의 계산이 불규칙파 계의 모든 파정과 파정에 대하여 수행되면 결과적으로 그림 5.3에 보여지는 바와 같이 서서히 변화하는 파 표류력을 구할 수 있다. 전체 파 표류력은 평균 파 표류력과 저 주파수 파 표류력의 합으로 구성되어 있다.

부선에 작용하는 이러한 파 표류력은 주기가 100초를 넘는 저 주파수 전후동요를 유발한다. 그림 5.4에 저 주파수 전후동요 운동의 예를 보여준다. 그림에서 C는 계류계의 종방향 복원력계수이고, 주기 비 Λ는 부선-계류계의 전후동요 고유주기와 불규칙파 포락선 주기의 비를 나타낸다. 이 그림에서 알 수 있듯이 1차(파 주기) 전후동요의 진폭은 2차(저 주파수) 전후동요의 진폭에 비해 상대적으로 작다. 이 현상은 공진점 근처($\Lambda \rightarrow 1.0$)에서 더 분명하게 나타난다.

부선-계류계의 종동요 고유주기 근처에 불규칙파의 군파가 존재하면 공진이 발생하게 된다. 특히 저 주파수 영역에서는 감쇄력이 매우 작기 때문에 매우 큰 전후동요가 발생할 수 있다. Remery와 Hermans(1971)에 의하면 매우 큰 전후동요가 불과 몇 개의 연속적인 파 군에 의하여 발생할 수 있는 것으로 나타났다.

5. 전형적인 비선형 부유체 운동

1) 바람과 조류 중 선수 닻줄에 의하여 계류된 선박

셔틀탱커는 원유를 선적 또는 하역할 때 자주 선수 닻줄에 의하여 1점 계류(single point mooring, SPM)시스템에 계류된다.

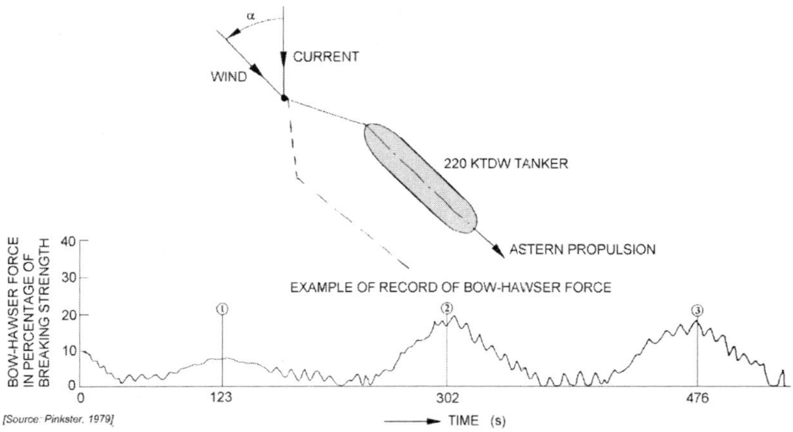

[그림 5.5] 선수 닻줄에 의하여 계류된 선박의 불안정한 수평면 운동

이러한 선박이 일정한 바람과 조류의 영향 하에 있을 때 매우 큰 수평면 상의 운동(전

후동요, 좌우동요 및 선수동요)이 관측되었다. 이러한 큰 운동은 선수 닻줄에 큰 하중을 야기하게 된다. 22만톤의 배수량을 가진 원유운반선의 선수 닻줄에 작용하는 인장하중의 시간 변화가 그림 5.5에 나타나 있다.

이 예는 환경하중이 동적인 하중이 아니어도 이와 같은 계류시스템에서는 심각한 동적인 응답이 나타날 수 있음을 보여주고 있다. 이러한 현상은 선수 닻줄의 형상 및 길이와 관련하여 원유운반선의 수평면 운동에 내재된 불안정성에 기인한다.

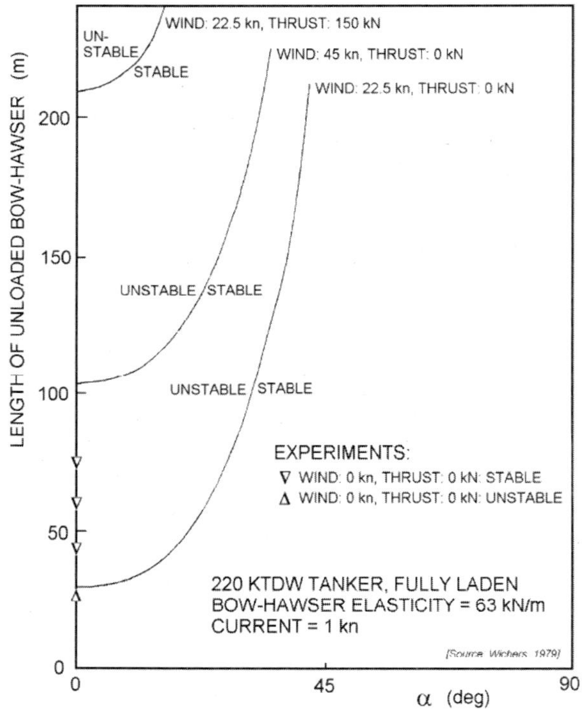

[그림 5.6] 선수 닻줄의 길이와 원유운반선의 안정성 기준

그림 5.6은 동일한 선박에 대하여 불안전한 수평면 운동의 영역을 바람과 조류의 만남각과 선수 닻줄 길이의 함수로 표시하였다.

2) 대형 콘크리트 구조물의 예인

대형 콘크리트 중력식 구조물(gravity base structure, GBS)은 수심이 깊고 파랑이 영향으로부터 차폐된 지역에서 건조된 후에 6개 내지는 8개의 대형 원양 항해 예인선에 의하여 설치될 장소로 예인된다. 그림 5.7은 이러한 형태의 구조물이 예인 중에 정속으로 전진하는 동시에 6 자유도 운동을 한다는 것을 보여준다. 이러한 주기적인 동요는 예인 시스템(예인선의 숫자, 예인선의 길이 등)과 관련된 불안정성은 물론 구조물 주위 유체유동의 진동과도 관련이 있다. 관련 있는 중요한 유체 유동 현상에는 큰 직경을 가진 수직 컬럼 구조물 주위에 발생하는 와동 분리(vortex shedding)와 큰 하부 구조물 주위에 발생하는 유동 박리(flow separation)가 있다.

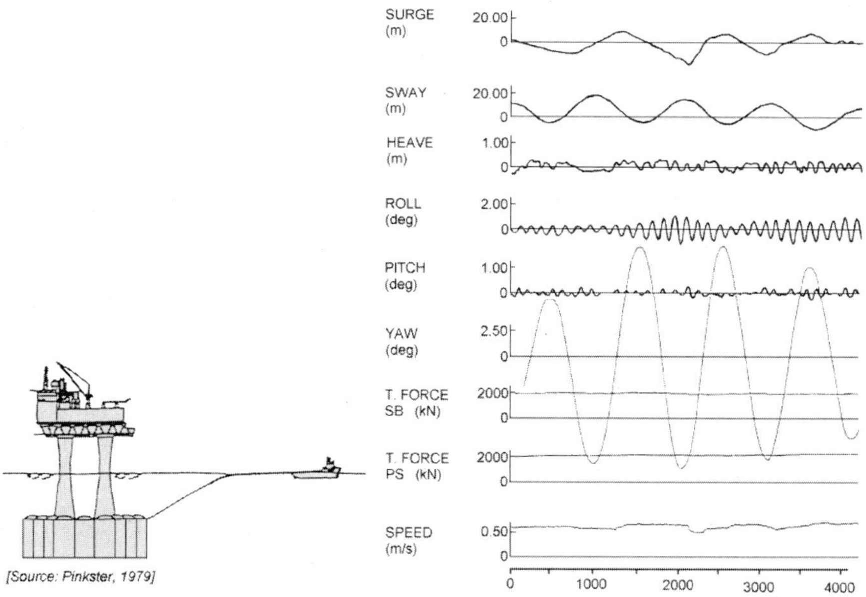

[그림 5.7] 예인 시 대형 콘크리트 구조물에 발생하는 운동

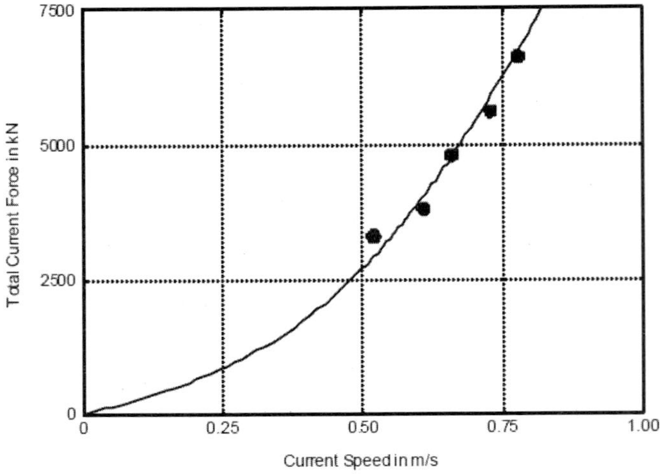

[그림 5.8] 중력식 구조물에 작용하는 조류력

구조물 예인 시 발생하는 예인력의 정확한 추정도 매우 중요하다. 그 이유는 필요한 예인력에 따라서 예인선의 숫자와 크기가 결정되기 때문이다. 구조물을 침수하여 해저에 설치하기 전에 구조물을 해상의 일정한 위치에 유지하기 위하여 필요한 힘은 여러가지 요소 중에서 조류에 의하여 작용하는 유체력을 고려하여 결정된다. 그림 5.8은 조류력이 조류 속도의 제곱에 비례한다는 것을 보여준다.

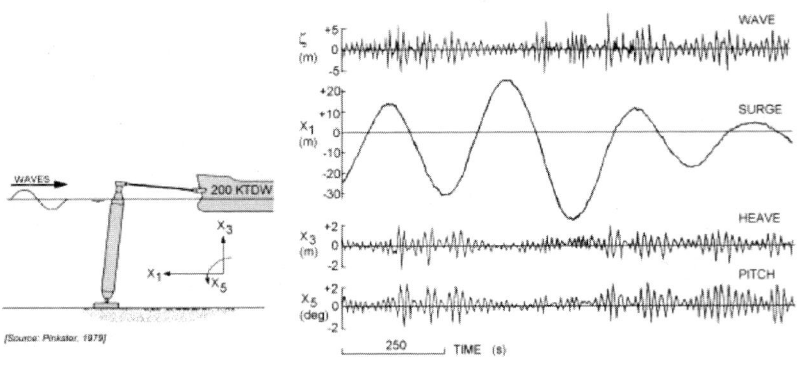

[그림 5.9] 선수파 중 계류된 선박의 운동응답

3) 계류된 유조선의 파랑 중 수평운동

그림 5.9는 1점 계류시스템에 계류된 유조선에 선수 방향으로 불규칙파가 입사할 때 유조선의 운동응답을 보여주고 있다. 상하동요와 종동요는 파에 포함되어 있는 주파수와 동일한 주파수를 가진 응답을 보여주고 있으며 운동의 진폭도 각각 파와 파 경사 진폭과 비교할 만한 크기를 보여준다. 이러한 거동은 5장과 6장에서 취급한 방법에 의하여 추정할 수 있다.

전후동요에는 파 주파수에 해당하는 1차 운동 성분 외에 그 보다 훨씬 큰 진폭을 갖는 저 주파수 성분이 있음을 알 수 있다. 자세히 검토해 보면 저 주파수 운동은 선박의 질량과 계류시스템 복원력에 의하여 결정되는 고유 주파수와 동일한 주파수 성분을 가지고 있다. 선박은 실제로 계류된 선박의 전후동요 고유 주파수와 동일한 주파수와 매우 작은 에너지를 가진 파에 의하여 공진 현상을 이르키며 결과적으로 큰 저 주파수 운동을 야기한다. 특히, 이러한 저 주파수에서는 감쇄력이 매우 작기 때문에 매우 큰 운동응답이 야기될 수 있다. 전후방향으로 큰 진폭을 가진 운동은 계류시스템에 매우 큰 하중을 유발하므로 전체 시스템을 설계할 때 세심한 해석이 요구된다.

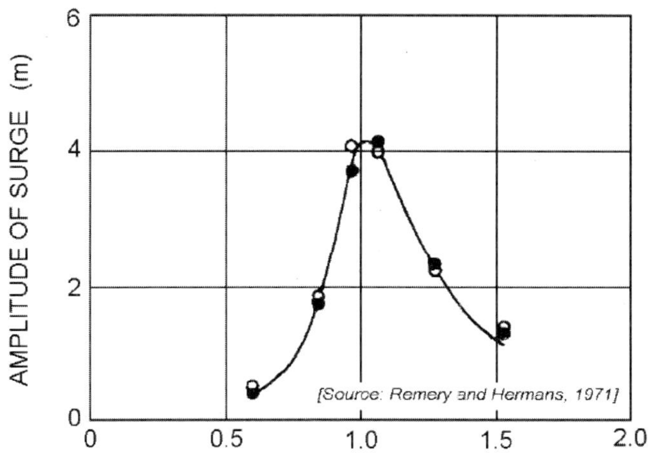

$$\Lambda = \frac{\text{NATURAL PERIOD OF SURGE MOTION}}{\text{PERIOD OF WAVE GROUPS}}$$

[그림 5.10] 규칙파군 중에 있는 계류된 부선의 전후동요

저 주파수 표류력이 계류된 선박에 매우 큰 수평면 상의 운동을 야기하며 이러한 현상이 불규칙파에 존재하는 파군 현상에 대한 분석을 통하여 알 수 있음을 전 절에서 언급하였다(Remery와 Hermans(1971)). 그림 5.10은 주파수 차이가 매우 작은 두개의 규칙파에 의하여 만들어진 규칙파군이 계류된 유조선에 선수 방향으로 입사할 때 저 주파수 전후동요의 진폭을 보여준다. 규칙파군의 주기가 계류된 선박의 전후동요 고유주기와 같을 때 ($\Lambda = 1.0$) 전후동요의 진폭이 가장 큰 것을 알 수 있다.

4) 반잠수식 부유체의 운동과 계류력

그림 5.11은 대형 반잠수식 크레인선(semi-submersible crane vessel(SSCV))의 전후동요와 계류삭에 걸리는 힘을 보여주고 있다. 파 주파수 성분에 매우 큰 저 주파수 성분이 중첩된 것을 볼 수 있다.

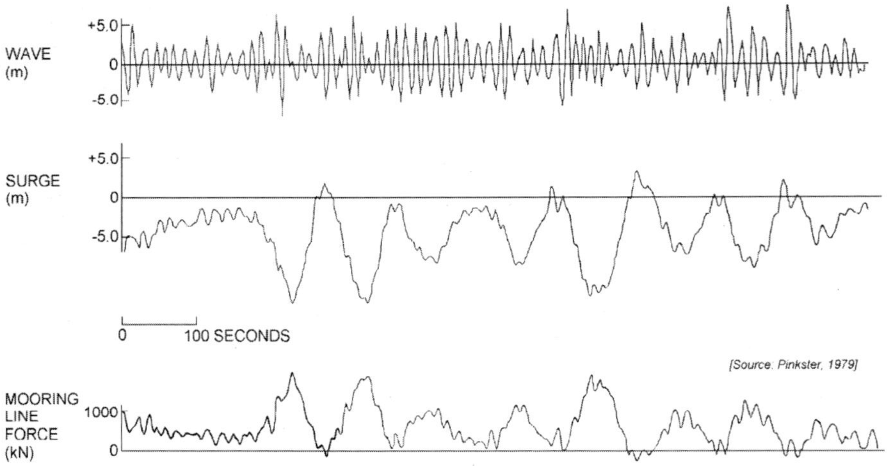

[그림 5.11] 대형 반잠수식 크레인선의 전후동요와 계류삭에 작용하는 하중

그림 5.12는 반잠수식 부유체에 작용하는 저 주파수 2차 계류력을 보여주고 있다. 표류력의 변화가 입사파 파군의 변화와 밀접한 관계가 있는 것을 알 수 있다.

인장각 플랫폼(TLP)은 자유수면을 관통하는 4개의 수직 기둥 구조물인 컬럼과 컬럼을 하부에서 지지하는 잠수 부유구조물 및 컬럼에 의해서 지지된 사각형의 상부 구조물 즉, 상부갑판을 가진 구조물로 반잠수식 원유 생산 플랫폼과 유사한 형태를 가지고 있다. 잠수된 부유구조물의 4개의 모서리 부분에는 선행 인장된 테더(tether)가 취부되어 있으며 테더는 해저면에 파일로 고정되어 있는 기초 형판까지 연결되어 있다. 테더 구조물은 충분히 인장되어 있기 때문에 느슨해지지 않고 따라서 파랑에 의한 TLP의 수직운동은 대부분 억제가 된다. 그림 5.13은 구조물의 종축 방향과 일정한 각도를 가지고 입사하는 불규칙파에 의한 인장각 플랫폼의 수평 방향 운동(전후동요, 좌우동요 및 선수동요)을 보여주고 있다. 모든 운동응답에서 저 주파수 성분을 명확하게 볼 수 있다. 본 그림으로 확인할 수는 없지만 테더에는 파 주파수 성분의 힘 외에 고주파수(합 주파수) 성분의 2차 파력이 작용한다. 이러한 고주파수는 구조물의 질량, 유체동역학적 특성 및 테더의 강성에 의하여 결정되는 인장각 플랫폼 수직방향 운동의 고유주기와 동일하다.

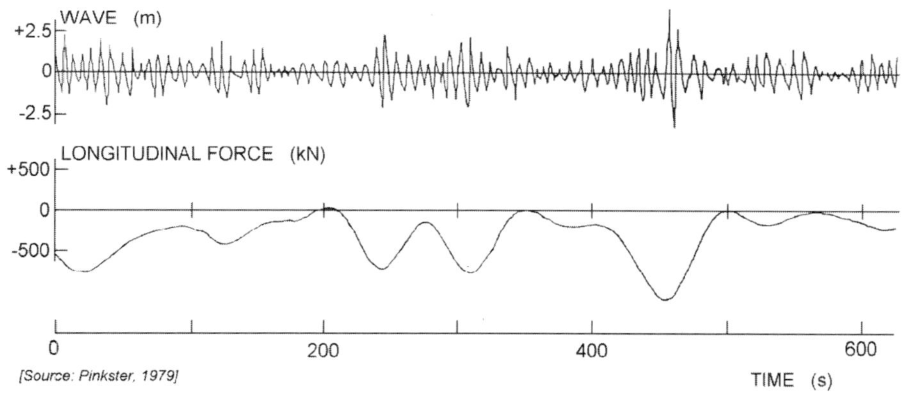

[그림 5.12] 반잠수식 부유체에 작용한 2차 파 표류력

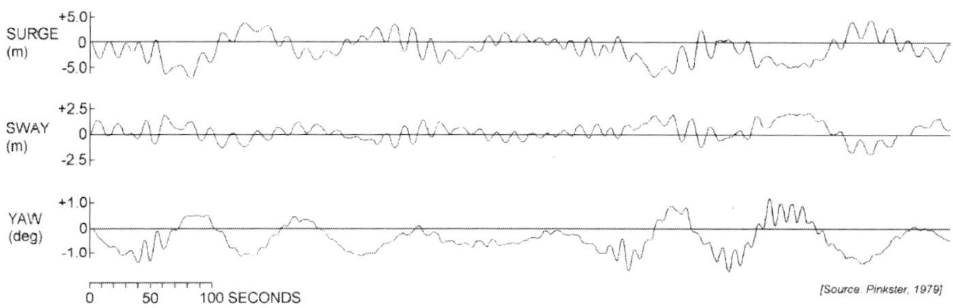

[그림 5. 13] 인장각 플랫폼의 불규칙파 중 수평방향 운동

PART Ⅲ
선박 조종성능

· 제6장 선박 조종성능
· 제7장 조종운동 방정식
· 제8장 조종성능 평가
· 제9장 조종성능 추정
· 제10장 선형과 조종성능
· 제11장 방향타 및 제어설비

제 6 장

선박 조종성능

1. 개요

선박의 조종성능(controllability)은 외해 또는 제한된 수로에서 선박의 궤적, 속도 및 방향을 조절하는 것과 관련한 모든 성능을 포함하는 것으로 정의할 수 있다. 이러한 조종성능은 출발, 가속 및 정상 침로에서의 조종, 선회, 감속, 정지 및 후진 등 매우 다양한 작동을 포함하고 있으며 관련된 연구 분야는 크게 보침성(course keeping), 협의의 조종성(manoeuvring) 그리고 속도변화(speed changing)로 나눌 수가 있다.

보침성(course keeping)은 침로 유지 성능을 의미하며 날씬하고 길이/폭 비가 큰 선박일수록 좋다고 할 수 있다. 선박의 보침성능은 파도, 해류 및 바람이 존재하는 실제 해상에서 그 성능의 우열이 뚜렷이 나타난다. 보침성이 좋은 선박들은 직진 항해를 교란하는 다양한 해상 상태에서도 침로가 잘 유지되며 지그재그시험에서 변침성(yaw checking ability)이 좋게 나타나기 때문에 과도선수각(over shoot angle)이 작게 나타나는 특징이 있다. 또한 보침성은 속도성능에도 많은 영향을 미치게 된다. 이는 선박이 운항 중에는 자동조타 장치를 사용하게 되는데 보침성이 좋지 않은 선박은 외란으로 인하여 자주 정상 진로를 이탈하게 되어 선박이 지그재그 운항하게 되며 표류각이 발생되어 저항을 증가시키며 잦은 타의 사용 등으로 선박의 운항속도에 좋지 않은 영향을 미치게 된다.

조종성(maneuvering)은 선회나 진로 변경 등 선박의 운동방향을 제어하는 것을 말한다. 선박의 운동방향의 변화는 기본적으로 방향타를 사용하여 이루어지게 되고 그러한 성능은 원하는 정도의 방향 변화를 달성할 때까지 이동한 거리를 산정함에 의하여 평가할 수 있다. 선박의 조종성능은 주로 선체의 형상과 타의 성능으로 결정되어 지게 되는데 선회성능이 우수한 선박은 지그재그성능이 좋지 않게 나타나는 것이 일반적이다. 선회성능은 타를 작동하였을 때 민감하게 반응하는 선박이 우수하게 나타나기 때문에 선회각속도가 크게 나타나는 경우가 많으며 이러한 큰 선회각속도는 지그재그성능에 불리하게 작용하는 경우가 많기 때문이다. 따라서 선형설계에는 이들의 적절한 조화가 필요하다. 선회성능과 지그재그성능을 함께 향상시키기 위해서는 타의 면적을 증대시키는 것이 효과적이지만 타 면적의 증대에는 기술적으로나 경제적으로 제약이 따르게 된다.

속도변화(speed changing)는 정지 및 후진을 포함한 속도제어를 의미하며 원하는 속도의 변화를 달성할 때까지 소요 시간과 이동한 거리가 속도변화 성능의 평가 지표가 된다.

선박을 설계할 때는 선박의 속도성능, 운동성능 및 조종성능 등 다양한 성능을 만족하도록 설계되어야 함은 물론 건조과정의 경제성 및 효율성을 확보하고 중장기적인 운용 효율성을 확보할 수 있도록 매우 다양한 요구조건이 고려되고, 계산되고 최적화 과정을 거치게 된다. 선박은 선주와 조선소 사이에 맺어진 건조계약서(building contract)에 기재된 사항들을 반드시 만족시켜야 하므로 이러한 과정은 필수적이다. 계약서에는 건조되는 선박이 만족해야 하는 선급 규정과 각종 정부/비정부 기관의 규정을 포함하고 있으며 이러한 규정들은 기본적으로 다음과 같은 항목들을 포함하고 있다.

· 선박에 적재되는 화물의 종류에 따른 양하역 시스템과 방법
· 연료 소비율, 안정성 및 조종성 등 다양한 관점을 고려한 선형 설계
· 우수한 추진 효율과 진동소음 성능을 얻기 위한 프로펠러 설계
· 구조적인 안정성과 내구성을 보유한 선체 설계 및 건조
· 선박 운용 시 요구되는 각종 장치

상기에 언급한 여러 가지 규정에서 요구되는 사항들은 대부분 정량적으로 명확한 수치

가 제시되어 있음에 반하여 선박의 조종성능 관련해서는 최근까지도 정량적이고 구체적 수치보다는 "선박은 좋은 조종성능을 가져야 한다"는 정도의 매우 모호한 정성적 규정이 제시되어 왔다. 선박의 조종성능을 정성적인 방법으로 표현하면 다음과 같이 서술할 수 있다.

① 선박은 방향안전성을 가지고 있어야 한다. 즉, 선박은 자체 추진력과 조타시스템을 운용하여 원하는 방향으로 항행할 수 있어야 한다. 방향타는 타각이 너무 과도하지 않은 범위 내에서 바람, 조류 등 외력의 영향을 효과적으로 보정할 수 있어야 한다.
② 선박은 충분한 변침성능을 가지고 있어야 한다. 선박의 변침 중에 과도(overshoot)현상이 발생하면 신속하게 방위각을 바꿀 수 있어야 한다. 또한, 과도선수각(overshoot angle)은 적정한 수준 하에서 유지되어야 한다.
③ 선박은 적정한 선회성능을 가지고 있어야 한다. 선회성능을 판단하는 계수로는 선회전진거리(advance), 선회가로이동거리(transfer) 및 선회직경(tactical diameter) 등이 있다.
④ 선박은 가속 및 감소 운항 시 제어 가능한 상태를 유지하여야 한다.
⑤ 선박은 비교적 저속에서도 예인선의 도움 없이 조종할 수 있는 능력을 가지고 있어야 한다.

상기의 정성적인 요구 사항을 정량적인 사항으로 변환하고자 하면 그러한 성능들은 우선적으로 선박 크기에 매우 밀접하게 연관되어 있다는 것을 알 수 있다. 예를 들어, 30만 DWT급 원유운반선은 큰 질량으로 인하여 상대적으로 매우 작은 어선보다 선수각을 20도 회전하는데 더 오랜 시간이 소요된다. 즉, 선박의 정량적인 조종성능은 배수량 또는 톤수로 표현된 선박의 크기는 물론 방형비척계수 등 여러 가지 선형계수들의 영향을 받는 것으로 알려져 있다. 정량적인 계수로의 변환을 어렵게 만드는 다른 요소들로는 선박의 조종성능이 적재상태, 특히 큰 종경사를 동반하는 경우는 더 크게, 변화의 영향을 받는다는 것과 수심, 해상상태 등 선박의 항해 환경에도 직접적인 영향을 받는다는 사실이다.

상기에 언급한 바와 같이 선박 조종성능의 양호도를 정성적으로 정의하는데는 어려움이 있지만 조종성능이 불량하여 해상사고 발생을 야기할 가능성이 있는 선박이 건조되는 것을 금지할 수 있는 규정의 필요성은 지속적으로 제기되어 왔다. 유엔 산하 국제기구인 국제해사기구(IMO)에서는 해상안전위원회(MSC)를 통한 다년간의 협의를 통하여 2002년 12월 표준조종성 규정(Resolution MSC 137(76) - Standards for Ship Manoeuvrability)

을 채택하였다. 이러한 표준 채택의 의미는 선박의 조종성능이 열악한 경우 운항자가 운항 기술로 만회에 나가는 상황에서 선박의 설계 시부터 표준으로 정한 조종성능을 만족시키는 상황으로의 전환을 통하여 해난 사고의 위험을 낮추자는 것이다.

2. 조종성능에 영향을 미치는 요소들

조종성능 관점에서 본 선박의 성공적인 운용은 선박 내부 시스템, 추진 및 조종 장치들의 지원을 받는 사람(선장), 파도, 바람 및 조류 등 자연 환경 및 부수되는 많은 요소들에 의하여 결정된다(그림 6.1).

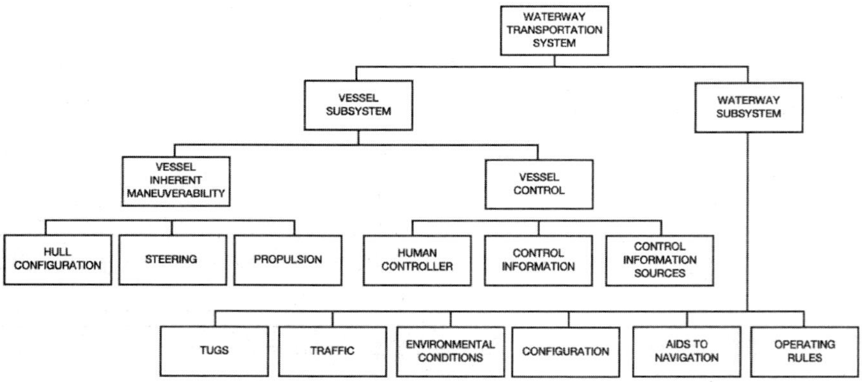

[그림 6.1] 제한된 수역에서의 조종성 관련 시스템

그림 6.1의 시스템 중에서 인간과 관련된 요소들은 선박의 조종성능을 좌우하는 매우 중요한 요소이고 많은 연구의 대상이 되지만 본 장에서는 선박의 조종성능에 영향을 미치는 다음과 같은 요소들에 대하여 검토한다.

① 선박의 주요목, 장비 및 배치
② 선박 조종 제어 장치들
③ 해상 환경
④ 가용 정보

상기 ①과 ② 요소들은 선박 자체에 내재된 조종 특성과 관련이 있다. ③ 요소는 외부

교란에 의하여 선박에 작용하는 힘과 모멘트를 나타내며 ④ 요소는 조종 장치들에 대한 입력 정보를 나타낸다. 각 요소들에 대한 간략한 설명은 다음과 같다.

① 선박의 주 요목 : 선박의 길이, 폭 및 흘수 등의 주 요목은 선박의 조종성능을 좌우하는 매우 중요한 요소이다. 물속에 잠겨있는 평판과 원형 공에 대한 간단한 비교를 통하여 쉽게 이해할 수 있다. 원형공의 경우에는 물속에서 쉽게 회전시킬 수 있지만 평판의 경우에는 매우 어렵다. 그 반면에 원형공은 물속에서 일직선으로 움직이는 것이 평판에 비하여 어렵다. 이러한 간단한 예로부터 유조선과 같이 뚱뚱한 선박은 콘테이너운반선이나 해군 함정과 같이 날씬한 선박과는 매우 다른 거동 특성을 가질 것으로 예상할 수 있다.

② 선박 조종 제어 장치들 : 외부에서 예인선 등으로 선박 거동을 제어하는 방법을 사용하지 않는다면 선박은 자체 조종 장치가 없다면 거동에 대한 제어가 불가능하다. 선박에서 가장 보편적으로 사용되고 있는 조종 제어 장치는 프로펠러와 방향타이다. 프로펠러는 요구되는 속력을 달성할 때까지 선박을 가속 또는 감속하는데 사용되는 장치이며 방향타는 진행하는 방향을 바꾸고자 할 때 선박을 조종하는데 사용되는 장치이다. 방향타는 선박이 어느정도 속력을 가지고 있을 때에만 선박의 진행방향을 변화시키는데 효과가 있는 단점이 있다. 또한 방향타가 효과적일 수 있는 회전 각도에 제한이 있다. 즉, 방향타의 최대 회전 각도는 대체로 35도로 제한되며 그 이상의 회전 각도에서는 소위 실속(stall)이라는 현상이 발생하여 양력이 급격히 감소한다.

③ 해상 환경 : 선박의 조종성능에 매우 큰 영향을 주는 해상 환경으로는 천수(shallow water), 바람, 파도, 조류 및 안벽 효과 등을 생각할 수 있다. 천수는 선박의 조종성능에 큰 영향을 준다. 선박의 조종성능을 고려할 때 수심과 선박 흘수의 비가 3보다 작을 때 천수로 여겨진다. 수심이 흘수의 3배 정도로 얕아지면 선박의 조종성능은 천수의 영향을 확실히 받으며 수심이 더 낮아질수록 영향은 커진다.

그림 6.2은 선박의 선회 성능에 미치는 수심의 영향을 보여주고 있다.

바람, 파도 및 조류 등은 선박의 운동에 의하여 발생하는 유체동력학적 힘에 추가되는 외력을 작용하며 그에 따라 선박의 조종성능에 큰 영향을 줄 수 있다.

안벽 효과는 선박이 수로(waterway)의 벽에 가까이 접근하여 항해할 때 발생한다. 안벽 효과는 그림 6.3에서 보는 것처럼 선박의 좌우에 서로 다른 흐름이 형성되므로서 발생하며 안벽 흡입(bank suction)효과로도 불린다.

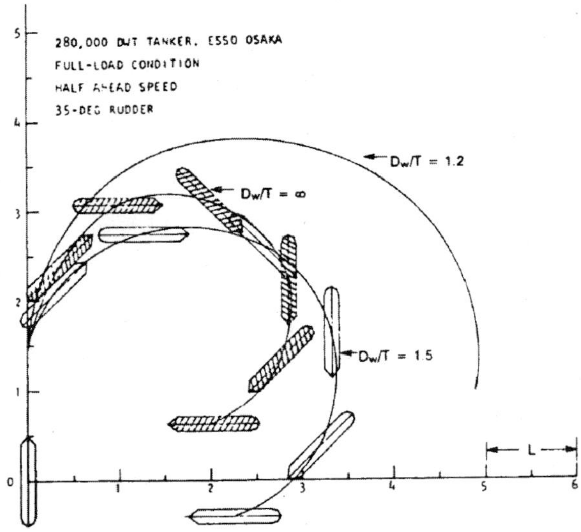

[그림 6.2] 선박의 선회성능에 미치는 수심의 영향 (출처: Lewis(1989))

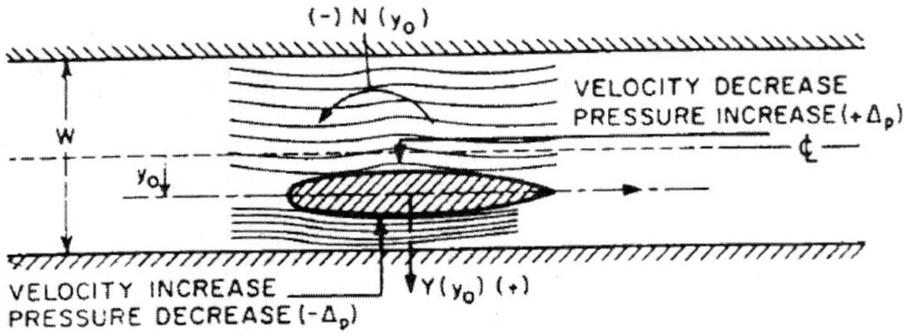

[그림 6.3] 안벽 효과로 인한 선박 주위 유체 흐름

④ 가용 정보 : 선박을 적절한 제어상태로 유지하기 위하여는 선박의 위치, 전진 방향 및 속도 및 회전 속도 등에 관한 정확한 정보를 항상 수집, 분석, 이용하는 것이 매우 중요하다. 특히, 선박이 좁은 수로를 항해할 때는 현재 선박이 어느 위치에 있으며 굽어진 수로에서 언제 방향을 전환할 것인가를 알기 위하여 시각 정보가 매우 중요하다.

제 7 장

조종운동 방정식

1. 조종운동방정식

선박의 조종성 및 내항성에 관련된 운동 역학은 기본적으로 Newton의 제 2법칙을 이용하여 표현하고 해석할 수 있다. 선박의 조종운동 중에 횡경사와 종경사의 크기가 비교적 작고 전체적인 조종성능에 미치는 영향이 작다고 가정하면 조종운동방정식은 수평면 상의 운동 성분만을 고려하는 3자유도 운동방정식으로 단순화 할 수 있다. 선박의 조종운동을 서술하기 위해서는 아래에 정의되는 바와 같은 지구고정좌표계와 물체고정좌표계를 동시에 고려하여야 한다.

- 지구고정좌표계 $S(x_0, y_0, z_0)$는 지구에 고정되어 있는 좌표계로 원점은 지표면 임의의 위치에 있다. x_0-축은 임의의 방향을 택할 수 있으나 일반적으로 선박의 운동

방향을 양의 방향으로 잡는다. x_0-y_0 평면은 정수면에 위치하며 양의 y_0-축은 우현 방향, 양의 z_0-축은 수직 하방을 향한다. 수상함의 경우에 무게 중심은 항상 x_0-y_0 평면에 수평한 면에 위치한다.

- 물체고정좌표계 $G(x,\ y,\ z)$는 좌표계 원점이 물체의 무게중심 위치에 고정되어 있는 좌표계이며, 따라서 물체를 따라서 같이 움직인다. 양의 x-축 방향은 선수 방향, 양의 y-축 방향은 우현 방향이며, 양의 z-축 방향은 갑판에 수직인 하방향이다.

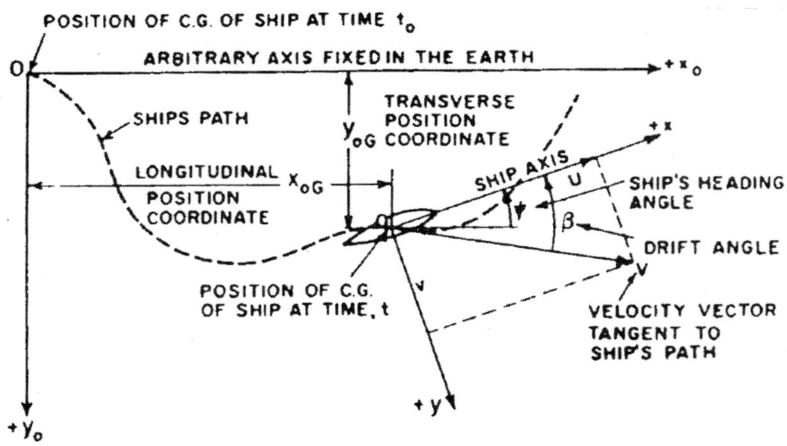

[그림 7.1] 좌표계와 조종운동 관련 변수(출처: Hoyt(1948))

그림 7.1은 수상선의 조종운동을 서술하는데 사용되는 지구고정좌표계와 물체고정좌표계 및 조종운동 관련된 변수들을 정의하고 있다. 선박의 진로는 일반적으로 선박 무게중심의 이동 궤적을 나타낸다. 선수각(heading) ψ은 지구고정좌표계의 x_0-축에 대한 물체고정좌표계의 x-축 방향을 나타낸다. 선수방향과 선박의 실제 진행방향(무게중심에서의 속도 벡터 방향)과의 차이는 표류각(drift angle) β이다. 선박의 운항 중 발생할 수 있는 표류각은 선박의 저항을 증가시켜서 선속이 감소하는 원인이 된다. 그림 7.1에 표시되고 있는 선수각과 표류각은 모두 음의 값을 가지고 있다.

지구고정좌표계를 이용한 선박의 3자유도 운동방정식은 다음과 같다.

$$X_0 = m\ddot{x}_{0G} \quad (\text{전후동요})$$

$$Y_0 = m\ddot{y}_{0G} \quad (\text{좌우종요})$$

$$N = I_{zz}\ddot{\psi} \quad (\text{선수동요}) \tag{7.1}$$

여기서

$X_0,\ Y_0$: x_0-축과 y_0-축 방향으로 각각 선박에 작용하는 힘
N : 선박의 무게중심을 지나고 z_0-축에 평행한 축에 대한 모멘트
m : 선박의 질량
I_{zz} : z_0-축에 대한 질량관성모멘트
ψ : x_0-y_0 평면으로부터 x-축까지의 수평방향 선수동요 각도

x_{0G}, y_{0G} 및 ψ 상부에 있는 2개의 점은 시간에 대한 2차 미분을 뜻하며 따라서 각 운동모드에 대한 가속도를 나타낸다.

식 (7.1)은 매우 간단하지만 선박의 거동은 선박에 고정된 좌표계 $G(x,\ y,\ z)$를 사용하는 것이 보다 편리하다. 식 (7.1)을 지구고정좌표계에서 선박에 고정된 좌표계로 변환하기 위하여 움직이는 선박에 작용하는 전체 합력 X와 Y를 X_0와 Y_0로 표현하면 다음과 같다.

$$X = X_0\cos\psi + Y_0\sin\psi$$

$$Y = Y_0\cos\psi - X_0\sin\psi \tag{7.2}$$

마찬가지로

$$\dot{x}_{0G} = u\cos\psi - v\sin\psi$$

$$\dot{y}_{0G} = u\sin\psi + v\cos\psi \tag{7.3}$$

여기서 식(7.3) 좌변의 상부에 있는 점은 시간에 대한 1차 미분을 뜻하며, 따라서 속도를 의미한다. u와 v는 각각 x-축과 y-축 방향의 속도성분을 나타낸다. 식(7.3)을 시간 미분하면 다음과 같다.

$$\ddot{x}_{0G} = \dot{u}\cos\psi - \dot{v}\sin\psi - (u\sin\psi + v\cos\psi)\dot{\psi}$$
$$\ddot{y}_{0G} = \dot{u}\sin\psi + \dot{v}\cos\psi + (u\cos\psi - v\sin\psi)\dot{\psi} \tag{7.4}$$

식(7.4)를 식(7.1)에 대입하고 식(7.2)의 관계를 이용하면 선체고정좌표계에 대한 운동방정식은 다음과 같다 (Lewis(1989)).

$$X = m(\dot{u} - v\dot{\psi})$$
$$Y = m(\dot{v} + u\dot{\psi})$$
$$N = I_{zz}\ddot{\psi} \tag{7.5}$$

식(7.5)은 횡동요, 종동요 및 상하동요가 영(0)이라고 가정하면 수평면 상에서의 적절한 조종운동방정식이 된다. 상기 식에서 선수동요의 표현을 $\dot{\psi} = r$ 및 $\ddot{\psi} = \dot{r}$로 바꾸면 수평면 상에서 선체고정좌표계에 대한 조종운동방정식은 다음과 같다.

$$X = m(\dot{u} - vr) \quad (\text{전후동요})$$
$$Y = m(\dot{v} + ur) \quad (\text{좌우동요})$$
$$N = I_{zz}\dot{r} \quad (\text{선수동요}) \tag{7.6}$$

식(7.6)에는 식(7.1)에 없는 두 개의 항 *mvr* 항과 *mur* 항이 존재하는 것을 알 수 있다. 이 항들은 원심력 항들로 선체고정좌표계를 사용함에 의하여 나타나는 항 들이다.

만일 선체고정좌표계의 중심이 선체중앙(midship)에 있다면 식(7.6)을 새로운 좌표계에 상응하는 식으로 변환하여야 한다. 선체 무게중심의 속도를 (u_G, v_G, r_G)라 하고 선체중앙의 속도를 (u_M, v_M, r_M)라 하자. 또한, 선체 무게중심에 작용하는 외력의 합을

$(X_G,\ Y_G,\ N_G)$, 선체중앙에 작용하는 외력의 합을 $(X_M,\ Y_M,\ N_M)$라 하자. 선체중앙에 있는 좌표계를 기준으로 무게중심의 x-좌표를 x_G라 하면 속도와 힘에 관하여 각각 다음과 같은 관계가 성립한다.

$$
\begin{aligned}
u_M &= u_G \\
v_M &= v_G - x_G r_G \\
r_M &= r_G
\end{aligned}
\tag{7.7}
$$

$$
\begin{aligned}
X_M &= X_G \\
Y_M &= Y_G \\
N_M &= N_G + x_G Y_G
\end{aligned}
\tag{7.8}
$$

또한

$$
I_{zz,M} = I_{zz,G} + m x_G^2 \tag{7.9}
$$

식(7.7), 식(7.8) 및 식(7.9)를 이용하여 식(7.6)을 선체중앙에 대한 식으로 변환하고 하첨자 M을 생략하면 다음과 같은 식이 얻어진다.

$$
\begin{aligned}
X &= m(\dot{u} - vr - x_G r^2) && \text{(전후동요)} \\
Y &= m(\dot{v} + ur + x_G \dot{r}) && \text{(좌우동요)} \\
N &= I_{zz}\dot{r} + m x_G(\dot{v} + ur) && \text{(선수동요)}
\end{aligned}
\tag{7.10}
$$

2. 조종운동 중 선체에 작용하는 유체력

조종운동방정식 식(7.6) 또는 식(7.10)의 좌변 항들 즉, 조종운동 중에 선체에 작용하는 외력은 다음의 4가지 힘으로 구성되어 있다.

① 선체의 속도 및 가속도, 방향타 선회 및 프로펠러 회전 등에 의하여 선체에 작용하는 동 유체력
② 선박의 가속에 의하여 발생하는 관성 반력
③ 바람, 파도 및 조류 등에 의한 환경하중
④ 예인선이나 스러스트에 의한 외력 등

여기서는 바람, 파도 등의 환경하중이 없는 잔잔한 해상상태이고 다른 외력이 없다는 가정하에 ①과 ②에 의한 동유체력 만을 고려하면 외력을 다음과 같이 선체 속도와 가속도 그리고 방향타 선회각 및 선회 각속도의 함수로 표시할 수 있다.

$$X = F_x(u, v, r, \dot{u}, \dot{v}, \dot{r}, \delta, \dot{\delta})$$

$$Y = F_y(u, v, r, \dot{u}, \dot{v}, \dot{r}, \delta, \dot{\delta})$$

$$N = F_\psi(u, v, r, \dot{u}, \dot{v}, \dot{r}, \delta, \dot{\delta}) \quad (7.11)$$

3. 선형 조종운동방정식

직진 항로 또는 매우 완만한 곡선 항로를 따라 정상 항해 중인 선박에 작은 교란이 작용하는 경우 다음과 같은 변화가 발생한다.

$$u = U + \triangle u \qquad X = X_0 + \triangle X$$

$$v = v_0 + \triangle v \qquad Y = Y_0 + \triangle Y$$

$$r = r_0 + \triangle r \qquad N = N_0 + \triangle N \quad (7.12)$$

직진 정상 항해상태에서의 초기값, 즉 하첨자 "0"으로 표기된 항들은 초기 전진 속도 U를 제외하고 모든 항이 영(0)이다. 곡선 항로에서는 v_0와 r_0는 영은 아니지만 U에 비

해서 작다고 가정할 수 있다. 상기의 가정 하에 식(7.6)을 선형화하면 다음과 같다.

$$X = m(\dot{u} - vr) \approx m\dot{u}$$

$$Y = m(\dot{v} + (U + \Delta u)r) \approx m(\dot{v} + Ur)$$

$$N = I_{zz}\dot{r} \tag{7.13}$$

식(7.13)에서 선형시스템 가정 하에 작은 값을 가진 변수의 제곱항 이상은 선형 항에 비하여 크기가 작으므로 무시하였다. 또한, x-방향의 식은 다른 두 식과 연성되어 있지 않으며 단지 y-방향과 z-방향 식만이 서로 연성되어 있음을 알 수 있다. 작은 교란에 의하여 발생하는 힘과 모멘트의 식인 식(7.11)을 식(7.13)과 결합하기 위하여는 유용한 수학적 형태로 수정할 필요가 있으며, 그러한 과정은 식(7.11)을 각 변수들에 대하여 Taylor 전개를 함으로서 얻을 수 있다. 식(7.11)의 y-방향 힘에 대한 Taylor 전개는 다음과 같다.

$$\begin{aligned} Y &= F_y(u, v, r, \dot{u}, \dot{v}, \dot{r}, \delta, \dot{\delta}) \\ &= Y_0 + \left\{ \Delta u \frac{\partial Y}{\partial \Delta u} + v \frac{\partial Y}{\partial v} + r \frac{\partial Y}{\partial r} + \dot{u} \frac{\partial Y}{\partial \dot{u}} + \dot{v} \frac{\partial Y}{\partial \dot{v}} + \dot{r} \frac{\partial Y}{\partial \dot{r}} + \delta \frac{\partial Y}{\partial \delta} + \dot{\delta} \frac{\partial Y}{\partial \dot{\delta}} \right\} \\ &\quad + \frac{1}{2} \left\{ (\Delta u)^2 \frac{\partial^2 Y}{\partial (\Delta u)^2} + v^2 \frac{\partial^2 Y}{\partial v^2} + r^2 \frac{\partial^2 Y}{\partial r^2} + \ldots + 2(\Delta u) v \frac{\partial^2 Y}{\partial (\Delta u) v} + \ldots \right\} + \ldots \end{aligned} \tag{7.14}$$

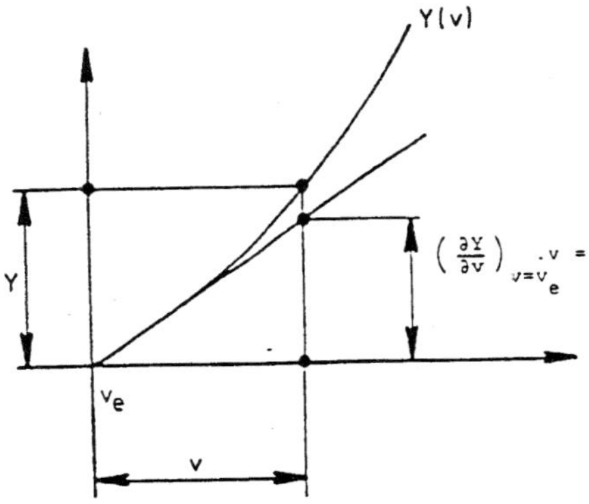

[그림 7.2] 유체동역학적 계수 및 단순화한 부호 정의

상기 식을 간단하게 표현하기 위하여 새로운 부호 $\partial Y/\partial v = Y_v$, $\partial N/\partial \dot{r} = N_{\dot{r}}$ 등을 도입하고 선형화 시키면 다음과 같이 표현할 수 있다.(그림 7.2 참조)

$$Y = Y_0 + \triangle u Y_{\triangle u} + v Y_v + r Y_r + \dot{u} Y_{\dot{u}} + \dot{v} Y_{\dot{v}} + \dot{r} Y_{\dot{r}} + \delta Y_\delta \quad (7.15)$$

Y_v, $N_{\dot{r}}$ 등의 계수는 조종운동방정식에서의 유체동역학적 계수로 불린다. 이 계수들은 이론적 또는 실험적인 방법으로 결정된다.

식(7.15)를 유도한 과정을 x-방향과 N-방향 운동방정식에 동일하게 적용하면:

$$X = X_0 + \triangle u X_{\triangle u} + v X_v + r X_r + \dot{u} X_{\dot{u}} + \dot{v} X_{\dot{v}} + \dot{r} X_{\dot{r}} + \delta X_\delta$$

$$N = N_0 + \triangle u N_{\triangle u} + v N_v + r N_r + \dot{u} N_{\dot{u}} + \dot{v} N_{\dot{v}} + \dot{r} N_{\dot{r}} + \delta N_\delta \quad (7.16)$$

일정한 속도로 직진중인 선박의 경우에는 $X_0 = Y_0 = N_0 = 0$이 된다. 또한, 통상적인 선박이 좌우 대칭인 것을 고려하면 다음과 같은 결과를 얻는다.

$$X_v = X_r = X_{\dot{v}} = X_{\dot{r}} = X_\delta = X_{\dot{\delta}} = Y_u = Y_{\dot{u}} = N_u = N_{\dot{u}} = 0 \quad (7.17)$$

식(7.15), 식(7.16) 및 식(7.17)의 결과를 식(7.13)에 대입하면 직진 항해 중인 선박에 대한 선형 조종운동방정식은 다음과 같다.

$$m\dot{u} = X_u \triangle u + X_{\dot{u}} \dot{u}$$

$$m(\dot{v} + Ur) = Y_v v + Y_r r + Y_{\dot{v}} \dot{v} + Y_{\dot{r}} \dot{r} + Y_\delta \delta$$

$$I_{zz} \dot{r} = N_v v + N_r r + N_{\dot{v}} \dot{v} + N_{\dot{r}} \dot{r} + N_\delta \delta \quad (7.18)$$

상기 식을 다시 정리하면:

$$(m - X_{\dot{u}})\dot{u} - X_u \Delta u = 0$$

$$(m - Y_{\dot{v}})\dot{v} - Y_v v - Y_{\dot{r}}\dot{r} - (Y_r - mU)r = Y_\delta \delta$$

$$- N_v v - N_{\dot{v}}\dot{v} + (I_{zz} - N_{\dot{r}})\dot{r} - N_r r = N_\delta \delta \tag{7.19}$$

식(7.19)에서 $-X_{\dot{u}}$, $-Y_{\dot{v}}$ 및 $-N_{\dot{r}}$은 각각 선박운동이론에서 취급한 x-방향, y-방향 부가질량계수 및 z-축 주위의 부가관성모멘트계수와 동일한 계수를 나타낸다. 또한, Y_v, Y_r, N_v 및 N_r 등은 좌우동요와 선수동요 운동 속도와 관계있는 감쇄계수 항임을 알 수 있다. 이 경우의 감쇄계수는 조파에 의한 감쇄와 점성에 의한 감쇄를 모두 포함한 감쇄력으로 볼 수 있다. $Y_\delta \delta$는 그림 7.3에 보여주는 바와 같이 방향타 작동에 의하여 선체의 무게중심에 작용하는 y-방향 유체력을 나타낸다. $N_\delta \delta$는 방향타 작동에 의하여 발생하는 z-축을 중심으로 하는 모멘트를 나타낸다. 방향타의 선회 각도 δ는 좌현 방향을 양으로 정의한다.

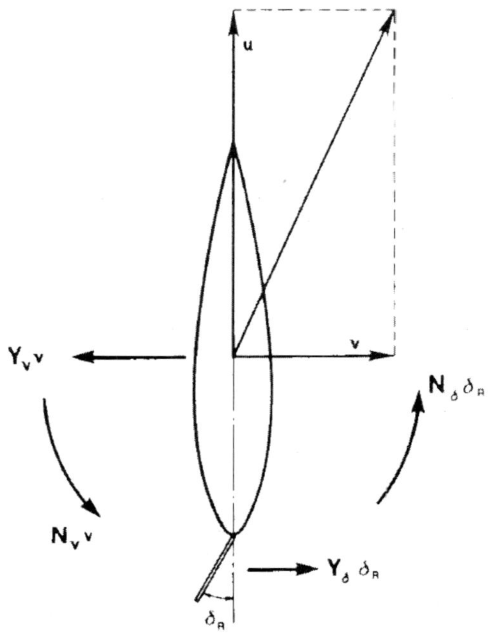

[그림 7.3] 방향타에 기인하여 발생하는 선체력

많은 경우에 조종성능 및 유체동역학적 미계수들의 비교를 목적으로 무차원화된 조종운동방정식을 사용하며 식(7.19)를 무차원화하면 다음과 같다.

$$
\begin{aligned}
&(m' - X_{\dot{u}}')\dot{u}' - X_u' \Delta u' = 0 \\
&(m' - Y_{\dot{v}}')\dot{v}' - Y_v' v' - Y_{\dot{r}}' \dot{r}' - (Y_r' - m') r' = Y_\delta' \delta \\
&- N_v' v' - N_{\dot{v}}' \dot{v}' + (I_{zz}' - N_{\dot{r}}') \dot{r}' - N_r' r' = N_\delta' \delta'
\end{aligned}
\tag{7.20}
$$

여기서는 각 변수에 프라임 부호를 덧붙여 무차원 변수를 나타내었으며, 다음의 기본원칙을 사용하여 무차원화하였다.

$$
\begin{aligned}
&m' = \frac{m}{\frac{\rho}{2}L^3}, \quad v' = \frac{v}{L}, \quad \dot{v}' = \frac{\dot{v}L}{U^2} \\
&I_{zz}' = \frac{I_{zz}}{\frac{\rho}{2}L^5}, \quad r' = \frac{rL}{U}, \quad \dot{r}' = \frac{\dot{r}L^2}{U^2} \\
&Y_v' = \frac{Y_v}{\frac{\rho}{2}L^2 U}, \quad Y_r' = \frac{Y_r}{\frac{\rho}{2}L^3 U}, \quad N_v' = \frac{N_v}{\frac{\rho}{2}L^3 U}, \quad N_r' = \frac{N_r}{\frac{\rho}{2}L^4 U} \\
&Y_{\dot{v}}' = \frac{Y_{\dot{v}}}{\frac{\rho}{2}L^3}, \quad Y_{\dot{r}}' = \frac{Y_{\dot{r}}}{\frac{\rho}{2}L^4}, \quad N_{\dot{v}}' = \frac{N_{\dot{v}}}{\frac{\rho}{2}L^4}, \quad N_{\dot{r}}' = \frac{N_{\dot{r}}}{\frac{\rho}{2}L^5}
\end{aligned}
$$

식(7.19)와 식(7.20)의 주된 차이는 프라임 부호 외에 무차원화 과정에서 초기 전진속도 항인 U가 무차원화를 위한 반복변수의 하나로 사용되어 최종 무차원화된 식에서 소거되었다.

4. 고차 조종운동방정식

전 절에서 유도한 식(7.19)는 선형화된 조종운동방정식으로 제어 고정상태에서의 직진 안정성과 관련 있는 선박의 조종성능이나 선박의 완만한 선회 성능 등을 분석하는데 유용하게 사용될 수 있다. 그러나 직진불안정한 선박의 조종성능이나 대 타각에서의 선회성능 같이 비선형성이 크게 작용하는 조종운동의 경우에 적용하기에는 부적합하다. 최근까지도 비선형 조종성능을 정도 높게 추정할 수 있는 이론은 개발되어 있지 않다. 결과적으로 물리적으로 의미있는 비선형항 및 연성항들을 포함하는 비선형 조종운동방정식과 구속모형시험(captive model test) 결과를 이용한 방법이 광범위하게 사용되고 있다.

비선형 조종운동방정식을 유도하는 방법은 다수의 연구자들에 의해 여러가지 방법들이 제안되었으나 Abkowitz(1964), Storm-Tejsen(1965) 및 Goodman et al(1976) 등의 Taylor 전개를 이용한 방법이 구속모형시험, 특히 PMM 시험을 이용한 조종성능 추정법에서 가장 많이 사용되고 있으며 본 절에서는 이 방법을 간단히 소개하고 자세한 내용은 9장에서 취급한다.

비선형 조종운동방정식의 유도를 위한 기본적인 식의 형태는 식(7.11)과 유사하다.

$$X = F_x(u, v, r, \dot{u}, \dot{v}, \dot{r}, \delta)$$

$$Y = F_y(u, v, r, \dot{u}, \dot{v}, \dot{r}, \delta)$$

$$N = F_\psi(u, v, r, \dot{u}, \dot{v}, \dot{r}, \delta) \tag{7.21}$$

방향타 구동과 관련 있는 힘은 방향타의 변위에 기인한 힘의 크기에 비해 방향타의 각속도나 각가속도에 기인한 힘의 크기는 무시할 정도로 작다고 가정한다.

식 (7.21) 중에서 x-방향의 힘에 대하여 3차 항까지 Taylor 전개한 결과는 다음과 같다. 7.4절에서 유도한 선형 조종운동방정식을 이용하여 조종성능을 추정할 때에는 일반적으로 y-방향과 z-방향의 식만을 사용하고 있으나 비선형 현상을 동반하는 조종운동은 선속의 저하가 크게 나타나기 때문에 x-방향의 식을 포함하여 조종성능을 추정하여야 한다.

$$X = X^0 + \left[X_u \triangle u + X_v v + X_r r + X_{\dot{u}} \dot{u} + X_{\dot{v}} \dot{v} + X_{\dot{r}} \dot{r} + X_\delta \delta\right]$$

$$+ \frac{1}{2!}\left[X_{uu}(\triangle u)^2 + X_{vv} v^2 + \ldots + X_{\delta\delta}\delta^2 + 2X_{uv}\triangle uv + 2X_{ur}\triangle ur + \ldots + 2\right.$$

$$+\frac{1}{3!}\begin{bmatrix} X_{uuu}(\triangle u)^3 + X_{vvv}vvv + \dots + X_{\delta\delta\delta}\delta\delta\delta + 3X_{uuv}(\triangle u)^2 v + 3X_{uur}(\triangle u)^2 r + \\ \dots + 3X_{\dot{r}\delta\delta}\dot{r}\delta^2 + 6X_{uvr}(\triangle u)vr + 6X_{uv\dot{u}}(\triangle u)v\dot{u} + \dots + 6X_{\dot{v}\dot{r}\delta}\dot{v}\dot{r}\delta \end{bmatrix}$$

(7.22)

여기서 X^0는 정상 직진상태에서 x-방향 힘을 나타낸다.

선체는 항상 xz-평면에 대하여 대칭성을 가지므로 x-방향의 힘, X와 y-방향 유속, v의 관계는 그림 7.4과 같이 대칭 형태를 보여준다. 따라서 식(7.22)의 항 중에서 v, r, δ, $\dot{v}$ 및 $\dot{r}$에 대한 홀수차인 항은 전부 영이 되고 짝수차인 항만 남게 된다. 반면에 y-방향 힘과 z-축 모멘트는 v, r, δ, $\dot{v}$ 및 $\dot{r}$에 대한 홀수차인 항만이 남는다. 또한, 가속도에 관련된 항의 경우에 2차 이상의 항은 크기가 무시할 수 있다는 가정 하에 제외하였다.

식(7.22)와 식(7.10)을 결합하고 앞에서 언급하였던 사항들을 모두 고려하면 비선형 고차 조종운동방정식은 다음과 같으며 자세한 유도 과정은 Lewis(1989)등을 참조 바란다.

$$\begin{aligned} &(m - X_{\dot{u}})\dot{u} = f_1(u, v, r, \delta) \\ &(m - Y_{\dot{v}})\dot{v} - Y_{\dot{r}}\dot{r} = f_2(u, v, r, \delta) \\ &-N_{\dot{v}}\dot{v} + (I_{zz} - N_{\dot{r}})\dot{r} = f_3(u, v, r, \delta) \end{aligned}$$

(7.23)

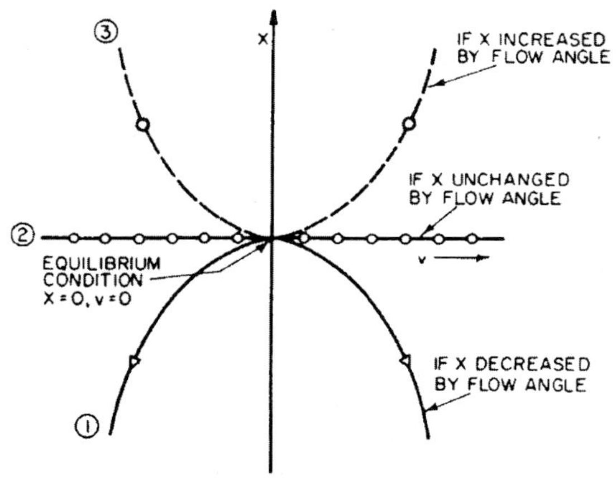

[그림 7.4] x-방향의 힘, X와 y-방향 유속, v의 관계

여기서

$$f_1(u,v,r,\delta)= X^0+ X_u\triangle u+\frac{1}{2}X_{uu}(\triangle u)^2+\frac{1}{6}X_{uuu}(\triangle u)^3+\frac{1}{2}X_{vv}v^2$$
$$+\frac{1}{2}X_{rr}r^2+\frac{1}{2}X_{\delta\delta}\delta^2+\frac{1}{2}X_{vvu}v^2(\triangle u)+\frac{1}{2}X_{rru}r^2(\triangle u)$$
$$+\frac{1}{2}X_{\delta\delta u}\delta^2(\triangle u)+(X_{vr}+m)vr+X_{v\delta}v\delta+X_{r\delta}r\delta+X_{vru}vr(\triangle u)$$
$$+(X_{vr}+m)vr+X_{v\delta}v\delta+X_{r\delta}r\delta+X_{vru}vr(\triangle u)$$
$$+X_{v\delta u}v\delta(\triangle u)+X_{r\delta u}r\delta(\triangle u)$$

$$f_2(u,v,r,\delta)= Y^0+ Y_u^0(\triangle u)+ Y_{uu}^0(\triangle u)^2+Y_v v+\frac{1}{6}Y_{vvv}v^3+\frac{1}{2}Y_{vrr}vr^2$$
$$+\frac{1}{2}Y_{v\delta\delta}v\delta^2+Y_{vu}v(\triangle u)+\frac{1}{2}Y_{vuu}v(\triangle u)^2+(Y_r-mU)r$$
$$+\frac{1}{6}Y_{rrr}r^3+\frac{1}{2}Y_{rvv}rv^2+\frac{1}{2}Y_{r\delta\delta}r\delta^2+Y_{ru}r(\triangle u)+\frac{1}{2}Y_{ruu}r(\triangle u)^2$$
$$+Y_\delta\delta+\frac{1}{6}Y_{\delta\delta\delta}\delta^3+\frac{1}{2}Y_{\delta vv}\delta v^2+\frac{1}{2}Y_{\delta rr}\delta r^2+Y_{\delta u}\delta(\triangle u)+\frac{1}{2}Y_{\delta uu}$$

$$f_3(u,v,r,\delta)= N^0+ N_u^0(\triangle u)+ N_{uu}^0(\triangle u)^2+N_v v+\frac{1}{6}N_{vvv}v^3+\frac{1}{2}N_{vrr}vr^2$$
$$+\frac{1}{2}N_{v\delta\delta}v\delta^2+N_{vu}v(\triangle u)+\frac{1}{2}N_{vuu}v(\triangle u)^2+N_r r+\frac{1}{6}N_{rrr}r^3$$
$$+\frac{1}{2}N_{rvv}rv^2+\frac{1}{2}N_{r\delta\delta}r\delta^2+N_{ru}r(\triangle u)+\frac{1}{2}N_{ruu}r(\triangle u)^2+N_\delta\delta$$
$$+\frac{1}{6}N_{\delta\delta\delta}\delta^3+\frac{1}{2}N_{\delta vv}\delta v^2+\frac{1}{2}N_{\delta rr}\delta r^2+N_{\delta u}\delta(\triangle u)$$
$$+\frac{1}{6}N_{\delta\delta\delta}\delta^3+\frac{1}{2}N_{\delta vv}\delta v^2+\frac{1}{2}N_{\delta rr}\delta r^2+N_{\delta u}\delta(\triangle u)$$
$$+\frac{1}{2}N_{\delta rr}\delta r^2+N_{\delta u}\delta(\triangle u)+\frac{1}{2}N_{\delta uu}\delta(\triangle u)^2+N_{vr\delta}vr\delta$$

미지의 가속도 $\dot{u}$, $\dot{v}$ 및 $\dot{r}$ 에 대한 연립방정식인 식(7.23)의 해는 다음과 같다.

$$\dot{u} = \frac{f_1(u, v, r, \delta)}{(m - X_{\dot{u}})}$$

$$\dot{v} = \frac{(I_{zz} - N_{\dot{r}})f_2(u, v, r, \delta) + Y_{\dot{r}} f_3(u, v, r, \delta)}{(m - Y_{\dot{v}})(I_{zz} - N_{\dot{r}}) - N_{\dot{v}} Y_{\dot{r}}}$$

$$\dot{r} = \frac{(m - Y_{\dot{v}})f_3(u, v, r, \delta) + N_{\dot{v}} f_2(u, v, r, \delta)}{(m - Y_{\dot{v}})(I_{zz} - N_{\dot{r}}) - N_{\dot{v}} Y_{\dot{r}}} \tag{7.24}$$

여기서 다음과 같이 1차 전개식을 이용하여 시간에 따른 근사해를 구한다.

$$v(t + \Delta t) = v(t) + \Delta t \cdot \dot{v}(t)$$

$$r(t + \Delta t) = r(t) + \Delta t \cdot \dot{r}(t) \tag{7.25}$$

조종운동 시 방향타로 인한 제어력의 크기에 비하여 선박의 관성력이 매우 크기 때문에 가속도 항, $\dot{u}$, $\dot{v}$ 및 $\dot{r}$ 의 크기가 비교적 작고 따라서 식(7.25)을 이용한 조종성능의 추정은 충분한 정도를 가진다. 더 높은 정도를 가진 해가 경우에는 시뮬레이션 시간 간격인 Δt를 작게 하면 된다.

초기 상태($t=0$)에서의 u, v, r 및 δ의 값이 주어지고 식(7.24)에 있는 모든 유체동역학적 계수들과 시간에 따른 방향타의 선회각을 알면 식(7.24)로부터 $\dot{u}$, $\dot{v}$ 및 $\dot{r}$ 을 산출할 수 있다. 또한, 식(7.25)를 이용하면 Δt에서의 새로운 속도 값들을 구할 수 있다. 상기 과정에서 구한 속도 값들은 선체 중앙에 원점을 둔 선체고정좌표계에 대한 값들로 다음의 식을 이용하여 지구고정좌표계에 대한 값으로 변환할 수 있다.

$$\dot{x}_{0G}(t) = u(t)\cos\psi(t) - v(t)\sin\psi(t)$$

$$\dot{y}_{0G}(t) = u(t)\sin\psi(t) + v(t)\cos\psi(t) \tag{7.26}$$

초기 상태로부터 시간의 경과에 따른 지구고정좌표계에 대한 선체 중심의 궤적, $x_{0G}(t)$와 $y_{0G}(t)$, 그리고 선수각, $\psi(t)$는 식(7.26)과 식(7.25)의 마지막 항을 시간 적분함에 의하여 구할 수 있다.

제 8 장
조종성능 평가

1. 운동 안정성(Motion Stability)

선박이 항해 중 진로를 유지할 수 있는 것은 정해진 항로를 따라 이동해야 하는 선박으로서 보유해야 하는 기본적인 성능으로 선박의 운동 안정성과 밀접한 연관이 있다. 선박의 운동 안정성을 분류하면 다음과 같다(그림 8.1).

① 직진 안정성(straight line stability) 또는 동적 안정성(dynamic stability) : 선박이 직진 중 또는 일정한 곡률반경을 가지고 선회 중에 외력에 의한 교란이 작용할 때 진로가 변경된 상태에서 본래의 안정된 이동 상태를 회복함. 방향타의 사용이 없음을 가정하여 제어고정 안정성(control fixed stability)이라고도 불린다.

② 방향 안정성(directional stability) : 선박에 작용하는 교란이 사라진 후에 선박이 본래의 안정된 상태를 가질 뿐 아니라 본래의 진행 방향을 유지함.

③ 진로 안정성(path stability) : 선박에 작용하는 교란이 사라진 후에 선박이 본래의 안정된 상태, 진행 방향 및 항로를 유지함.

방향타를 고정한(제어 고정) 상태로 자항하고 있는 선박이 가질 수 있는 운동 안정성은 오로지 직진 안정성 뿐 이다. 그러나 현재 운용되고 있는 선박 중에는 충분한 직진 안정성을 가지고 있지 못한 선박도 적지 않게 존재한다. 선박의 설계 관점에서 직진 안정성을 확보하는 것이 항상 가능한 것은 아니며 비록 직진 안정성을 확보하지 못하고 있다고 하여도 방향타를 이용한 제어를 통하여 직진 안정 상태를 유지하는 것이 가능하다. 다음 절에서는 선박이 직진 안정성을 가지기 위하여 필요한 조건에 대하여 서술한다.

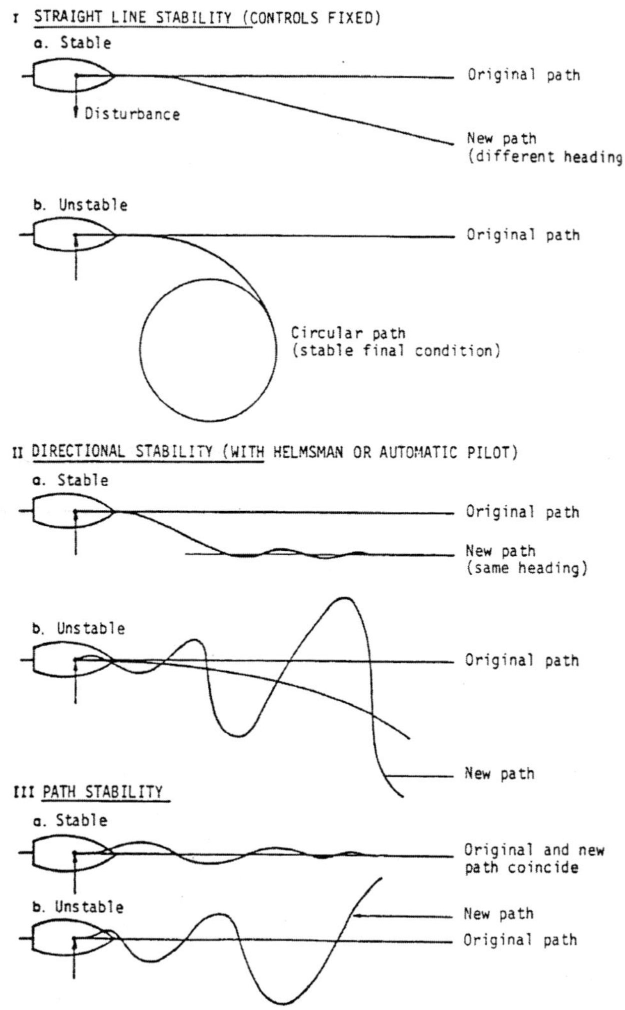

[그림 8.1] 선박 운동 안정성의 분류 (출처: Rem(1992))

1) 직진 안정성(Straight Line Stability)

선박이 갖추어야 할 기본적인 조종성능 중에서 대표적인 것이 직진 안정성이다. 이러한 선박의 직진 안정성은 선형화된 sway-yaw 연성방정식(식(7.19))에서 우변에 있는 방향타를 고정한 다음의 식을 이용하여 구할 수 있다.

$$
\begin{aligned}
&(m - Y_{\dot{v}})\dot{v} - Y_v v - Y_{\dot{r}}\dot{r} - (Y_r - mU)r = 0 \\
&- N_v v - N_{\dot{v}}\dot{v} + (I_{zz} - N_{\dot{r}})\dot{r} - N_r r = 0
\end{aligned}
\tag{8.1}
$$

이 연립 선형 미분방정식의 해는 지수함수(exponential function)의 형태를 가질 것임이 분명하므로 해의 형태를 다음과 같이 가정한다.

$$
\begin{aligned}
v &= C_1 e^{\lambda_1 t} \\
r &= C_2 e^{\lambda_2 t}
\end{aligned}
\tag{8.2}
$$

식(8.2)를 식(8.1)에 대입하면 :

$$
\begin{aligned}
&\left[(m - Y_{\dot{v}})\lambda_i - Y_v\right] C_1 - \left[(Y_r - mU) + Y_{\dot{r}}\lambda_i\right] C_2 = 0 \\
&\left[- N_v - N_{\dot{v}}\lambda_i\right] C_1 + \left[(I_{zz} - N_{\dot{r}})\lambda_i - N_r\right] C_2 = 0
\end{aligned}
\tag{8.3}
$$

식(8.3)은 C_1과 C_2에 관한 연립방정식이며 식이 의미 있는 해를 갖기 위하여는 계수 행렬식이 0이 되어야 한다.

즉,

$$
A\lambda_i^2 + B\lambda_i + C = 0 \tag{8.4}
$$

여기서

$$
\begin{aligned}
A &: (m - Y_{\dot{v}})(I_{zz} - N_{\dot{r}}) - N_{\dot{v}} Y_{\dot{r}} \\
B &: -(m - Y_{\dot{v}})N_r - Y_v(I_{zz} - N_{\dot{r}}) - N_v Y_{\dot{r}} - (Y_r - mU)N_{\dot{v}} \\
C &: Y_v N_r - (Y_r - mU)N_v
\end{aligned}
\tag{8.5}
$$

식(8.5)의 해는 다음과 같이 구해지며 제어판(방향타) 고정된 상태에서 직진 안정성을 가지려면 해의 실수부가 모두 음수이어야 한다. $\lambda_{1,2}$는 안정성 지수로 불린다.

$$
\lambda_{1,2} = \frac{-B/A \pm \left[(B/A)^2 - 4C/A\right]^{1/2}}{2} \tag{8.6}
$$

상기 해는 일반적으로 다음과 같은 복소수의 형태를 가진다.

$$
\lambda = a \pm ib \quad (a\text{와 } b\text{는 실수}) \tag{8.7}
$$

식(8.3)으로 표현되는 시스템 즉 선박의 거동은 실수부인 a가 음의 값을 가질 때 지수함수의 형태로 감소하므로 안정적이다. 수상선의 경우에는 $\lambda_{1,2}$가 대부분 실수가 되며 따라서 제어고정 상태에서 안정적이기 위해서는 λ_1과 λ_2 둘 다 음의 값을 가져야한다. 식(8.6)으로부터 안정성 지수인 λ_1과 λ_2 둘 다 음의 값을 가질 조건은 다음과 같다.

① 식(8.2)로부터 직관적으로 λ_1이 고려대상이 되는 지수임을 알 수 있다. 즉, λ_2는 λ_1보다 항상 작은 값을 가지며 초기 교란이 사라지면 λ_1으로부터 야기된 선박 거동이 λ_2로 인한 거동에 비하여 크기 때문이다.

② 식(8.6)에서 λ_1이 음의 값을 가질 조건은 $C/A > 0$이다. 만약 $C/A < 0$이면 λ_1이 양의 값을 가지게 되어 선박 거동이 시간에 따라 발산하게 된다.

③ $B/A > 0$. 만약 $B/A < 0$이고 $C/A > 0$이면 λ_2과 λ_1 둘 다 항상 양수가 된다.

결과적으로 선박이 직진 안정성을 가지려면 B/A 와 C/A 모두 양의 값은 가져야한다. A, B 및 C는 각각 여러 가지 유체력 미계수들은 포함하고 있으며 아래에 서술하는 내용에 따라 각 계수들의 크기와 부호를 검토함에 의하여 직진 안정성 여부를 결정할 수 있다.

2) 유체력 미계수들에 대한 검토

가속도 관련 미계수

미계수 $Y_{\dot{v}}$를 먼저 고려한다. $Y_{\dot{v}}$는 y-축 방향 가속도인 $\dot{v}$ 변화에 대한 y-방향 힘의 변화의 기울기를 나타내며 식(8.5)의 A와 B에 각각 포함되어있다. 그림 8.2는 선체 중앙에 원점을 가지고 $\dot{v}$의 크기로 가속 운동하는 선박을 보여주고 있다. 선체의 운동에 의하여 가속된 유체의 관성 반력이 선수와 선미 부분에서 모두 음의 y-방향으로 작용함을 알 수 있다. 선박이 상기와는 반대 방향으로 가속운동을 하면 선수미에 작용하는 반력의 합이 양의 y-방향으로 작용할 것이다.

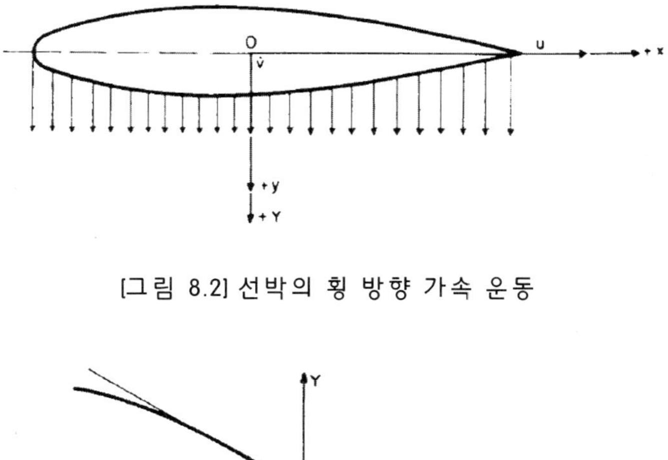

[그림 8.2] 선박의 횡 방향 가속 운동

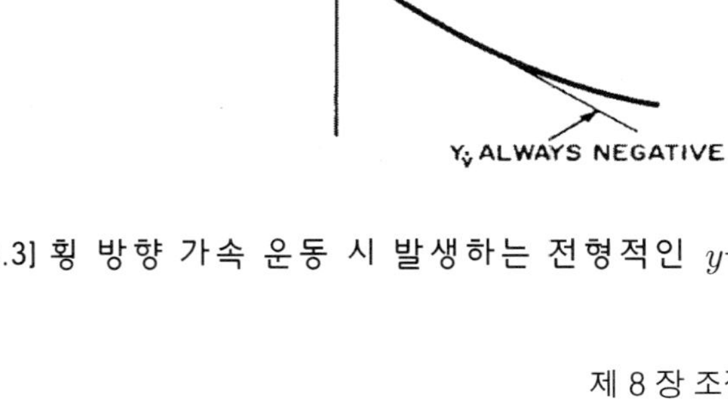

[그림 8.3] 횡 방향 가속 운동 시 발생하는 전형적인 y-방향 힘

y-방향 힘과 $\dot{v}$의 관계를 도시하면 그림 8.3과 같다. 이 그림으로부터 $\dot{v}=0$에서의 $Y_{\dot{v}}$의 값은 언제나 음수이며 비교적 큰 값을 가진다. 선박의 형태를 가진 세장체의 경우에 미계수 $Y_{\dot{v}}$의 값은 선박의 질량 m에 근접한 크기를 가지므로 식(8.5)의 A와 B에 있는 $(m-Y_{\dot{v}})$는 대략 질량 m의 두 배의 크기를 가진 양수임을 알 수 있다.

미계수 $Y_{\dot{v}}$과 마찬가지로 미계수 $N_{\dot{r}}$도 식(8.5)의 A와 B에 모두 존재하며 그림 8.4에서 알 수 있는 바와 같이 매우 큰 음의 값을 갖는다. 미계수 $Y_{\dot{v}}$의 크기가 선박의 질량 m에 근접하는 것과 마찬가지로 $N_{\dot{r}}$의 크기는 선박의 질량관성모멘트 I_{zz}와 거의 같은 크기의 값을 가진다. 미계수 $Y_{\dot{r}}$의 경우에는 그림 8.4에 있는 바와 같이 주어진 수평면 상의 각 가속도에 대하여 선수와 선미 부분에 작용하는 힘이 서로 반대 방향으로 작용하며 합력의 방향에 대하여는 다음과 같이 3가지 가능성이 존재한다.

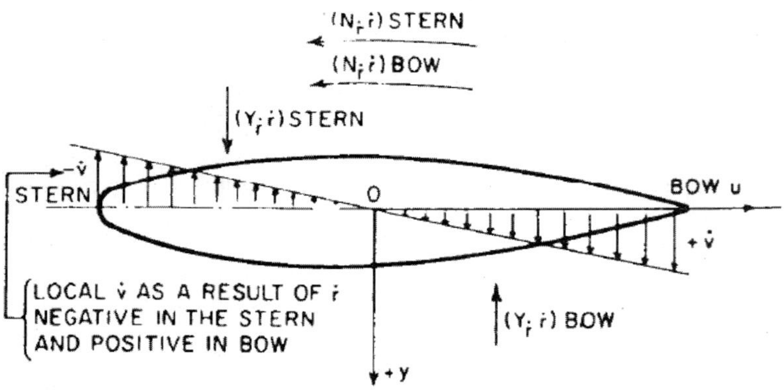

[그림 8.4] 수평면 상의 각 가속도 운동과 관성 반력의 방향

- 선수와 선미가 동일한 크기의 함을 받을 때는 $Y_{\dot{r}}$은 영(0)
- 선수에 작용하는 힘이 더 클 때는 $Y_{\dot{r}}$은 음수
- 선미에 작용하는 힘이 더 클 때는 $Y_{\dot{r}}$은 양수

따라서 미계수 $Y_{\dot{r}}$은 부호는 불확실하지만 크기는 매우 작을 것으로 예상할 수 있다.

미계수 $N_{\dot{v}}$의 경우에도 횡 방향 가속도에 의하여 선체에 작용하는 힘이 선수와 선미 부분에 서로 반대 방향으로 작용하므로 $Y_{\dot{r}}$과 마찬가지로 부호는 불확실하지만 크기가 매우 작다. 앞서 살펴본 가속도 관련 미계수를 종합적으로 고려할 때 식(8.5)의 A는 비교적 큰 양의 값을 가짐을 알 수 있다.

$$A = \left(m - Y_{\dot{v}}\right)\left(I_{zz} - N_{\dot{r}}\right) - N_{\dot{v}} Y_{\dot{r}}$$

결과적으로 침로 안정성의 조건은 과 $B/A > 0$과 $C/A > 0$ 에서 $B > 0$과 $C > 0$으로 단순화된다.

속도 관련 미계수

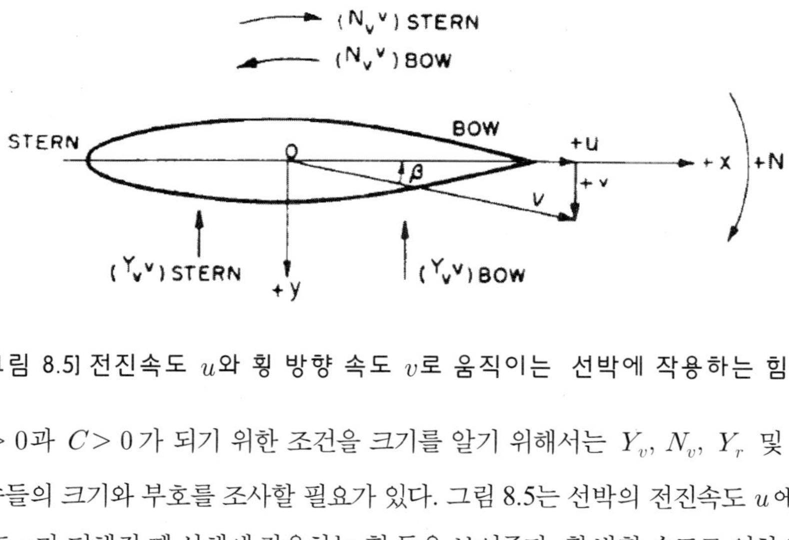

[그림 8.5] 전진속도 u와 횡 방향 속도 v로 움직이는 선박에 작용하는 힘들

$B > 0$과 $C > 0$가 되기 위한 조건을 크기를 알기 위해서는 Y_v, N_v, Y_r 및 N_r 등 미계수들의 크기와 부호를 조사할 필요가 있다. 그림 8.5는 선박의 전진속도 u에 횡 방향 속도 v가 더해질 때 선체에 작용하는 힘 들을 보여준다. 횡 방향 속도로 인하여 받음각, $\beta = -v/V$가 발생하여 선수와 선미 부분에 횡 방향 속도와 반대 방향으로 양력이 작용함을 알 수 있다. 따라서, Y_v는 항상 음의 값을 가진다. 그러나, 받음각의 정의에 의하여 Y_β는 크고 양의 값을 가진다.

모멘트 미계수 N_v는 선수와 선미의 서로 상반되는 방향으로 작용하는 힘들의 합으로부터 구해진다. 선수부분에 작용하는 $Y_v v$ 힘의 크기가 대체로 선미부분에 작용하는 힘보다 크기 때문에 힘의 작용중심이 선체 중앙부보다 앞쪽에 위치하게 된다. 따라서 방향타나 선미 스케그가 없는 선박의 경우에 N_v는 항상 음의 값을 갖는다. 적정한 크기의 방향타를 고려하더라도 N_v의 크기를 감소시킬 수는 있으나 음의 부호는 대체적으로 유지된다. 그림 8.6는 횡 방향 속도 v의 변화에 대한 횡 방향 힘 Y의 변화와 선체중앙을 기준으로한 모멘트 N의 변화를 보여주고 있다.

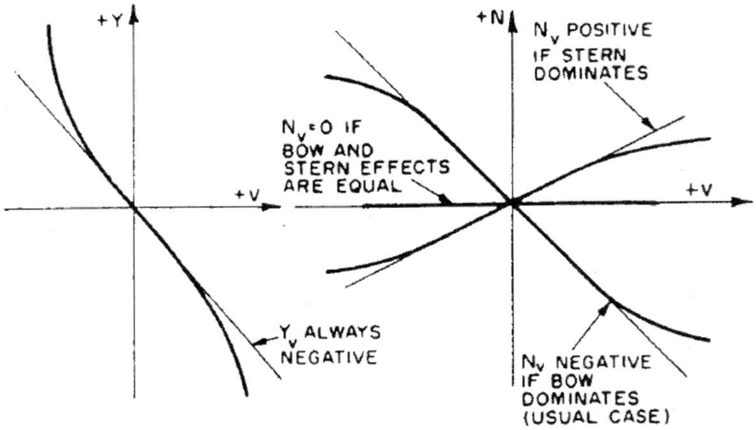

[그림 8.6] 횡 방향 속도 변화에 대한 y-방향 힘 및 모멘트 N의 변화

각속도 r이 선체에 미치는 영향을 분석하기 위하여 그림 8.7에 있는 바와 같이 선수부에 있는 점 B와 선미부에 위치한 점 S를 고려한다. 선박이 전진속도 u, 각속도 r로 움직일 때 선수부에 있는 B 지점에는 우현방향으로부터 받음각, $\beta \approx rd_1/V$을 가진 유동이 입사하며 결과적으로 음의 y-방향의 힘과 음의 N-모멘트가 발생한다. 마찬가지로 선미부에 있는 S 지점에는 좌현으로부터 입사하는 유동이 있으며 양의 y-방향의 힘과 음의 N-모멘트가 발생한다. 따라서, 각속도 r이 양수일 때 선수와 선미에 작용하는 힘은 더해져서 매우 큰 음의 N-모멘트가 발생하며 y-방향 힘에 있어서는 선수와 선미에 작용하는 힘이 서로 상쇄되어 매우 작은 값이 된다.

그림 8.8은 각속도 r의 변화에 대한 횡 방향 힘인 Y의 변화와 선체중앙을 기준으로 한 모멘트 N의 변화를 보여주고 있다.

속도 관련 미계수의 크기와 부호에 대한 검토로부터 다음과 같은 결과를 얻을 수 있다. 식(8.5) 중에서 B의 크기를 검토하면 다음과 같다.

$$B = -(m - Y_{\dot{v}})N_r - Y_v(I_{zz} - N_{\dot{r}}) - N_v Y_{\dot{r}} - (Y_r - mU)N_{\dot{v}}$$

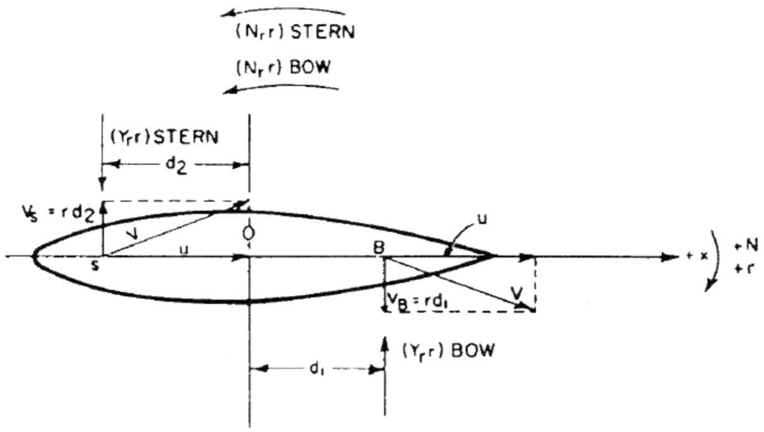

[그림 8.7] 전진속도 u와 각속도 r로 움직이는 선박에 작용하는 힘들

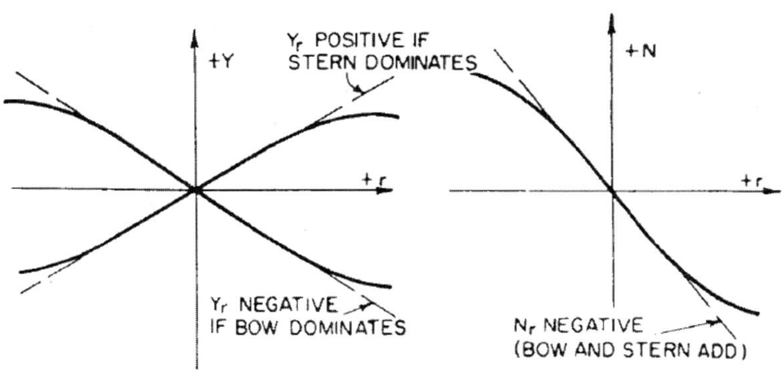

[그림 8.8] 변화에 대한 y-방향 힘 및 모멘트 N의 변화

처음 두 항은 모두 매우 큰 양의 값은 갖는 반면에 마지막 두 항은 크기가 작을 뿐만 아니라 부호도 불확실하다. 따라서, B는 매우 큰 양의 값을 가진다. 결과적으로 선박의

직진 안정성 조건은 $B>0$와 $C>0$ 에서 $C>0$ 만으로 단순화된다. 즉

$$
\begin{aligned}
C &= Y_v N_r - (Y_r - mU) N_v \\
&= Y_v (Y_r - mU)\left\{ \frac{N_r}{Y_r - mU} - \frac{N_v}{Y_v} \right\} > 0
\end{aligned}
\tag{8.11}
$$

식(8.11)에서 $Y_v(Y_r - mU)$는 항상 양의 값을 가지므로 결국 침로 안정성은 괄호 안에 있는 값의 부호에 좌우된다. 즉, 괄호 안의 값이 양이면 직진 안정성을 가지고 있으며 음이면 직진 불안정성을 가진 상태가 된다.

3) 안정성 기준의 물리적 의미

식(8.11)에서 $N_r/(Y_r - mU)$는 항상 양의 값이다. 또한, 전 절에서 살펴본 바와 같이 Y_v는 음의 값을 갖는다. 따라서 N_v 값이 양이면 C가 양이 되어 직진 안정성을 갖게 된다. 그러나 N_v가 음수라도 크기가 작은 경우에는 직진 안정 조건을 만족하게 된다. 즉, 선박의 직진 안정성의 정도를 결정하는 중요한 미계수가 N_v 임을 알 수 있다.

그림 8.5로부터 미계수 N_v는 선미의 영향이 주도적일 때는 양의 값을 갖는 것을 알 수 있고 직진 안정성에 유리하게 된다. 실제 조선소에서 행하여지는 예로서, 선박 건조가 완료된 후에 수행되는 해상 시운전 결과 직진 불안정한 선박으로 판정된 선박에 대하여 직진 안정성을 향상시키는 유력한 방법이 선미 하부에 스케그를 취부하는 방법이다. 즉, 선미 부분의 영향을 강화함에 의하여 직진 안정성을 향상시키는 의미가 있다. 화살 뒷부분에 붙이는 깃이나 연의 꼬리를 길게 하는 것도 운동의 안정성을 향상시키는 방법이라는 의미에서 물리적으로 유사한 설명이 가능하다.

C의 부호에 대한 다른 물리적인 설명은 힘의 작용점의 위치를 추정함에 의하여 설명할 수 있다. 식(8.11) 괄호 안의 첫 번째 항은 선박 회전 운동 시 선체에 작용하는 힘의 작용점의 무게 중심으로부터의 위치를 나타내고, 두 번째 항은 병진 운동 시 작용하는 힘의 작용점의 위치를 나타낸다. 즉, 첫 번째 항이 두 번째 항보다 클 경우에 선박이 직진 안정성을 가짐을 알 수 있다.

4) 나선형 조종시험(Dieudonne' Spiral Maneuver)

나선형 조종시험은 선박의 직진 안정성을 직접적으로 평가할 수 있는 조종시험으로 다음과 같은 과정으로 수행된다.

① 일정한 속도로 선박의 직진 상태를 한동안(최소 1분) 유지한다.
② 최대 타각(보통 35°)으로 방향타를 작동한 후에 선박의 선회각속도가 일정하게 될 때까지 유지하고 각속도를 계측한다.
③ 타각을 5° 줄이고 마찬가지로 선회각속도가 일정하게 될 때의 각속도를 계측한다.
④ 타각을 5°씩 줄이면서 타각이 -35°될 때가지 상기의 과정을 반복하고, 다시 타각을 증가시키며 타각이 초기 각도인 35° 될 때까지 반복한다.

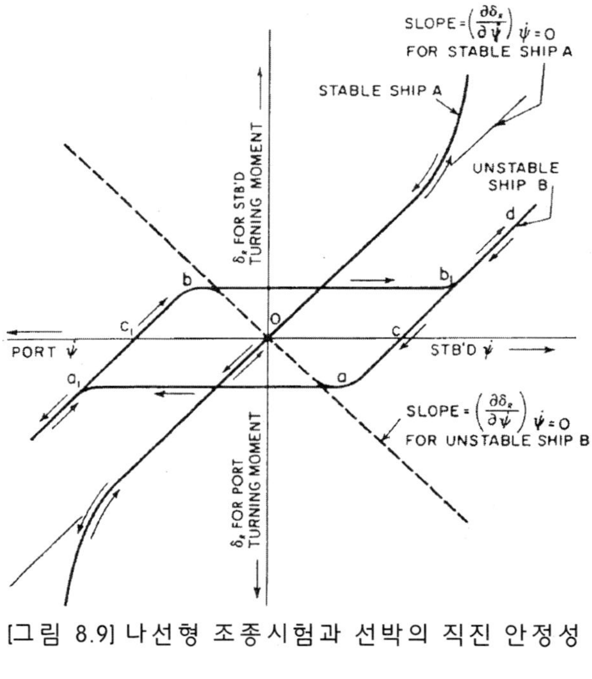

[그림 8.9] 나선형 조종시험과 선박의 직진 안정성

나선형 조종시험 결과를 정리하면 그림 8.9과 같은 타각, δ와 선박의 정상 선회각속도, r의 관계를 얻게 되며 $\delta - r$ 함수의 경향은 선박의 직진 안정성을 나타내는 지표가 된다. 즉, $\delta - r$ 관계가 그림 8.9의 선박 A와 같이 타각을 우현에서 좌현으로 또한 반대 방향으로 바꿀 때 하나의 곡선으로 나타나면 그 선박은 제어 조정 상태에서 직진 안정성을 보유한 선박이 되며 식(8.11)의 안정성 계수는 양의 값을 가진다. 그러나 타각에 따른 선회각속도의 변화가 그림 8.9의 선박 B와 같이 두 개의 분기가 결합된 이력루프(hysteresis loop)를 구성하면 그 선박은 불안정한 선박의 되며 안정성 계수는 음의 값을 가진다. 이력루프의 높이와 폭도 선박의 직진 안정성의 정도를 나타내는 지표가 되는데 이력루프의 높이와 폭이 클수록 선박은 불안정한 선박이 된다.

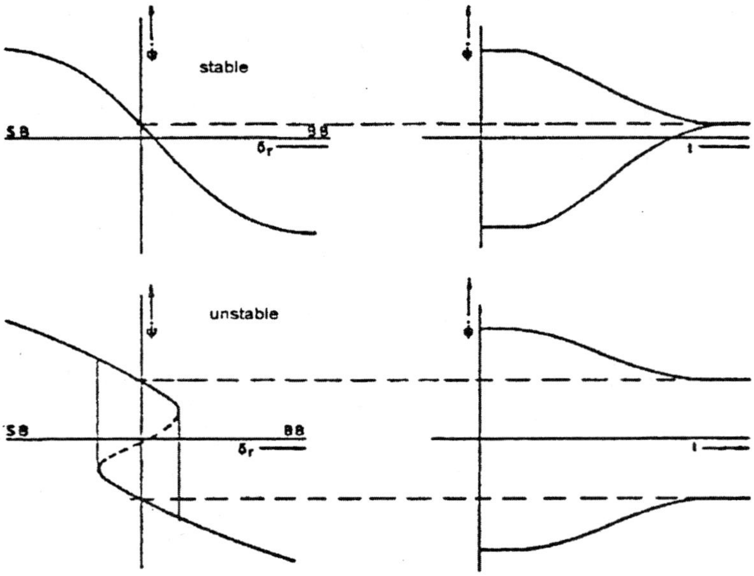

[그림 8.10] 나선형 조종시험과 풀-아웃 시험의 상관관계

나선형 조종시험을 보완하는 시험으로는 풀-아웃(pull-out) 시험이 있다. 풀-아웃 시험은 정상 선회하는 선박에 대하여 선회시험의 연속선 상에서 방향타를 중립 위치로 작동하면서 발생하는 선박의 거동을 추적하는 시험이다. 대부분의 선박이 기본적으로 비대칭성을 가지고 있기 때문에 좌현과 우현 양쪽 모두에 대하여 수행된다. 그림 8.10에 있는 바와 같이 직진 안정성을 가진 선박은 초기 회전 방향에 상관없이 크기는 매우 작지만 일정한 회전각속도를 갖게 된다. 만약 선박이 쌍축선이어서 유체역학적인 대칭성을 만족하다면 회전각속도의 값은 영에 접근하게 된다. 직진 안전성을 갖지 못한 선박의 경

우에는 좌현과 우현의 결과가 서로 다른 회전각속도를 가지게 되며 그 값들의 차이는 나선형 조종시험 결과 나타나는 $\delta-r$ 관계의 이력루프 높이와 같은 값을 가진다.

2. 선회성능(Turning Ability)

1) 선회궤적 주요지표

선박의 조종운동은 정지를 위한 조종을 제외하면 대부분 선회운동을 포함한다. 방향타의 구동과 그에 따른 방향타와 선체에 작용하는 힘과 모멘트에 대한 선체의 반응은 크게 두 단계로 나눌 수 있다. 첫째 단계는 반응의 초기 단계로 이때는 전후동요, 좌우동요 및 선수동요 방향으로 매우 큰 가속이 발생한다. 둘째 단계는 정상 선회 단계로 이때는 선회 각속도와 전진 속도가 일정하게 유지되고 선박은 원 궤적을 따라서 선회한다. 그림 8.11은 선박의 전형적인 선회 궤적을 보여주고 있다.

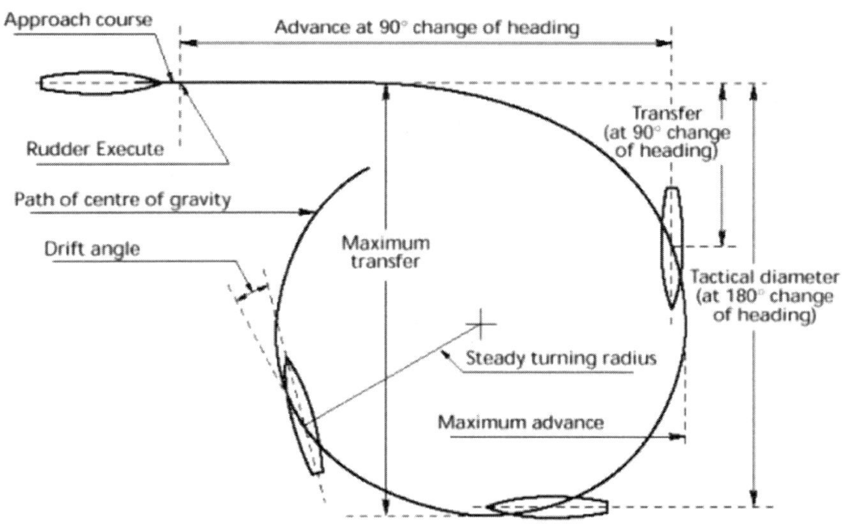

[그림 8.11] 선박의 전형적인 선회 궤적

선박의 선회 성능은 선회전진거리(advance), 선회가로이동거리(transfer), 선회직경(tactical diameter) 및 정상선회직경(steady turning diameter) 등 네 가지 지표를 이용하여 평가한다. 선회전진거리는 선박의 선회 각도가 90° 되었을 때 시작점으로부터 선박의 중심까지의 전진거리이다. 선회가로이동거리와 선회직경은 선박의 선회 각도가 각각 90°와 180° 되었을 때 초기 진로로부터 선박 중심까지의 횡 방향 이동 거리이다. 선박 선회 궤적에서의 이러한 지표들은 대양에서 선박의 선회 성능을 규정하는데 유용하게 사용된다.

그림 8.11에는 정상선회 시 피봇(pivot)라고 불리는 지점이 도시되어 있다. 이 지점에서는 선박의 회전운동과 표류각의 결합으로 선체 주위의 유동이 선체고정좌표계의 x-축 방향으로 발생한다. 그림과 같이 우회전하는 경우 선박이 경우에 피봇 지점보다 앞부분에서는 유동이 오른쪽 방향에서 접근하며 뒷부분에서는 왼쪽 방향에서 접근한다. 피봇 지점과 선박의 무게중심 사이의 거리는 $x_c = Rsin\beta$ 이다. 여기서 R은 정상선회반경, β는 표류각을 각각 의미한다.

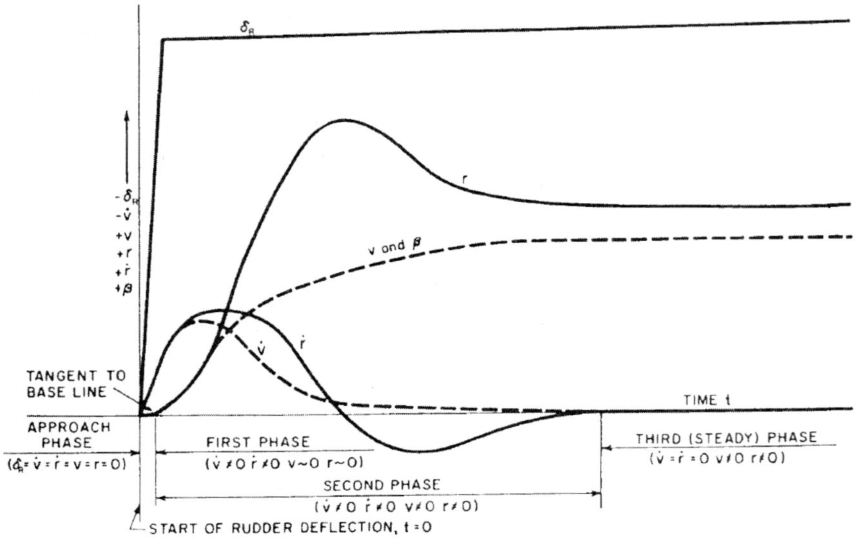

[그림 8.12] 선회 3단계의 특성

2) 선회의 3단계

선박이 방향타 중립인 상태에서 일직선으로 전진 중에 방향타를 정해진 각도 회전시킨 후에 고정한다고 가정한다. 그에 따른 선회궤적은 그림 8.12에서 보는 바와 같이 운동의 특성에 따라 3단계로 구분된다.

1단계는 방향타 구동 순간부터 정해진 각도까지 회전을 완료한 순간까지의 단계를 나타낸다. 본 단계에서는 방향타에 의한 힘과 모멘트가 선박의 가속운동을 야기하며 관성 반력과 함께 운동방정식을 구성한다. 시간적으로 충분한 크기의 표류각, β나 회전각속도, r은 아직 발생하지 않은 상태이며 선박의 속도 성분과 관련된 힘은 고려할 필요가 없다. 따라서 선형화된 조종운동방정식은 다음과 같다.

$$(m - Y_{\dot{v}})\dot{v} - Y_{\dot{r}}\dot{r} = Y_\delta \delta$$

$$(I_{zz} - N_{\dot{r}})\dot{r} - N_{\dot{v}}\dot{v} = N_\delta \delta \qquad (8.12)$$

그림 8.11과 그림 8.12로부터 방향타를 우현으로 회전했을 경우에 선체에 좌현 방향으로의 힘 $Y_\delta \delta$이 작용하므로 횡 방향 가속도 $\dot{v}$는 음의 값(본 그림의 경우 좌현 방향)을 가지며 우현으로의 선회가 발생한다. 방향타 회전각 δ는 좌현 방향이 양의 값으로 정의된다.

1단계에서의 발생한 가속도는 짧은 순간에 존재하며 선박의 표류각, β와 회전각속도, r의 크기가 증가하면서 2 단계가 진행된다. 2 단계에서는 속도와 가속도에 관련된 모든 항이 포함된 선형 조종운동방정식이 적용된다. 선박의 표류각이 증가함에 따라 유체동역학적 힘, $Y_v v$이 방향타로 인하여 발생하는 좌현 방향으로의 힘보다 커지면서 합력은 우현 방향으로 작용하며 동시에 큰 회전 모멘트가 발생하여 선박은 우현 방향으로 선회하게 된다.

2단계 종료 시점에 선박에 작용하는 모든 힘과 모멘트가 평형을 이루면서 3단계가 시작된다. 3 단계에서 선박은 정상선회 운동을 하게 된다. 따라서 속도 항인 v와 r은 일정한 값을 가지며 가속도항인 $\dot{v}$와 $\dot{r}$는 영이 된다. 3단계 정상선회 시 적용되는 선형 조종운동방정식은 다음과 같다.

$$- Y_v v - (Y_r - mU)r = Y_\delta \delta$$
$$- N_v v - N_r r = N_\delta \delta \quad (8.13)$$

상기 연립방정식에서 안정성 관련 유체동역학적 미계수인 Y_v, Y_r, N_v 및 N_r과 방향타 제어 미계수인 Y_δ와 N_δ를 알면 v와 r을 구할 수 있다. 정상선회 시 선회반경과 선회 각속도 사이에 다음의 관계가 성립한다.

$$R = \frac{U}{r}, \quad r' = \frac{rL}{U} \;\Rightarrow\; r' = \frac{L}{R} \quad (8.14)$$

식(8.13)에 대한 무차원된 식과 식(8.14)를 이용하면 다음과 같은 결과를 얻을 수 있다.

$$R = -\frac{L}{\delta}\left[\frac{Y_v' N_r' - N_v'(Y_r' - m')}{Y_v' N_\delta' - N_v' Y_\delta'}\right]$$

$$v' = \frac{v}{U} = -\beta = \delta\left[\frac{N_\delta'(Y_r' - m') - Y_\delta' N_r'}{Y_v' N_r' - N_v'(Y_r' - m')}\right] \quad (8.15)$$

여기서 β와 δ의 단위는 래디안이며 선회 반경 R은 우현 방향으로의 선회일 경우에 양의 값을 갖는 것으로 정의된다. 식(8.15)에 의하면 정상선회반경은 선체 길이에 비례하고 방향타의 회전각에 반비례하며 표류각은 방향타의 회전각에 비례하는 것을 알 수 있다. 선형화된 본 식은 방향타의 회전각이 비교적 작고 선회직경이 선체 길이의 4배 이상일 경우에 정상선회반경과 표류각을 추정하는데 유효하게 사용될 수 있다. 그러나 방향타 구동각이 크고 선회반경이 작을 경우에는 비선형 조종운동방정식을 사용하여 선회성능을 추정하여야 한다.

3. 변침성능(Yaw Checking Ability)

변침성이란 방향타를 작동했을 때 그에 대한 반응이 얼마나 신속하게 발생하여 새로운 항로로 방향을 바꾸는가 하는 능력으로 보통 지그재그 조종시험(zig-zag maneuver)(Kempf 과도 작동)을 행하여 1차와 2차 과도선수각(overshoot angle)의 크기로 판단한다. 지그재그 조종시험의 결과는 선박조종에 있어서의 방향타의 효과뿐만 아니라 선박의 직진 안정성과도 밀접한 관계가 있다. 지그재그 조종시험은 다음과 같이 수행된다.

① 일정한 속도로 선박의 직진 상태를 한동안 유지한다.

② 미리 정해진 각도로 방향타를 최대한 빠른 속도로 작동한다. 방향타의 각도, δ는 대체로 10° 또는 20°를 사용한다. 방향타의 작동과 함께 선박은 선회하기 시작하며 선박의 선회각, ψ가 방향타 각도와 같아질 때까지 기다린다.

③ 선박의 선회각이 방향타 각도와 같아지면 방향타를 반대편 현으로 최대한 빠른 속도로 작동한 후에 선박의 선회각이 방향타 각도와 같아질 때까지 유지한다.

④ 이러한 과정을 방향타 작동이 4번 이상 이루어질 때까지 반복한다.

그림 8.13은 10/10 지그재그 조종시험의 결과를 보여주고 있다. 시험 결과를 평가하는 가장 주요한 지표는 1차와 2차 과도선수각으로 그 값들이 작을수록 선박의 직진성능이 좋다는 뜻이 된다. 방형계수가 크든지 하여 침로불안정한 선박의 경우에는 과도선수각이 지속적으로 커지는 발산이 발생할 수 있다.

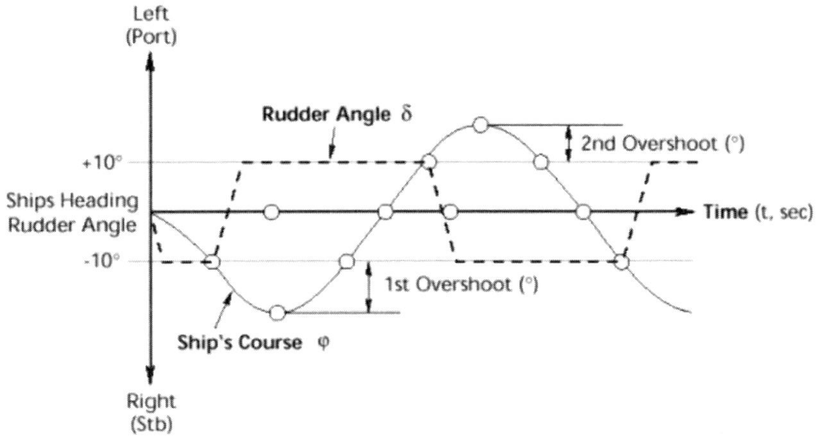

[그림 8.13] 10°/10° 지그재그 조종시험 결과

4. 긴급정지성능(Crash Astern Ability, Stopping Ability)

정지시험은 선박의 정지성능을 계측하기 위한 실험이다. 정지시험에는 긴급정지시험과 관성정지시험(stopping inertia test)이 있으며 상선 시운전의 경우에는 긴급정지시험이 수행된다. 선박은 자동차의 제동장치와 같이 강력한 마찰력을 신속하게 발생시킬 수 있는 시스템이 없으므로 선박이 정지하기까지 상당히 먼 거리를 전진하게 된다. 긴급정지시험의 절차와 시험결과는 그림 8.14와 같다. 일정한 속도로 전진하는 선박에 대하여 긴급정지 명령을 내리게 되면 엔진으로의 연료 공급이 중단되고 프로펠러는 공회전(windmilling) 상태가 된다. 이 때 높은 회전수에서 갑자기 프로펠러를 역회전하게 되면 전체 시스템에 과부하가 걸리게 되어 위험할 수 있으니 적정 수준으로 프로펠러의 회전수가 감소될 때까지 기다려야 한다. 대체로 프로펠러의 회전수가 연속최대출력(MCR)시 회전수의 약 20% 정도가 되면 엔진을 역전시키게 되고 이 때 발생하는 프로펠러의 역 추력에 의하여 선박의 속도가 '0kts'가 되면 시험이 완료된다.

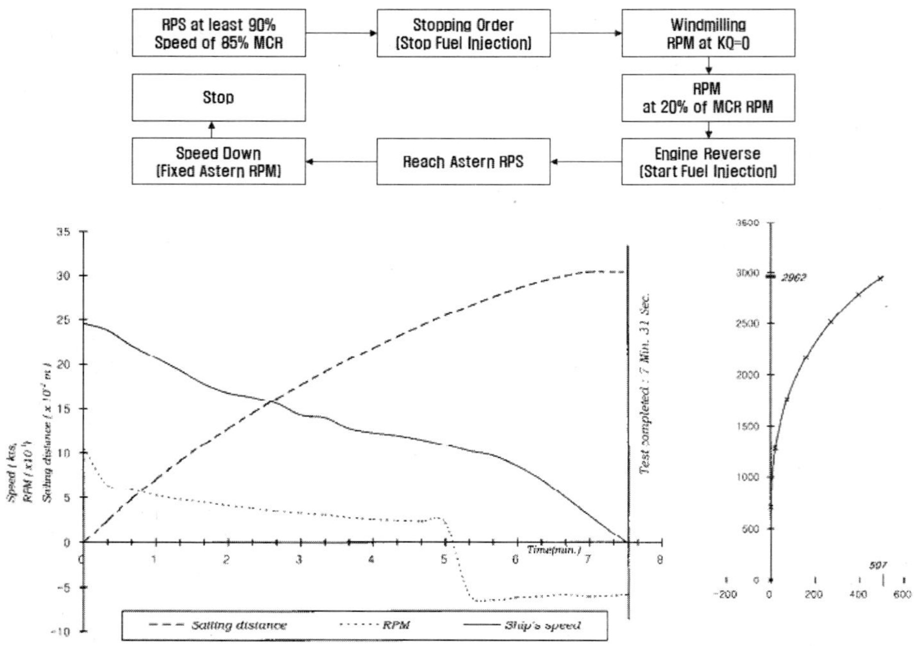

[그림 8.14] 긴급정지시험 절차와 시험 결과

5. 조종성 기준

1) 좋은 조종성능이란 ?

조선공학자들은 대부분 특정한 선박에 대하여 조종성능이 좋다거나 또는 나쁘다 등을 평가하는 것이 쉽지 않은 일임을 알고 있다. 선박의 조종성능은 다년간 다양한 선박을 운항해본 경험이 풍부한 운항자의 느낌에 의하여 그 성능의 양호도가 평가될 수 있을 것이다. 객관적이고 정량적인 조종성 기준을 마련하기 위해서는 선박 운항자로부터 선박을 조종할 때 느끼는 주관적인 의견을 취합하고 평가하여 필요한 정보를 추출해 내야 한다. 일본의 도선사협회(pilots association)에서는 일본내의 항구에 자주 출입하는 선박들에 대하여 조종성능의 양호도를 평가한 보고서를 국제해사기구(IMO)의 해사안전위원회(MSC)에 보고한 바 있다. 그러한 보고서를 검토하면 특정 선박의 조종성능에 대한 도선사들의 평가 이유를 알 수 있다. 즉, 선박 조종성능의 정량적 기준은 선박을 운항하는 운항자와 조선공학자들의 공동 작업에 의하여 현실성 있는 기준으로 만들어 질 수 있다.

2) 국제해사기구(IMO) 조종성 기준

국제해사기구의 해사안전위원회(MSC)에서는 일부 선박의 매우 열등한 조종성능에 기인한 해난사고 및 오염이 발생하는 상황을 개선하고자 선박의 조종성능에 대하여 IMO Resolution A.751(18) - Interim Standards for Ship Manoeuvrability - (adopted on 4 November 1993)을 초안을 채택하였다가 2002년에 Resolution MSC.137(76) - Standards for Ship Manoeuvrability - (adopted on 4 December 2002)으로 확정하였다. 이러한 표준 채택의 의미는 선박의 조종성능이 열악한 경우 운항자가 운항 기술로 만회해 나가는 상황에서 선박의 설계 시부터 표준으로 정한 조종성능을 만족시키는 상황으로의 전환에 있다. 즉, 운항자의 부담을 줄여 사고 발생의 위험을 낮추자는 것이다.

본 기준은 임의의 방향타와 추진시스템을 가진 수선 간 길이가 100m 이상의 선박에 적용하며 화학운반선 또는 가스운반선의 경우에는 길이에 상관없이 적용하여야 한다. 본 기준은 제한되지 않은 깊은 수심, 매우 잔잔한 해상 상태, 선박의 하기만재흘수 및 정상 운항속도(연속최대출력의 85%에 해당하는 속도의 90% 이상의 속도) 상태에서의 규정이며 다음과 같이 3가지 조종성 시험에 대하여 규정하고 있다.

선회시험(turning circle test)

<시험 조건>
- 진입 속도 : 정상 운항 속도(연속최대출력의 85%)
- 타각 : 좌현 및 우현 각각 35°

<IMO 규정>
- 선회전진거리(advance) / LBP ≤ 4.5
- 선회직경(tactical diameter) / LBP ≤ 5.0

선회전진거리와 선회직경의 정의는 8.2절과 그림 8.11을 참조한다. IMO는 정상상태에 도달하는 것을 확인하기 위해 가능한 한 540° 이상 선회할 것을 권고하고 있다.

지그재그 조종시험

10/10 지그재그 조종시험과 20/20 지그재그 조종시험을 좌현과 우현에 대하여 각각 실시한다. 10/10 지그재그 조종시험의 절차는 다음과 같다.

(1) 진입속도 : 정상운항속도(연속최대출력의 85%)
(2) 타각(rudder angle)을 신속하면서도 유연하게 우현 10°로 작동
(3) 선회각(heading)이 우현 방향으로 10°가 될 때까지 타각을 유지
(4) 선회각이 우현 방향으로 10°가 되는 시점에 타각을 좌현 10°로 변경
(5) 선회각이 좌현 방향로 10°가 될 때까지 타각을 유지
(6) 선회각이 좌현 방향로 10°가 되는 시점에 타각을 우현 10°로 변경
(7) 그림 8.12와 같이 위 과정을 반복

20/20 지그재그 조종시험은 타각과 선회각을 모두 20°로 하여 10/10 지그재그 조종시험과 동일한 방법으로 시행한다.

<IMO 규정>

- 10/10 지그재그 조종시험

$$
\begin{aligned}
\text{1차 과도선수각} &= 10^\circ \quad (L_{PP}/U < 10) \\
&= 20^\circ \quad (L_{PP}/U > 30) \\
&= \left(5^\circ + \frac{L_{PP}}{2U}\right) \quad (10 \le L_{PP}/U \le 30)
\end{aligned}
$$

2차 과도선수각 < 1차 과도선수각 + 15°

- 20/20 지그재그 조종시험

1차 과도선수각 < 25°

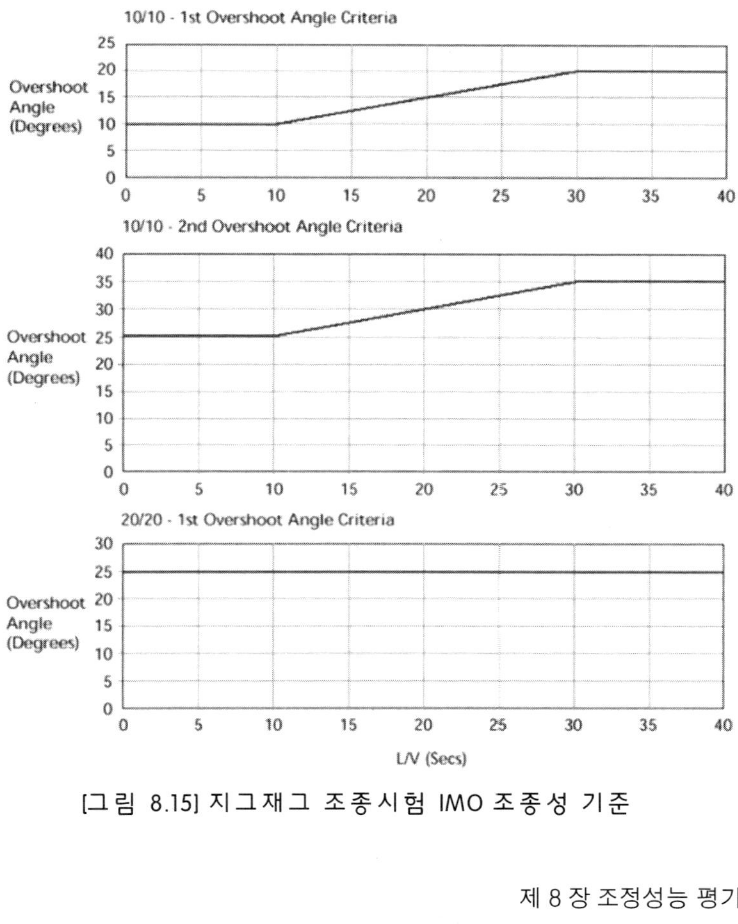

[그림 8.15] 지그재그 조종시험 IMO 조종성 기준

상기 기준은 그림 8.15와 같이 도표로 나타낼 수 있으며 10/10 지그재그 조종시험에서는 1차와 2차 과도선수각의 허용치를 규정하며 20/20 조종시험에서는 1차 과도선수각의 허용치만을 규정하고 있다. 부가적으로, 10/10 지그재그 조종시험에서 첫 번째 방향타 작동 후에 선수각이 10° 변화할 때까지의 진행거리가 선박길이의 2.5배 이하여야 한다고 규정하고 있다.

긴급정지시험

정상운항속도(최대연속출력의 85%)로 진행하는 상황에서 긴급 정지 시 선속이 영(0)이 될 때까지의 진행거리가 선박길이의 15배 이하여야 한다고 규정하고 있다. 이 기준은 VLCC와 같은 초대형 배수량선의 경우에는 다소 완화된 적용이 가능하나 어떠한 경우에도 선박 길이의 20배를 넘을 수 없다. 부록 A에 IMO Resolution MSC. 137(76) "STANDARDS FOR SHIP MANOEUVRABILITY"의 전문을 포함하였다. 긴급정지시험의 수행 절차 등에 대하여는 8.4절을 참조 바란다.

제 9 장

조종성능 추정

선박의 조종성능 평가는 선박이 건조된 이후 시운전을 수행함에 의하여 정확하게 평가를 하는 것도 중요하지만 선박 설계자 입장에서는 설계단계에서 미리 선박의 조종성능을 추정하여 운항안전성을 확보하는 것이 더욱 중요하다. 선박의 조종성능은 선형과 기본 제원에 가장 큰 영향을 받기 때문에 초기설계 단계에서는 조종성능이 양호하지 못한 것으로 예측되는 경우에 선형을 변경하거나 방향타의 설계 변경을 통해서 조종성능을 향상시킬 수 있으나 선박이 건조된 이후에 조종성능을 개선할 필요가 발생했을 때 개선할 여지가 거의 없기 때문이다.

선박 설계의 각 단계에서 선박의 조종성능을 추정하는 방법에는 실적선을 이용한 경험적 방법, 경험식을 이용한 방법 및 모형시험을 이용한 방법 등이 있으며 최근에는 전산유체역학의 비약적인 발전에 따라 수치해석을 이용한 방법이 적용 범위를 넓혀가고 있다.

경험적인 방법은 기존의 시운전 수행 선박 중에서 유사한 선형의 결과를 이용하여 추정하는 방법이다. 만약 설계하고자 하는 선박과 동일한 실적선이 있다면 매우 유용하고 정확한 방법이 될 것이다. 하지만 선형에 있어서의 약간의 변화가 조종성능에는 큰 변화를 줄 수도 있으므로 유사한 선박의 시운전 결과를 활용할 때에는 각별한 주의를 요한다.

경험식을 이용한 방법은 회귀식을 이용한 방법이고 주로 선박의 기본적인 제원에 대한 파라미터로써 회귀식을 구성한다. 회귀식의 대상은 주로 선박 조종운동방정식의 유체력 미계수들이며 때때로 선박의 조종성능이 그 대상이 되기도 한다. 이러한 경험식을 이용한 방법은 가장 널리 사용되는 방법으로서 선형이 확정되기 전에 유용하게 사용되기도 하며 모형시험을 수행하지 않는 선박에 대하여 사용되기도 한다.

모형시험을 사용한 방법은 실선 시운전 전 단계에서는 가장 정확하게 조종성능을 추정할 수 있는 방법으로 알려져 있다. 모형시험을 통한 조종성능의 추정법은 크게 두가지로 분류하고 있다. 하나는 자유항주시험(free running model test)으로 자체 추진기와 방향타를 이용하여 자항을 하면서 타를 조종하여 원하는 조종성능을 직접 시험하는 방법으로 추가적인 해석 없이 조종성능을 바로 확인할 수 있어서 많이 사용되는 방법이다. 그러나 모형선의 축척 효과를 고려할 수 있는 방법이 없다는 단점이 있다. 두 번째는 구속모형시험(captive model test)으로 대표적인 구속모형시험에는 PMM(planar motion mechanism test)시험, CMT(circular motion test)시험, 회전팔 시험(rotating arm test) 등이 있다. 구속모형시험 중에서 PMM 시험에 대하여는 9.2.1절에서 자세히 취급한다.

1. 조종운동방정식 모델링

7장에 자세하게 기술되어 있는 바와 같이 일반적인 상선의 경우에는 전후동요(surge), 좌우동요(sway) 및 선수동요(yaw)의 운동만 고려하는 조종운동방정식이 이용되고 있으며 Euler의 강체운동방정식에 의하여 다음과 같이 표현된다.

$$X = m(\dot{u} - vr - x_G r^2) \qquad (\text{전후동요})$$

$$Y = m(\dot{v} + ur + x_G \dot{r}) \qquad (\text{좌우동요})$$

$$N = I_{zz}\dot{r} + m x_G(\dot{v} + ur) \qquad (\text{선수동요}) \tag{7.10}$$

가장 보편적으로 이용되고 있는 조종운동방정식은 식(7.10) 좌변의 힘과 모멘트를 어떻게 표현하는가에 따라 전선수학모형(whole ship model 또는 Abkowitz model)과 분리수학모형(modular model 또는 MMG model)으로 나눌 수 있다. 전선수학모형은 프로펠러와

타를 포함한 선체 전체를 하나의 통합적인 대상으로 고려하고 조종운동 중 작용하는 힘과 모멘트를 표현하여 선박의 조종성능을 추정하는 방법으로 특정한 선박 및 운항 조건에 대하여 조종성능을 추정하는 경우에 유리하다. 따라서 자유항주시험을 제외하고 대부분의 모형시험을 이용한 조종성능의 추정에 전선수학모형이 사용되고 있다. 그러나, 방향타 또는 기타 선체 부가물의 형상에 부분적인 수정이 있을 때마다 전체 시험을 다시 수행해야 하는 불리함이 있으며 또한 유체력 미계수의 데이터베이스(database) 구축에도 불리하다.

분리수학모형의 경우에는 선체에 작용하는 힘들을 선체, 방향타 및 프로펠러와 관련된 힘들로 분리하여 취급하기 때문에 부분적인 설계 변경을 조종성능 해석에 반영하기 유리하며 또한 유체력 미계수의 데이터베이스 구축에도 유리하다. 하지만 선체, 방향타 및 프로펠러의 상호작용을 정확한 고려하는데 따르는 어려움으로 인하여 전선수학모형보다 조종성능 추정 정도는 다소 떨어지는 것으로 알려져 있다.

1) 분리수학모형(Modular Model 또는 MMG model)

선박의 조종운동은 파랑에 기인한 선박의 운동과는 달리 점성이 매우 중요한 역할을 한다. 또한 프로펠러는 유동장이 매우 복잡한 선미 후류 중에서 작동하고 더욱이 방향타는 프로펠러의 후류에 위치하고 있어 선체와 프로펠러의 영향을 동시에 받게 된다. 이러한 복잡한 유동장 내에서 작동하는 프로펠러나 방향타에 의하여 발생하는 유체동역학적 힘을 정식화하여 정확하게 추정하는 것은 매우 힘들다는 것을 알 수 있다. 일본에서는 1970년대에 조종수학모델 그룹(Mathematical Modeling Group, MMG)이 결성되었으며, 1980년대까지 다년간 다양한 이론적 및 실험적 연구를 토대로 MMG 조종수학모델을 제안하였다. MMG 그룹이 제안한 모델의 기본적인 개념은 선체, 방향타 및 프로펠러의 단독성능을 기본으로 하여 이들 상호간의 간섭효과를 간략하고 물리적으로 의미가 있는 수식으로 표현한다는 것이다. 이러한 표현을 사용하면, 선박 설계 과정에서 선체, 방향타 또는 프로펠러에 부분적인 수정이 이루어졌을 때 수정된 부분에 해당하는 부분만 수정하면 된다는 장점이 있으므로 선박 조종성능의 추정에 매우 광범위하게 사용되고 있다. 1980년대 초에 처음 제안된 MMG 모델은 연구기관이나 연구자에 따라 다양한 형태가 사용되고 지속적으로 개선되고 있으며 본 장에서는 MMG 모델링의 기본이 되는 내용들을 중심으로 살펴본다(Kijima(1990), Inoue(1981)).

조종운동방정식 식(7.10)의 힘의 관한 항들을 선체, 프로펠러 및 방향타에 기인한 힘과 모멘트로 세분화하여 무차원화한 형태로 표현하면 다음과 같다.

$$\left(\dot{u}' - v'r' - x_G'r'^2\right) = X_H' + X_P' + X_R'$$

$$m'\left(\dot{v}' + r' + x_G'\dot{r}'\right) = Y_H' + Y_P' + Y_R'$$

$$I_{zz}'\dot{r}' + m'x_G'\left(\dot{v}' + r'\right) = N_H' + N_P' + N_R' \tag{9.1}$$

식(9.1)에서 위 첨자 프라임($'$)은 무차원 계수를 나타내며 아래 첨자 H, P 및 R은 선체, 프로펠러 및 방향타로 인하여 발생하는 유체동역학적 힘과 모멘트를 나타낸다. x_G는 배의 중앙에서 무게중심까지의 x-축 방향의 거리이다.

(1) 선체에 기인한 유체력

선체로 인하여 작용하는 힘과 모멘트를 7장에서 취급한 바와 같이 Taylor 전개를 하여 x-방향 힘에 대해서는 2차 항까지 y-방향 및 N-방향 힘에 대해서는 3차 항까지 고려한 후에 물리적으로 의미를 가지는 항들만을 취하면 다음과 같이 표현된다.

$$X_H' = X_{\dot{u}}'\dot{u}' + X_{vv}'v'^2 + X_{vr}'v'r' + X_{rr}'r'^2 + X'(u)$$

$$Y_H' = Y_{\dot{v}}'\dot{v}' + Y_{\dot{r}}'\dot{r}' + Y_v'v' + Y_{vvv}'v'^3 + Y_r'r' + Y_{rrr}'r'^3$$

$$+ Y_{vrr}'v'r'^2 + Y_{vvr}'v'^2r'$$

$$N_H' = N_{\dot{v}}'\dot{v}' + N_{\dot{r}}'\dot{r}' + N_v'v' + N_{vvv}'v'^3 + N_r'r' + N_{rrr}'r'^3$$

$$+ N_{vrr}'v'r'^2 + N_{vvr}'v'^2r' \tag{9.2}$$

여기서 $X'(u)$는 저항시험으로부터 얻어진 선박의 저항을 나타낸다. $-X_{\dot{u}}'$, $-Y_{\dot{v}}'$ 및 $-N_{\dot{r}}'$은 각각 선박운동이론에서 취급한 x-방향, y-방향 부가질량계수 및 z-축 주위의 부가관성모멘트계수와 동일한 계수를 나타내며 점성과 관련이 없는 항들이므로 포텐셜이론을 이용하여 정도 높은 추정이 가능하다. 또한, Y_v, Y_r, N_v 및 N_r 등 선형 계수들과 X_{vv}, Y_{vvv} 및 Y_{rrr} 등 비선형 계수들은 좌우동요와 선수동요 운동 속도와 관계 있는 감쇄계수 항임을 알 수 있다. 이 경우의 감쇄계수는 조파에 의한 감쇄와 점성에 의한 감쇄를 모두 고려하여야 정확한 계수 값을 구할 수 있다. 각 계수들의 기본적인 정의는 7.4절과 8.1절을 통하여 자세히 설명이 되어 있다.

(2) 프로펠러 추력

프로펠러에 기인한 유체동역학적 힘과 모멘트는 다음과 같이 표현한다.

$$X_P' = (1-t)\rho n^2 D_P^4 K_T / (\rho L^2 U^2/2)$$
$$Y_P' = Y_0'$$
$$N_P' = N_0' \tag{9.3}$$

여기서 Y_0'와 N_0'는 프로펠러의 회전에 의한 비대칭성에 기인한 유체동역학적 힘과 모멘트를 나타낸다. 단축 프로펠러 선박에 존재하는 항으로 쌍축선일 경우에는 대칭성에 의하여 영이 된다. K_T는 프로펠러 단독시험(propeller open water test)로부터 얻어지는 추력계수이며 보통 다음의 식으로 표현하여 사용한다.

$$K_T(J_P) = \frac{T}{\rho n^2 D_P^4} = a_0 + a_1 J_P + a_2 J_P^2 \tag{9.4}$$

여기서

$$J_P = \frac{U(1-w)}{nD_P} \quad : \text{ 전진비}$$

그림 9.1은 상선에 대한 전형적인 프로펠러 단독시험 결과를 보여주고 있다.

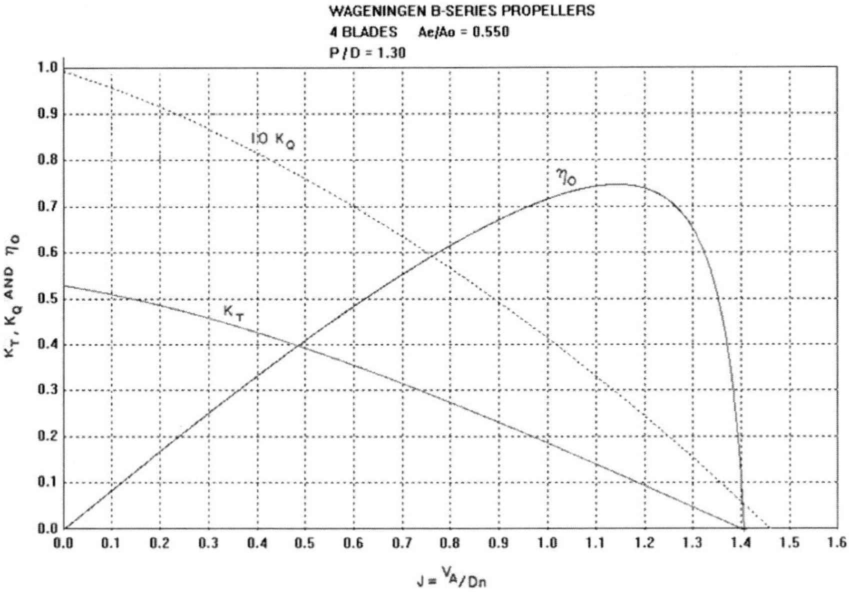

[그림 9.1] 프로펠러 단독시험의 전형적인 시험 결과

일반적으로 프로펠러는 선미에 장착되어 있으므로 선박이 U의 속도로 전진할 때 선미에 발생하는 반류의 영향으로 프로펠러에 유입되는 유속, u_p는 평균적으로 U 보다 작다. 상기의 전진비 식에 나타나는 w는 테일러 반류비(Taylor's wake fraction)로 다음의 식과 같이 정의된다.

$$w = \frac{U - u_P}{U} \tag{9.5}$$

반류비는 프로펠러가 단독상태와 자항상태의 성능이 동일하다는 가정하에 선박의 자항시험 결과와 프로펠러 단독시험 결과를 이용하여 추력일치법(thrust identity method)에 의하여 구할 수 있다. 그림 9.2에 있는 바와 같이 자항상태에서 계측된 추력 T로부터 추력계수를 구하고 프로펠러 단독상태 결과를 사용하여 다음 식에 의하여 반류비를 구한다.

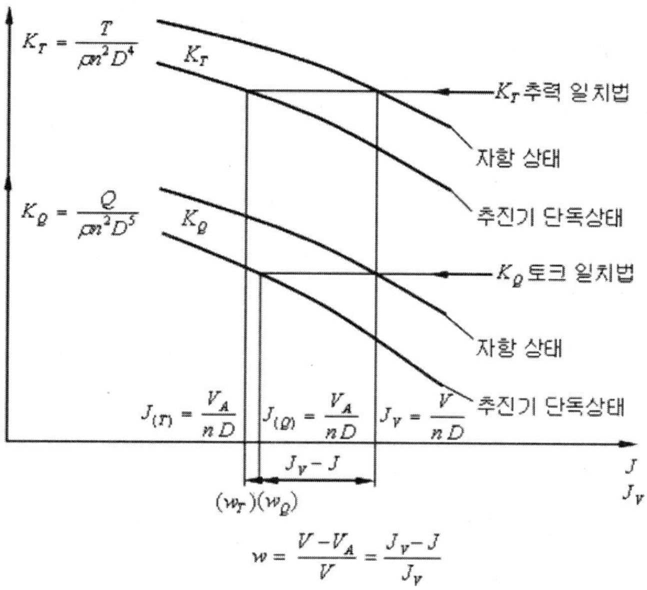

[그림 9.2] 추력일치법에 의한 유효반류의 결정

$$w = \frac{U - u_p}{U} = \frac{J_U - J}{J_U} \tag{9.6}$$

여기서 J_U는 선속 U의 자항상태의 전진비이고 J는 추력일치법에 의하여 산출된 프로펠러 단독상태의 전진비이다. 임의의 선박에 대하여 반류비를 알고 있으면 주어진 선박의 전진속도에 대하여 식(9.4)를 이용하여 추력계수 및 추력을 구할 수 있다.

식(9.3)을 이용하여 x-방향 유체력을 구하려면 반류비 외에도 추력감소비, t를 알아야 한다. 자항시험 시 프로펠러의 작동에 의하여 선미부 유속이 증가함에 따라 동일한 속도에서의 예인시험에서 얻는 저항보다 큰 저항을 받게 된다. 저항의 증가를 편의상 추력이 감소했다고 볼 수 있으며 다음의 식과 같이 추력감소비(thrust deduction ratio), t를 도입하여 사용한다.

$$t = \frac{T - R_T}{T} = 1 - \frac{R_T}{T} \tag{9.7}$$

선박의 조종운동은 비교적 큰 값의 사항각(drift angle)과 회두운동을 수반하므로 그에 따라 보정된 반류비와 추력감소비를 사용하여야 조종성능 추정의 정도를 높일 수 있다. 조종운동중의 반류비는 사항과 회두운동으로 인하여 프로펠러 위치에 발생되는 추가적인 유체 유입속도의 함수로 다음의 식으로 표현된다.

$$1-w_P=(1-w_{P0})\left\{1+\tau\left(1-\exp\left(-C_P v_P'^2\right)\right)\right\} \quad (9.8)$$

여기서

$1-w_{P0}$: 저항추진시험에서 얻어진 유효 프로펠러 반류

τ, C_P : 실험적으로 정해지는 계수들

v_P' : 프로펠러 위치에서의 횡 방향 유입속도 $(=v'+x_P' r')$

x_P' : 프로펠러의 x좌표$/L$

추력감소비는 사항 및 회두운동의 영향을 거의 받지 않는 것으로 알려져 있다.

(3) 방향타에 기인한 유체역학적 힘

방향타는 대체적으로 대칭의 양력체로서 그림 9.3와 같이 받음각 α를 가지고 유속 U_R의 유동이 입사할 때 입사유동에 수직인 방향으로 양력, L이 발생하고 입사유동에 평행한 방향으로 항력, D가 발생한다. 양력과 항력의 합력을 방향타의 코드선(chord line)에 수직한 성분과 수평한 성분으로 분리할 때 수직한 성분, F_N을 타 직압력(rudder normal force)이라 한다.

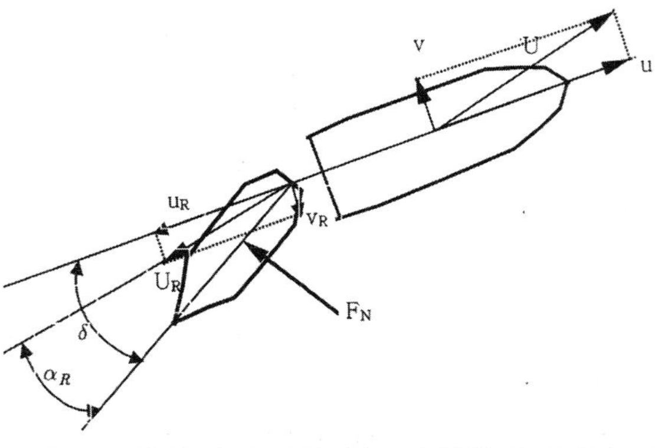

[그림 9.3] 방향타에 입사하는 유동과 작용하는 힘

방향타를 δ만큼 회전시키면 타 직압력으로 인하여 선체에 작용하는 무차원화한 x-방향 힘, $X_R{}'$, y-방향 힘, $Y_R{}'$ 및 모멘트, $N_R{}'$은 다음과 같다.

$$X_R{}' = -F_N{}'\sin\delta$$
$$Y_R{}' = F_N{}'\cos\delta$$
$$N_R{}' = Y_R{}'x_R{}' = (F_N{}'\cos\delta)x_R{}' \tag{9.9}$$

여기서 $x_R{}'$은 선체 길이로 무차원화 한 방향타의 x-좌표이다. 방향타와 마찬가지로 선체도 또 하나의 양력체로 볼 수 있고, 결과적으로 균일 흐름 중에 두 개의 양력체가 앞뒤로 놓여있는 상태가 된다. 방향타를 δ만큼 회전시키면 방향타 주위에 순환이 발생하고 압력장이 형성된다. 이 압력장은 전방에 놓여있는 선체 주위의 압력장에도 영향을 주어 선체-방향타 상호작용에 의하여 힘과 모멘트가 추가로 발생하여 식(9.9)은 다음과 같이 변환된다.

$$X_R{}' = -(1-t_R)F_N{}'\sin\delta$$
$$Y_R{}' = (1+a_H)F_N{}'\cos\delta$$
$$N_R{}' = (x_R{}' + a_H x_H{}')F_N{}'\cos\delta \tag{9.10}$$

여기서 t_R, a_H 및 $x_H{}'$는 선체-방향타 간섭계수로서 실험에 의하여 구하여 진다. 통상적으로 $t_R = 0.2 \sim 0.3$ 및 $x_H{}' = -0.4 \sim -0.5$를 사용한다. 한편 a_H는 프로펠러 추력 및 방형비척계수의 영향을 많이 받으며 실험 결과에 의하면 다음의 식을 사용할 수 있다.

$$a_H = 0.5\,C_B^2 + 0.8\,C_B - 0.41 \tag{9.11}$$

무차원화된 타 직압력, $F_N{}'$은 다음의 식과 같이 표현된다.

$$F_N' = \left(\frac{U_R}{U}\right)^2 \left(\frac{A_R}{L^2}\right) f_\alpha \sin\alpha_R \tag{9.12}$$

여기서

A_R : 방향타 면적

U_R : 방향타에의 유체 유입 속도 $\left(= \sqrt{u_R^2 + v_R^2}\right)$

$\alpha_R = \delta - \delta_R = \delta - \tan^{-1}\dfrac{v_R}{u_R} = \delta - \dfrac{v_R}{u_R}$

f_α : 타 단독의 직압력 계수 $\left(= \dfrac{6.13\Lambda}{2.25 + \Lambda}\right)$

Λ : 방향타의 종횡비 $\left(= \dfrac{span}{chord}\right)$

식(9.12)를 이용하여 타 직압력을 산출하기 위해서는 유체 유효 유입 속도 U_R와 유효 유입각 α_R을 알아야한다. 결과적으로 유효 유입속도의 x-방향 성분인 u_R과 y-방향 성분인 v_R을 알아야한다. 유효 유입 속도를 추정하는데는 선체와 프로펠러의 복합적인 영향을 정도있게 고려하여야하며 자세한 유도 가정은 MMG 모델을 취급한 논문 (Kijima(1990), Inoue(1981))을 참조할 수 있다.

2) 전선수학모형(Whole Ship Model 또는 Abkowitz Model)

조종운동방정식에서 전선수학모형은 Abkowitz모델이라고 하기도 한다. 식(9.1)과 동일한 형태를 가지는 조종운동방정식은 원점이 모형선의 무게중심에 고정되고 모형선과 같이 움직이는 우수좌표계를 사용하여 표시한다.

$$\begin{aligned} m'(\dot{u}' - v'r' - x_G' r'^2) &= X_H' + X_P' + X_R' \\ m'(\dot{v}' + r' + x_G'\dot{r}') &= Y_H' + Y_R' \\ I_{zz}'\dot{r}' + m'x_G'(\dot{v}' + r') &= N_H' + N_R' \end{aligned} \tag{9.13}$$

여기서 H, P 및 R은 각각 선체, 프로펠러 및 방향타로 인하여 선박에 작용하는 힘을 나타낸다. 전선수학모형에서는 프로펠러의 추력을 제외한 모든 유체동역학적 계수들이 구속모형시험을 통하여 얻어지며 프로펠러의 추력은 프로펠러 단독시험으로부터 구한다. 특별한 언급이 없는 한 유체동역학적 계수들은 실선 자항점($\eta = 1.0$)에서의 값들을 표시한다. MMG 모델링을 위한 모형시험은 선체만의 단독시험을 수행하여 선체 운동에 기인한 유체동역학적 계수들을 구하는 반면에 전선수학모형을 위한 모형시험은 프로펠러와 방향타를 전부 취부한 상태에서 시험을 수행하여 선체, 방향타 및 프로펠러의 상호작용을 포함한 유체동역학적 계수들을 구한다.

(1) 선체 운동에 기인한 유체역학적 힘

선체 운동에 기인한 유체역학적 힘의 모델링은 MMG 모델링과 매우 유사하나 선체에 프로펠러와 방향타가 모두 부착된 상태에서 모형시험이 수행이 되므로 프로펠러 회전으로 인한 비대칭적인 힘이 포함되는 점이 다르다.

$$
\begin{aligned}
X_H' &= X_{\dot u}'\dot u' + X_{vv}'v'^2 + X_{vr}'v'r' + X_{rr}'r'^2 + X'(u) \\
&\quad + X_\eta'(1-\eta) + X_{\eta\eta}'(1-\eta)^2 + X_{\eta\eta\eta}'(1-\eta)^3 \\
Y_H' &= Y_0' + Y_{\dot v}'\dot v' + Y_{\dot r}'\dot r' + Y_v'v' + Y_{vvv}'v'^3 + (Y_r' - m')r' + Y_{rrr}'r'^3 \\
&\quad + Y_{vrr}'v'r'^2 + Y_{vvr}'v'^2r' + Y_\eta'(1-\eta) + Y_{\eta\eta}'(1-\eta)^2 \\
N_H' &= N_0' + N_{\dot v}'\dot v' + N_{\dot r}'\dot r' + N_v'v' + N_{vvv}'v'^3 + N_r'r' + N_{rrr}'r'^3 \\
&\quad + N_{vrr}'v'r'^2 + N_{vvr}'v'^2r' + N_\eta'(1-\eta) + N_{\eta\eta}'(1-\eta)^2
\end{aligned}
\tag{9.14}
$$

여기서 η는 초기속도 U와 조종 운동 중 선박의 실제 속도와의 비를 나타내며 자항점은 $\eta = 1.0$로 정의된다. 힘과 모멘트에 대한 편미분에 대한 정의 및 계수들의 무차원화에 대한 정의는 7.3절에서 사용한 것과 동일하다.

식(9.2)와 식(9.14)를 비교하면 형태상으로 동일한 계수들이 많이 존재하지만 계수를 산출하기 위한 모델링 방법이 다르므로 계수들의 값은 다르다. 식에 포함된 각 계수들의 정의는 7.4절과 8.1절에 자세히 설명이 되어 있으며 모형시험을 통하여 각 계수들을 산출하는 과정은 9.2절(구속모형시험)에서 다룬다.

(2) 프로펠러 추력

프로펠러 추력은 MMG 모델링에서의 식과 동일하나 비대칭적 힘은 0으로 간주하고 선체력을 모델링하는 과정에서 포함한다.

$$X_P{}' = \frac{(1-t)\rho n^2 D_P^4}{\frac{1}{2}\rho L^2 U^2} \tag{9.15}$$

(3) 방향타에 기인한 유체역학적 힘

전선수학모형에서의 타력은 다음의 식으로 표현되며 선체력과 마찬가지로 선속과 타각을 변화시키며 전선모형시험을 수행하는 과정을 통하여 구한다.

$$\begin{aligned}
X_R{}' &= X_{\delta\delta}{}'\delta^2 \\
Y_R{}' &= Y_\delta{}'\delta + Y_{\delta\delta\delta}{}'\delta^3 + Y_{\delta\eta}{}'\delta(1-\eta) + Y_{\delta\eta\eta}{}'\delta(1-\eta)^2 \\
N_R{}' &= N_\delta{}'\delta + N_{\delta\delta\delta}{}'\delta^3 + N_{\delta\eta}{}'\delta(1-\eta) + N_{\delta\eta\eta}{}'\delta(1-\eta)^2
\end{aligned} \tag{9.16}$$

2. 구속모형시험(Captive Model Tests)

전절에서 대표적인 구속모형시험에는 PMM(planar motion mechanism test) 시험, CMT(circular motion test) 시험, 회전팔 시험(rotating arm test) 등이 있음을 언급한 바 있다. 선박의 조종성능을 예측하는데 있어서 구속모형시험의 결과들과 전선수학모형에 따른 고차 비선형 조종운동방정식을 결합한 조종시뮬레이션 기법은 조종성능 추정정도가 가장 높은 유용한 방법이라고 할 수 있다. 이러한 방법은 자유항주시험보다 시간과 비용이 많이 들지만 특정 선박에 대하여 선형 및 비선형 유체력 미계수들을 구해 놓으면 조종운동방정식을 시간 적분함에 의하여 다양한 조건에서의 조종성능을 예측할 수 있는 장점이 있다.

1) PMM 시험

모형시험 준비 및 종류

PMM 시험은 전선수학모델에 포함된 유체력 미계수들을 구하기 위하여 타와 프로펠러가 취부된 모형선을 사전에 계획된 동요 모드에 따라 강재 동요시키면서 선체 및 타에 작용하는 힘을 계측하는 시험으로 일반적으로 예인수조에서 수행된다. 시험장비는 대체로 예인전차의 뒷부분에 설치되고 그림 9.4에 보이는 것과 같이 모형선과는 하단에 짐벌과 로드셀(load cell)이 부착된 2개 또는 3개의 지지대에 의하여 연결되어 있다.

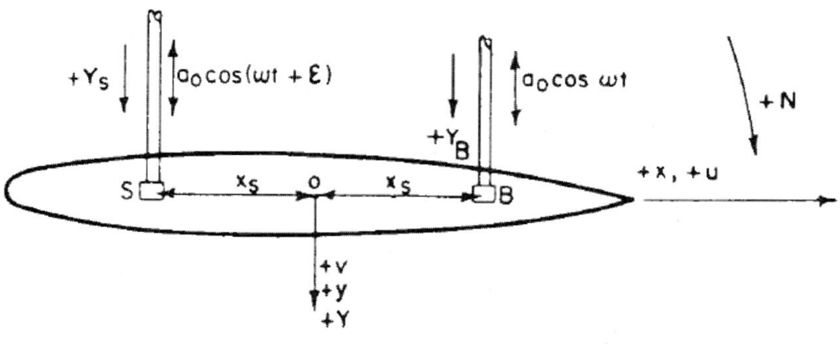

[그림 9.4] PMM 장비에 부착된 모형선

모형선, 모형프로펠러 및 방향타는 기하학적 상사를 만족하도록 일정한 축척비로 제작된다. 모형선의 전진속도는 프루드 상사법칙(Froude's similitude law)에 따르고 모형 프로펠러의 회전수는 저항추진시험으로부터 산정된 실선의 자항점에서의 전진계수에 대한 프로펠러 회전수와 일치시킨다. 선박은 자항 상태로 시험이 수행되므로 추력과 토오크를 계측하기 위하여 자항 동력계가 설치된다. 3개의 지지대를 가지고 있는 PMM장비의 경우에 전후방향의 힘은 모형선의 중앙에 부착되어 좌우방향으로 자유롭게 움직일 수 있는 로드셀에서 계측되며 좌우방향의 힘은 모형선의 중앙에서 앞뒤로 일정한 거리만큼 떨어져 있으며 전후방향으로는 자유롭게 움직일 수 있는 2개의 로드셀에서 계측된다. 2개의 지지대를 사용할 경우에는 각 지지대 하단에 부착된 2축 로드셀에서 전후방향과 좌우방향의 힘을 계측한다. 타 계측시스템은 타 지지대, 로드셀 및 타 구동 시스템으로 구성되어 있고 타의 구동부분에 대하여 타 접선력, 타 직압력 및 타 모멘트 등을 계측한다.

PMM 시험은 크게 정적시험과 동적시험으로 구분된다. 정적시험에는 타 단독 시험(rudder open water test), 자항 시 모형선의 편류각(drift angle)을 변화시키며 시험하는 정적 편류각 시험(static drift angle test), 자항 시 타각을 변화시키며 시험하는 정적 타각 시험(static rudder angle test) 및 자항 속도와 타각을 변화시키며 시험하는 정적 속도 및 타각 시험(static speed and rudder angle test) 등이 있다. 동적 시험에는 모형선을 강재 동요시키는 방법에 따라 순수 좌우동요 시험(pure sway test), 순수 선수동요 시험(pure yaw test) 및 선수동요 및 편류각 시험(yaw and drift angle test) 등이 있다. 정적시험에 대해서는 상하동요, 종동요 및 횡동요를 자유롭게 한 상태에서 시험을 수행하고 동적시험에 대해서는 횡동요를 구속한 상태에서 수행한다. 그림 9.5에 정적 및 동적 PMM 시험 모우드들을 보여주고 있다. 그림 9.6는 대형예인수조에서 PMM 시험이 수행되는 장면을 보여주고 있다.

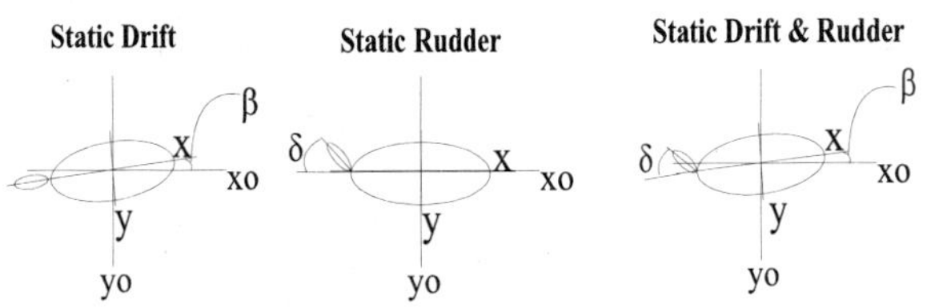

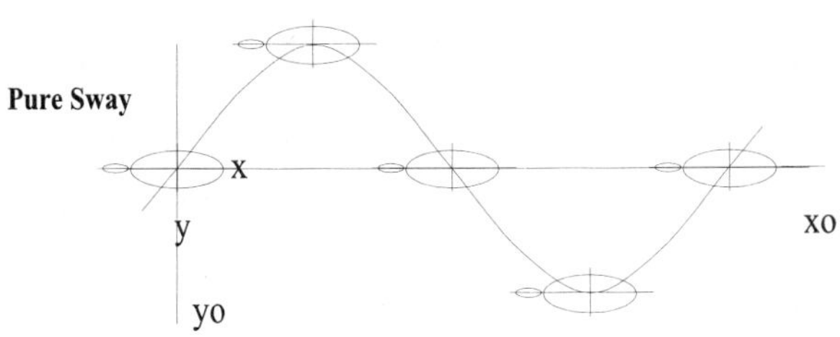

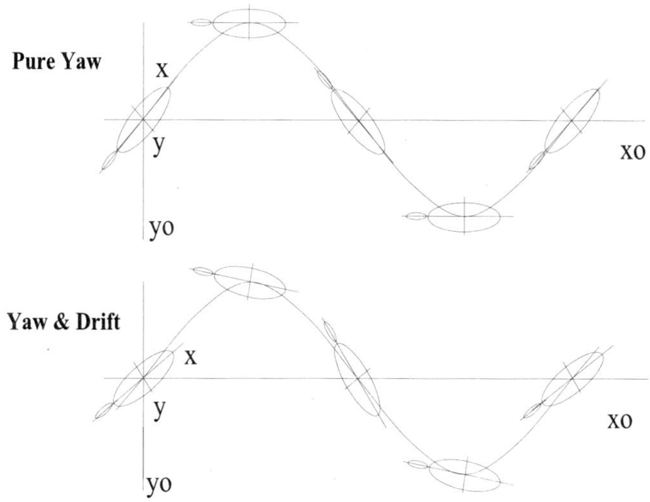

[그림 9.5] 정적 및 동적 PMM 시험 모우드

[그림 9.6] 예인수조에서 PMM 시험 수행 장면

정적 및 동적 시험을 통하여 구하는 계수들을 표 9.1 나타내었다. 비선형 조종운동방정식 식(7.23)에 포함되는 미계수의 숫자는 표에 있는 것보다 훨씬 많으나 실제로 조종성능 해석에 사용되는 미계수의 숫자는 각 기관마다 다를 수 있으며 상기 표는 국내 조선해양분야 대기업연구소에서 사용하는 전선수학모델을 기준으로 한 미계수들을 참고하여 작성되었다.

신호 분석 및 유체력 미계수

정적 편류각 시험과 정적 타각 시험과 같은 정적시험의 경우에 동력학적 힘 과 모멘트, 타 직압력 및 프로펠러 추력 등은 로드셀에서 계측된 신호의 시간 평균값을 사용한다. 동적시험의 경우에는 로드셀 신호의 0차 및 1차 후리에 변환 값을 사용하는데 이는 로드셀에서 계측된 신호에는 모형선에 작용하는 유체동력학적 부가질량력과 감쇠력이 합쳐져 있기 때문에 이를 분리해 냄으로써 수학 모형에 맞는 조종 유체력 미계수들을 구할 수 있기 때문이다.

표 9.1 정리되어 있는 바와 같이 정적 편류각 시험으로부터는 횡 방향 속도인 v와 관련된 계수를 구한다. 그림 9.7에 나타난 바와 같이 모형선에 편류각 β를 주고 모형선을 실선의 자항속도로 예인하면서 선체 전후에 위치한 지지대 하단에 있는 로드셀로부터 선체고정좌표계의 y-방향 힘과 z-축을 중심으로 하는 모멘트를 계측한다. 횡 방향 속도, v와 편류각, β는 $v=-\ V sin\beta$의 관계를 갖는다.

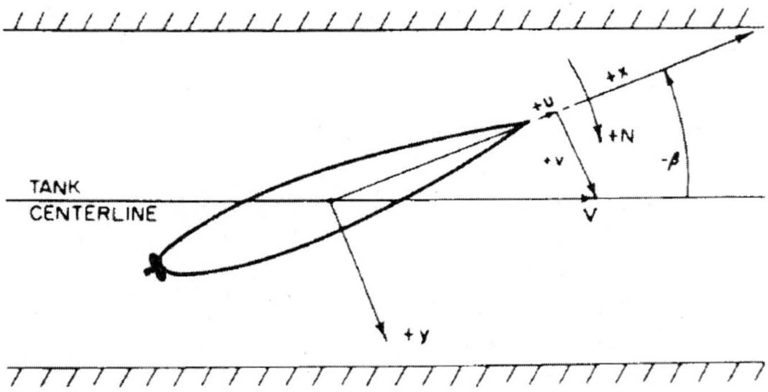

[그림 9.7] 정적 편류각 시험

[표 9.1] PMM 시험 종류 및 관련된 유체력 미계수

시험 종류	변수	조종성 유체력 미계수	
		단일 변수	복합 변수
정적 타각 시험 (Static Rudder)	Rudder angle, δ	X_0, $X_{\delta\delta}$ Y_0, Y_δ, $Y_{\delta\delta\delta}$ N_0, N_δ, $N_{\delta\delta\delta}$	
정적 편류각 시험 (Static Drift)	Drift angle, β	X_{vv} Y_v, Y_{vvv} N_v, N_{vvv},	
정적 속도 및 타각 시험 (Speed and Rudder)	Rudder angle, δ and Speed, u	Y_η, $Y_{\eta\eta}$ N_η, $N_{\eta\eta}$	$Y_{\delta\eta}$, $Y_{\delta\eta\eta}$ $N_{\delta\eta}$, $Y_{\delta\eta\eta}$
순수 좌우동요 시험 (Pure Sway)	Sway accel., $\dot{v}$	$Y_{\dot{v}}$, $N_{\dot{v}}$	
순수 선수동요 시험 (Pure Yaw)	Yaw velocity, r Yaw accel., $\dot{r}$	X_{rr} $Y_{\dot{r}}$, Y_r, Y_{rrr} $N_{\dot{r}}$, N_r, N_{rrr}	
선수동요 및 편류각 시험 (Yaw and Drift)	Drift angle, β with constant Yaw velocity, r		X_{vr} Y_{rvv}, Y_{vrr} N_{rvv}, N_{vrr}

일정한 예인 속도에서 편류각을 변화시킴에 의하여 횡 방향 속도를 변화시키면서 다수의 속도에 대하여 실험을 반복하여 결과를 횡 방향 속도의 함수로 도시하면 그림 8.6와 같은 결과를 얻고 힘과 모멘트 곡선의 원점에서의 기울기가 각각 Y_v와 N_v 값이 된다. 횡 방향 속도의 범위를 비선형 영역까지 확장한 결과를 이용하면 비선형 계수인 Y_{vvv}와 N_{vvv} 값을 산출할 수 있다.

가속도에 관계되는 미계수는 상기와 같은 정적인 시험으로는 구할 수가 없고 동적인 시험을 수행하여야 한다. 순수 좌우동요 시험을 예로 들면 강제동요의 변위를 $y = a_0 \sin\omega t$ 라 할 때, 모형선의 속도는 $v = \omega a_0 \cos\omega t$가 되고 가속도는 $a =- \omega^2 a_0 \sin\omega t$가 된다. 이때 지지대 하단에 취부된 로드셀에서 검출된 신호는 $Y_S = Y_0 + Ysin(\omega t - \epsilon)$이라 할 수 있다. 여기서 Y_{mean}은 신호의 평균값이고 ϵ은 좌우동요와의 위상차가 된다. 식을 풀

어서 정리하면 :

$$Y_S = Y_{mean} + Ycos\epsilon \sin\omega t - Ysin\epsilon \cos\omega t$$
$$= Y_{mean} + Y_{inphase}\sin\omega t - Y_{out}\cos\omega t \quad (9.17)$$

여기서 $Y_{inphase}$은 변위와 같은 위상을 갖는 부가질량력이고 Y_{out}은 변위와 90° 의 위상차를 갖는 감쇠력이다. 식(9.17)을 한 주기 동안 적분하고 후리에 변환을 하면 다음과 같이 Y_{mean}, $Y_{inphase}$ 및 Y_{out}의 값을 구할 수 있다.

$$\int_0^T Y_S\,dt = \int_0^T Y_{mean}\,dt + \int_0^T Y_{inphase}\sin\omega t\,dt$$
$$- \int_0^T Y_{out}\cos\omega t\,dt = TY_{mean}$$
$$\int_0^T Y_S\sin\omega t dt = \int_0^T Y_{mean}\sin\omega t\,dt + \int_0^T Y_{inphase}\sin^2\omega t\,dt$$
$$- \int_0^T Y_{out}\cos\omega t sin\omega t\,dt = \frac{T}{2}Y_{inphase}$$
$$\int_0^T Y_S\cos\omega t dt = \int_0^T Y_{mean}\cos\omega t\,dt + \int_0^T Y_{inphase}\sin\omega t\cos\omega t dt$$
$$- \int_0^T Y_{out}\cos^2\omega t\,dt = -\frac{T}{2}Y_{out}$$
$$(9.18)$$

한편, 식(9.13)와 식(9.14)으로부터 순수 좌우동요 시 선체에 작용하는 힘은 다음과 같다.

$$Y_S = -\left(m - Y_{\dot{v}}\right)\dot{v} + Y_0 + Y_v v + Y_{vvv}v^3$$
$$= -\left(m - Y_{\dot{v}}\right)\left(-\omega^2 a_0\right)\sin\omega t + Y_0 + Y_v\left(\omega a_0\right)\cos\omega t + Y_{vvv}\left(\omega a_0\right)^3\cos^3\omega t$$
$$(9.19)$$

식(9.18)와 식(9.19)을 이용하면 y-방향 속도 및 가속도와 관련된 유체력 미계수 들을 다음과 같이 구할 수 있다.

$$Y_{mean} = \frac{1}{T}\int_0^T Y_S dt = Y_0$$

$$Y_{inphase} = \frac{2}{T}\int_0^T Y_S \sin\omega t dt = \omega^2 a_0 (m - Y_{\dot{v}})$$

$$Y_{out} = \frac{2}{T}\int_0^T Y_S \cos\omega t dt = \omega a_0 Y_v + \frac{3}{4}(\omega a_0)^3 Y_{vvv}$$

(9.20)

표 9.1에 포함된 각종 정적 및 동적 시험을 수행한 결과를 앞서 설명한 정적 편류각 시험과 순수 좌우동요 시험 결과의 해석 방법과 유사한 과정에 의하여 해석함에 의하여 조종시뮬레이션에 필요한 유체력 미계수 들을 산출할 수 있다. 프로펠러의 추력은 식(9.3)을 이용하여 구하며, 전후 동요의 부가질량계수인 $X_{\dot{u}}$는 PMM 시험으로 얻을 수 없으므로 운동성능 해석 또는 경험식 등을 이용하여 별도로 구하여야 한다. 식(9.14)과 식(9.16)에 포함된 모든 유체력 미계수를 구하면 조종운동방정식은 미지수인 가속도 항들, $\dot{u}, \dot{v}$ 및 $\dot{r}$에 대한 연립방정식이 되며 7장 식(7.24), 식(7.25) 및 식(7.26)의 과정을 이용하여 선회성능, 변침성능 등을 포함하여 선박의 조종성능을 원하는 운동모드에 따라 추정할 수 있다.

PMM 시험은 비교적 폭이 크지 않은 예인수조를 이용하여 수행하는 시험으로 부가질량과 감쇠력과 관련된 계수를 동시에 구할 수 있는 장점이 있으나 운동 진폭의 제한으로 인하여 비선형 유체력 추정에 정확도가 떨어지는 단점이 있다. 이러한 단점을 보완하기 위한 시험으로는 회전팔 시험과 CMT가 있다.

2) 회전팔 시험(Rotating Arm Test)

선박의 선회운동과 관련 있는 미계수 Y_r, N_r, Y_{rrr} 및 N_{rrr}등을 구하기 위해서 회전팔 장비라는 특별한 장치가 이용된다. 회전팔 장치는 그림 9.8과 같이 사각수조 또는 원형수조 중앙에 설치된 회전축을 중심으로 회전하는 회전팔의 끝단에 모형선을 부착하고 정해진 각속도를 가지고 선회하도록 한 장치이다. 회전팔에 모형선이 부착된 위치 즉 회전반경을 변화시키면서 모형선에 취부된 로드셀을 이용하여 모형선에 작용하는 힘을 계측하여 원하는 유체력 미계수를 산출할 수 있다. 감쇄력 관련 유체력 미계수와 비선형 유체력 미계수 산출에 유리한 면이 있다. 회전팔 시험시 회전 각속도는 다음과 같이 주어진다.

$$r = \frac{u_1}{R} \tag{9.21}$$

주어진 선속에 대하여 회전반경 R을 변화시킴으로 회전속도가 변화하며, 회전속도를 변화시키면서 시험을 수행하여 회전속도와 관련된 유체력 미계수를 산출한다. 모형선을 회전팔에 직각이 아닌 편류각을 갖도록 취부하고 다양한 편류각과 회전속도에 대하여 시험을 수행함에 의하여 횡 방향 속도에 관한 유체력 미계수 Y_v, N_v, Y_{vvr} 및 N_{vvr} 등을 구할 수도 있다.

회전팔 시험의 단점은 예인수조를 이용할 수 없으므로 회전팔 시험 전용의 특별한 설비가 필요하다는 점과 시험계측이 모형선이 한번 회전하는 동안 수행되어야 한다는 점이다. 또한, 선형 계수들 Y_v, N_v, Y_r 및 N_r 등의 산출을 위하여는 회전속도가 매우 작은 값에 대하여 시험이 수행되어야 하는데 식 (9.21)에 의하면 회전반경이 매우 커져야 하며 이는 장비의 규모가 커져야 함을 뜻한다.

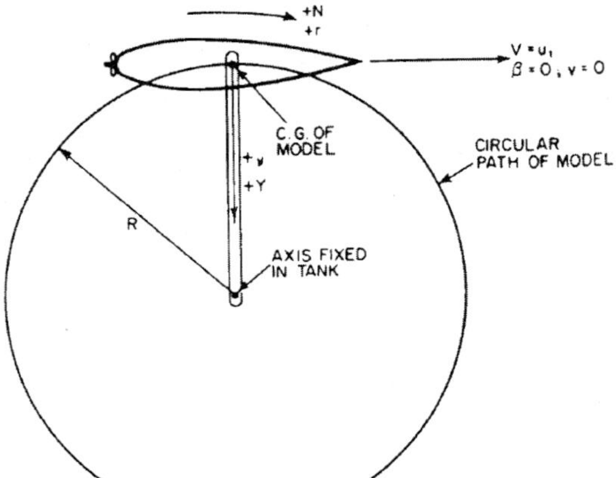

[그림 9.8] 회전팔 시험

제 10 장
선형과 조종성능

1. 선형계수의 영향

1) 방형비척계수(CB)

방형비척계수는 선박이 조종성능에 매우 큰 영향을 준다. 일반적으로 선박은 방향비척계수가 커질수록 즉, 비대해질수록 직진 안정성 면에서 불안정하여지며, 반면에 선회성능은 좋아지는 경향을 보인다. 그림 10.1에서 보듯이 방형비척계수가 커짐에 따라 타각으로 무차원화한 첫 번째 과도선수각이 커지는 경향을 보여주고 있다.

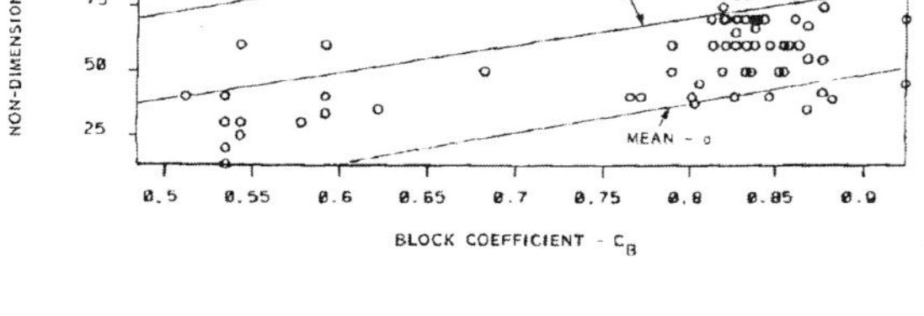

[그림 10.1] 방형비척계수와 무차원화한 첫 번째 과도선수각 (출처: Lewis(1989))

그림 10.2는 타 면적비가 일정할 때 방형비척계수와 타각의 변화에 따른 선박의 선회 성능을 보여주고 있다. 방형비척계수가 커짐에 따라 수선간길이로 무차원화한 선회직경이 감소하고 있음을 알 수 있다.

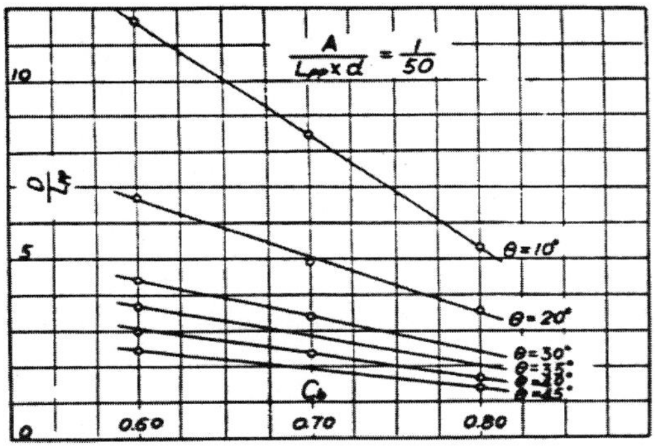

[그림 10.2] 방형비척계수와 무차원 선회직경

2) 길이-폭 비 (L/B)

그림 10.3은 길이-폭 비, 폭-흘수 비 및 배수량의 변화에 따른 선박의 직진 안정성 영역을 보여주고 있다. 길이-폭 비가 증가함에 따라 직진 안정성이 향상됨을 알 수 있으며 결과적으로 길이-폭 비가 증가함에 따라 선회직경은 커지고 과도선수각은 감소하는 경향이 있는 것으로 알려져 있다.

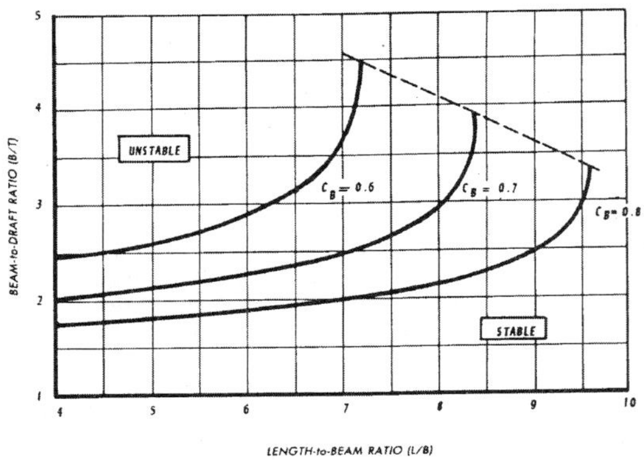

[그림 10.3] 선형 요소 변화에 따른 방향안정성 영역 (출처: Clarke(1977))

3) 폭-흘수 비 (B/T)

폭-흘수 비의 크기에 따른 경향은 길이-폭 비와 상반되게 나타나고 있다. 그림 10.3에 나타나 바와 같이 폭-흘수 비가 커질수록 직진 안정성 면에서 나빠지는 것을 알 수 있다. 선박의 횡 방향 투영 면적은 선박의 회전을 저항하는 요소이다. 폭-흘수 비가 큰 선박은 배수량에 의한 회전관성모멘트에 비해 회전을 저항하는 횡 방향 면적이 상대적으로 작아지게 되므로 선회 성능은 좋아지고 직진 안정성은 나빠지게 된다. Eda(1983)은 표 10.1에 있는 3가지 선형을 비교함에 의하여 전절에서 살펴보았던 배수량, 길이-폭 비 및 폭-흘수 비와 선박의 직진 안정성과의 관계를 종합적으로 확인하였다.

[표 10.1] 선박의 주요목

Design Stability Hull Form	A Stable Slender, Fine	B Unstable Wide, Full	C Very Unstable Very Wide, Full
LBP/B	6.95	5	4
LBP/T	19.56	16.2	16.2
B/T	2.81	3.24	4.03
C_B	0.613	0.820	0.810
C_P	0.625	0.823	0.813
LCG / LBP	-0.015	0.026	0.019
$A_R / LBP \times T$	0.022	0.019	0.021

상기 3가지 선형에 대한 나선형 조종시험 결과를 그림 10.4에 보여주고 있다. 선박 A는 충분한 직진 안정성을 보유하고 있는 반면에 선박 C는 이력루프의 폭과 높이가 매우 큰 만큼 매우 불안정한 선박임을 알 수 있다. 선박 B와 선박 C는 방형비척계수의 크기는 별 차이가 없으나 길이-폭 비와 폭-흘수 비의 큰 차이가 직진 안정성의 차이를 설명해 주고 있다.

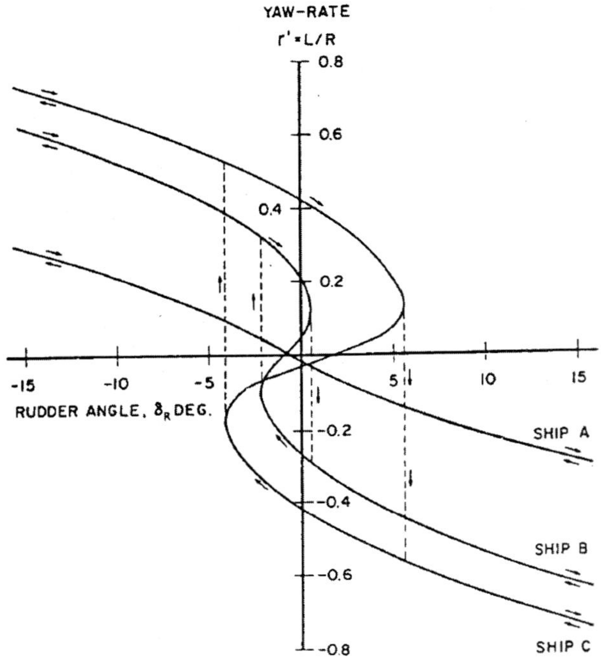

[그림 10.4] 세가지 선형에 대한 나선형 조종시험 결과

선박의 운항 면에서 직진 안정성의 영향을 확인하기 위하여 그림 10.5에 상기 3가지 선형에 대하여 5-deg/5-deg 지그재그 조종시험을 이용한 변침성능 해석 결과를 보여주고 있다. 충분한 직진 안정성을 보유한 선박 A는 매우 작은 과도선수각을 가지고 있으며 지그재그 조종시험이 신속하게 마무리된다. 다소 불안정한 직진 안정성을 가지고 있는 선박 B는 꽤 큰 값의 과도선수각을 가지고 있으며 크기 자체도 점진적으로 증가하고 있다. 매우 불안정한 선박 C의 경우에는 첫 번째 타 작동 이후 선수각이 발산하는 것을 볼 수 있으며 두번때 타 작동시 정상적인 타 작동으로는 원하는 방향으로 선박을 회두하는 것이 불가능하게 된다. 선박 C의 경우도 15-deg/15-deg 지그재그 조종시험이 경우에는 비선형 항들의 영향으로 유한한 크기의 과도선수각을 갖고 있는 것으로 해석되었다.

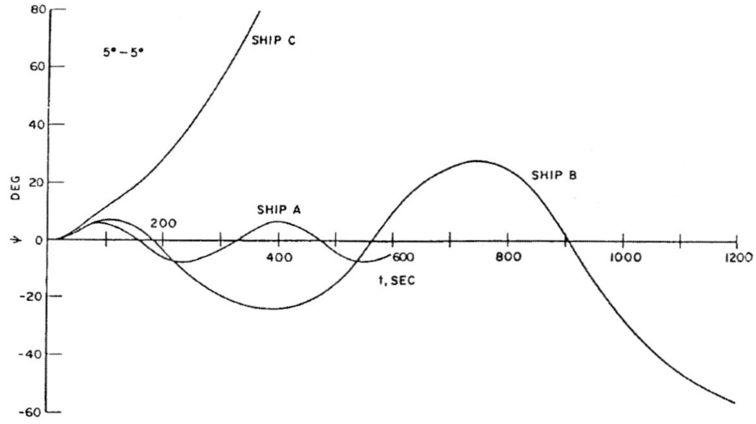

[그림 10.5] 5-deg/5-deg 지그재그 조종시험

2. 선형의 영향

1) 선수선형

선수선형이 선박조종성능에 미치는 영향은 선미선형이 미치는 영향에 비하여 매우 작은 편이며 그에 따라 관련 자료가 거의 없다. 단면이 U자형인 선수를 갖는 선박은 V자형 선수선형을 갖는 선박에 비하여 직진 안정성 면에서 다소 유리할 수 있으며 구상선수의 형상 및 크기도 직진 안정성에 매우 제한적이나마 영향을 줄 수 있는 것으로 알려져 있다.

2) 선미선형

일반적으로 선미 부분의 횡 방향 투영면적이 커질수록 직진 안정성이 좋아진다. 4장에서 직진 안정성의 물리적 의미에서 언급 한 바와 같이 선미부의 영향이 증가하면 안정성 지수인 C의 값이 증가하게 된다. 따라서 선형이 확정된 선박의 직진 안정성을 향상시킬 필요가 있을 때는 선미에 스케그를 부착하여 해결할 수 있다. 그림 10.6에 있는 바와 같이 선미 스케그의 면적이 증가할수록 나선형 조종시험에서의 이력루프의 폭이 작아지며 따라서 직진 안정성이 좋아짐을 알 수 있다.

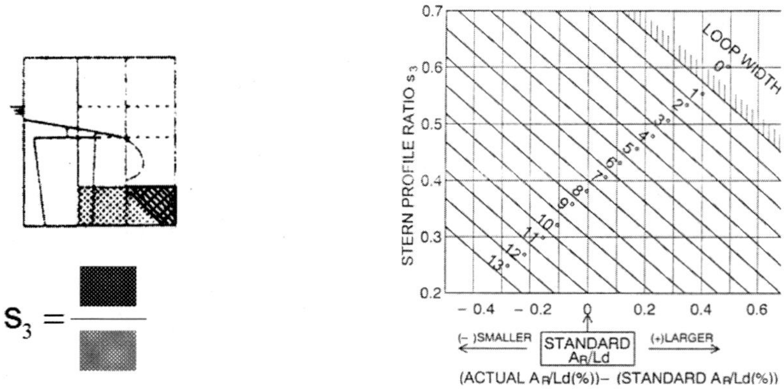

[그림 10.6] 선미 스케그 크기와 방향타 면적 변화에 따른 이력루프의 폭

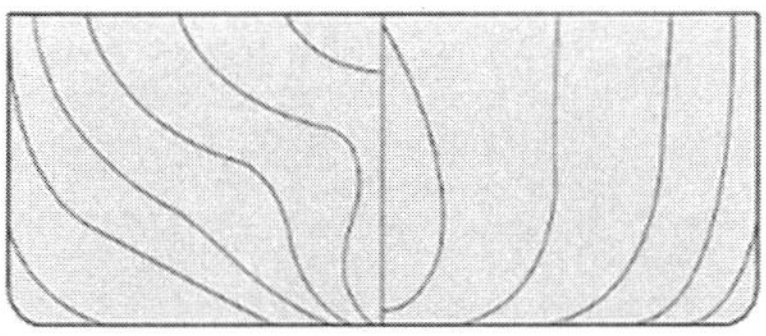

V형 선미프레임 선형

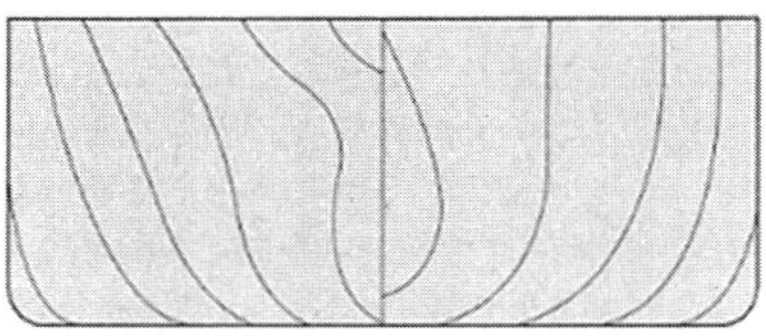

U형 선미프레임 선형

[그림 10.7] *V*-형 선미선형 및 *U*-형 선미선형

선미부의 횡 방향 투영 형상 및 면적은 동일하더라도 선미부분의 단면 형상에 따라 조종성능은 크게 달라질 수 있다. 그림 10.7은 동일한 배수량을 가진 선박에서 선미 단면 형상을 변화시킨 선형의 예를 보여준다. 표 10.2에 의하면 방형비척계수가 매우 큰 유조선의 경우에 단면 형상의 변화에 의하여 조종성능이 매우 크게 변화할 수 있다는 것을 보여주고 있다. *U*-형 단면 선형이 *V*-형 단면 선형보다 직진 안정성 면에서 우위에 있는 것으로 확인되었다. 특히 10-deg/10-deg 지그재그 조종시험의 2차 과도선수각의 경우에 *U*-형 단면의 선박은 IMO 규정을 만족하고 있으나 *V*-형 단면의 선박은 규정을 초과하는 것으로 나타났다.

[표 10.2] 선미부 단면 형상 변화에 따른 조종성능 변화

		V-형 단면	U-형 단면	IMO 규정
선회성능	선회전진거리/LBP	2.91	3.15	4.5
	선회직경/LBP	2.79	3.33	5.0
10/10 지그재그	1차 과도선수각(deg)	15.97	11.43	20.0
	2차 과도선수각(deg)	52.96	33.71	35.0
20/20 지그재그	1차 과도선수각(deg)	24.90	20.81	25.0

3) 하중조건: 트림

트림은 선박의 조종성능에 매우 큰 영향을 주는 것으로 알려져 있다. 일반적으로 선미 트림 시 직진 안정성이 좋아지면서 선회성능은 나빠지고 선수 트림은 선미 트림과 정반대로 직진 안정성이 나빠지게 된다. 실선 운항 중에 선수 트림이 발생하면 선박 조종이 힘들어지는 것으로 잘 알려져 있다.

제 11 장

방향타 및 제어설비

1. 방향타

1) 방향타 설계

선박에 있어서 방향타는 선미부에 수직 방향으로 취부되어 있는 수중익(hydrofoil) 형상의 구조물로서 선박이 직진 안정성을 보유하도록 하는 기능과 원하는 침로를 유지하거나 방향을 바꿀 수 있는 기능을 제공하는 제어판이다. 방향타 설계는 선박이 만족시켜야 할 다른 설계 요구사항에 의하여 제약을 받으나 기본적으로 고려할 사항은 다음과 같다.

1) 측면에서 바라볼 때, 방향타는 선체 선미의 모양과 적절한 조화를 이루어야 한다. 즉 방향타가 선박의 기선(base line)보다 내려가거나 선미보다 뒤로 돌출되어선 안된다.
2) 방향타는 직진 시 속도 손실을 최소화 시키는 방향으로 설계되어야 한다.
3) 방향타, 타두재, 방향타의 지지재 및 조타장치들은 함께 고려되어야 하고, 요구되는 신뢰도를 유지하면서 최소한의 크기와 중량을 가지는 장치로서 복잡성이 덜하고 유지비와 초기 가격이 낮은 것을 선택해야 한다.

4) 방향타에 기인하는 선체진동과 같은 불리한 영향들은 허용 한계 이하로 억제되어야 한다.

유체역학적 측면에서 설계 시 고려할 사항들은 다음과 같다.

1) 방향타의 위치 : 방향타는 가능한 한 선미부 프로펠러 후방에 위치하도록 한다. 프로펠러의 후류에 위치할 경우 낮은 선속에서도 방향타의 효과를 증가시킬 수 있다. 편류각의 방향의 차이로 인하여 전진 중에는 선미타가 보다 효율적이며 프로펠러 후류의 뒤에 놓임으로서 속도가 낮거나 '0 kts' 일 때도 적절한 타력을 확보할 수 있는 장점이 있다.
2) 직진 안정성과 조종성능에 있어서 8장에서 서술한 IMO 규정을 만족시킬 수 있도록 충분한 타 면적을 가져야 한다. 특히, 비대한 선박의 경우에는 직진 안정성 면에서 충분한 고려가 필요하다.
3) 방향타의 높이는 일반적으로 선미 형상과 흘수에 의하여 제한되지만 종횡비 관점에서 효율을 증가시키기 위하여는 가능한 방향타의 높이를 증가시키도록 한다.
4) 일반적으로 방향타의 회전 속도는 2.33 deg/sec로 고정되어 있다고 보아도 좋다. 그러나 방향타 회전속도를 증가시키면 조종성능이 제한적인 범위 내에서 향상된다. 비대한 선박의 경우에는 타의 회전속도보다는 타의 면적을 증가시키는 것이 효과적이다.

2) 방향타 형태

방향타의 형태와 프로펠러와의 상대적인 위치는 방향타의 효과와 선박의 조종성능에 매우 큰 영향을 준다. 방향타는 선미에 위치해야 하며 좋은 제어성능을 갖기 위해서는 프로펠러 후류에 위치해야 한다. 방향타의 형태는 오랜 기간을 거쳐 다양한 형태가 개발되었다(그림 11.1).

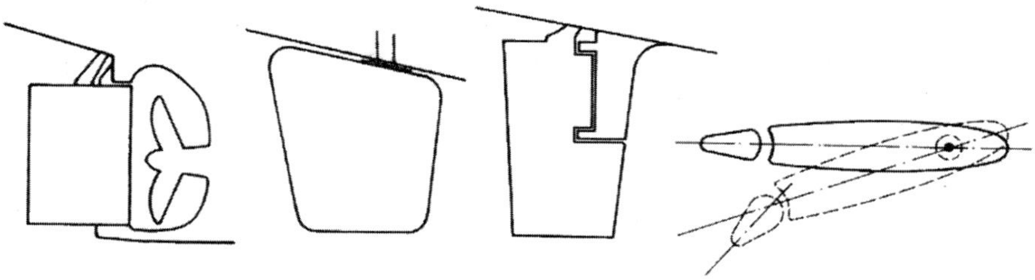

[그림 11.1] 다양한 형태의 방향타

근래의 선박에는 스페이드 형 타(spade rudder)와 일명 혼 타라고도 불리는 반균형 타(semi-balanced rudder)가 가장 많이 사용되고 있다. 스페이드 형 타는 자동차 훼리, 로로선, 특수선 및 해군함정 등에 광범위하게 사용되며 방향타의 효율이 매우 높다. 그러나 고속선이나 방향타의 높이가 큰 경우에 타주에 매우 큰 굽힘 모멘트가 작용한다. 따라서 대형 상선에는 스페이드 형 타 보다는 반균형 타가 주로 사용된다.

반균형 타는 타 혼이 선체로부터 방향타의 상부까지 연장되어 방향타의 하중을 지지하고 있고 스페이드 형 타에 비하여 방향타 구조물에 굽힘 모멘트가 작게 작용하므로 대형화가 가능한 형태이다. 방향타의 효율은 스페이드 형 타에 비하여 낮은 편이다.

플랩 타(flap rudder 또는 Becker rudder)는 그림 11.1에 있는 바와 같이 뒷부분에 플랩을 부착한 방향타 형태로 고양력타의 일종이다. 플랩은 대체로 방향타 본체보다 2배 정도의 큰 각도로 회전하면서 매우 큰 양력을 발생시킨다. 동일한 형태와 크기를 가진 일반적인 방향타와 비교하면 약 60%-70%의 양력을 더 발생시킬 수 있다. 고양력타는 선박의 선회성능을 향상시키는 목적으로 유용하게 사용할 수 있다. 그러나 고양력은 결과적으로 선박의 선회 각속도를 크게 하므로 변침성능 개선에는 큰 효과를 기대하기 어렵다.

3) 방향타 면적

방향타 면적은 선박의 초기설계 단계에서 선미선형과 관련하여 결정되므로 선형이 결정되면 나중에 변경이 어려우므로 설계 단계에서부터 선박이 충분한 조종성능을 가질 수 있도록 결정되어야 한다. 그러나 방향타의 크기는 선미 형상에 의한 제약을 받는 동시에 면적이 커질수록 마찰저항이 증가하므로 적절한 크기의 선택이 중요하다.

노르웨이 선급(DNV, Det Norske Veritas)이 제안하는 최소 방향타 면적의 식은 다음과 같다.

$$\frac{A_R}{T \times LBP} = \frac{1}{100}\left[1 + 25\left(\frac{B}{LBP}\right)^2\right] \tag{11.1}$$

여기서

A_R : 방향타 면적

T : 흘수

LBP : 수선간 길이

B : 선 폭

이 식은 대체적으로 수면 하 횡단면적의 약 1.5%의 값을 요구하고 있으며 최소 면적 기준으로 사용하여야 한다.

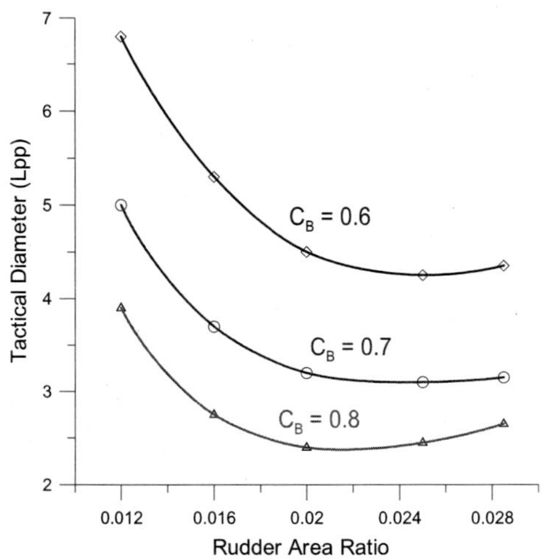

[그림 11.2] 방향타 면적 및 방형비척계수 변화에 따른 선회직경

그림 11.2는 방향타 면적 및 방형비척계수와 선회직경과의 정성적인 관계를 보여주고 있다. 방형비척계수가 작은 선박일수록 방향타 면적이 커져야 함을 알 수 있다. 또한, 방향타 면적과 수선 하 횡단면적의 비가 2%보다 커지면 선회성능의 개선 효과가 미미함을 알 수 있다.

네델란드의 MARIN에서 제안한 적정 방향타 면적은 다음과 같다.

- 단독 프로펠러/단독 방향타 : $\dfrac{A_R}{T \times LBP} = 0.02$
- 쌍축 프로펠러/2개방향 : $\dfrac{A_R}{T \times LBP} = 2 \times 0.017$ (11.2)

방향타의 면적 증가는 종횡비의 증가를 동반할 때, 즉 방향타의 폭 보다는 높이의 증가로 인한 면적 증가가 발생할 때 성능 향상의 효과가 크게 나타난다. 그림 11.3은 방향타의 종횡비 변화에 따른 양력계수의 변화를 보여주고 있다. 종횡비가 클수록 타각(받은각과 동일) 증가에 대한 양력계수의 증가율이 큼을 알 수 있다. 즉 동일한 면적을 가진 방향타의 경우에 종횡비가 큰 방향타가 더 큰 양력을 발생시킨다.

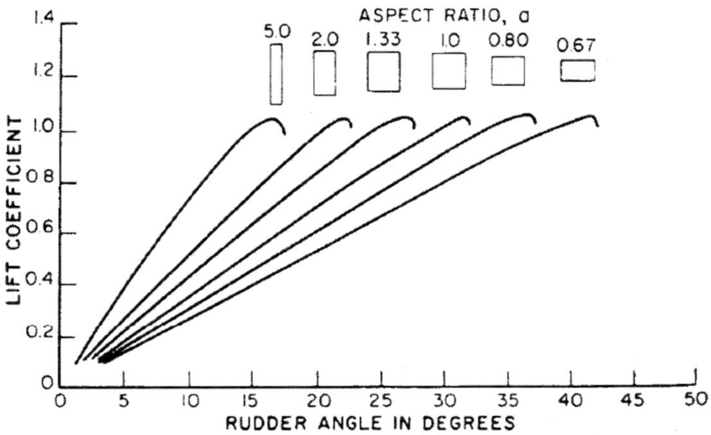

[그림 11.3] 방향타 종횡비 변화에 따른 양력계수의 변화

본 그림으로부터 조종성능이 불량한 선박에 대하여 선미선형의 제약으로 인하여 방향타의 폭만을 증가시킴에 의하여 방향타의 면적을 증가시키는 경우에는 종횡비의 감소로 인한 양력의 감소에 의하여 조종성능이 오히려 나빠질 수도 있다는 것을 보여주고 있다.

4) 방향타 회전 속도

방향타 최대 회전 각도가 선박이 회전 성능에 큰 영향을 주는 요소인 반면에 방향타 회전 속도는 직진 안정성에 매우 큰 영향을 준다. 방향타 회전 속도가 증가하면 직진 안정성이 향상되고 변침성능 시험에서의 과도선수각이 감소한다. 선급에서 요구하고 있는 최소 방향타 회전 속도는 2.33deg/sec이다. 그림 11.4는 미국연안경비대 함정에 대하여 실시한 실선 시험 결과를 보여주고 있다. 방향타 회전 속도의 증가에 따라 과도선수각은 매우 큰 감소를 보여주고 있다. 특히, 최대 타각이 클수록 더 큰 영향을 주는 것을 알 수 있다.

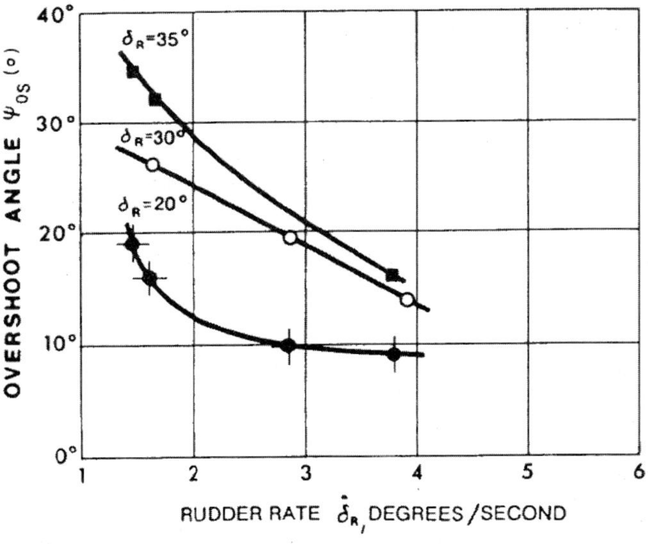

[그림 11.4] 방향타 회전 속도 변화에 따른 과도선수각의 변화

2. 기타 제어장치들

1) 특수타(Special Rudder)

방향타 면적은 유지하면서 고양력을 발생할 수 있게 하는 특수타로는 Becker rudder 라고도 불리는 플랩 타(flap rudder)와 Schilling rudder 라고도 불리는 물고기꼬리 타더(fishtail rudder) 등이 있다.

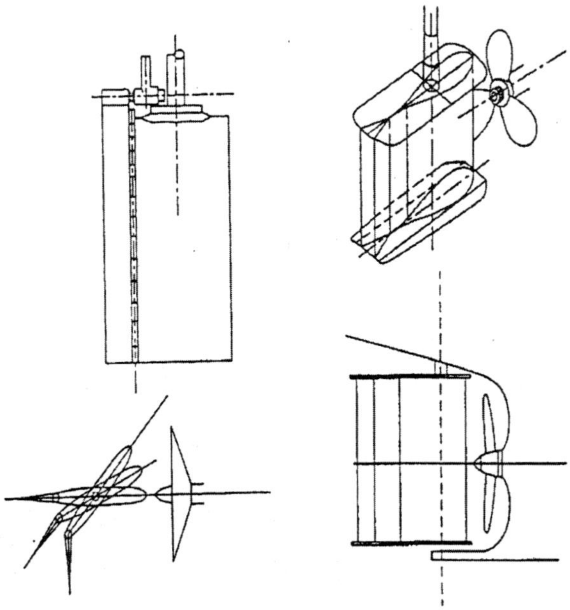

[그림 11.5] Flap rudder와 fishtail rudder

플랩 타는 그림 11.5와 같이 후부에 플랩을 부착한 방향타이며 플랩의 회전 각도는 주 방향타 회전 각도의 2배 정도가 되어 동일한 회전 각도에 대하여 훨씬 더 큰 양력을 발생시킨다. 물고기꼬리 타는 그림 11.5와 같이 방향타의 평행 단면이 물고기의 형상을 가지고 있으며 방향타 상하부에 큰 평행판을 취부하여 종횡비가 증가하는 효과를 가져오므로서 양력을 대폭 증가 시킨다. 특수타는 선박 조종성능 향상의 장점이 있으나 저항이 증가하게 되는 단점이 있으므로 채용을 위하여는 선박의 저항추진 성능을 고려한 신중한 설계가 요구된다.

2) 포드 추진장치

근래에는 선박의 추진 및 조종 겸용 장비인 포드 추진장치가 저진동, 저소음 그리고 항구에서의 조종성이 중요한 여객선과 저속에서의 전후진 성능이 중요한 쇄빙선 등을 중심으로 사용빈도가 높아지고 있다. 대형화물선에서는 전동기의 용량 한계 및 비싼 가격 등으로 적용 사례가 많지 않지만 주추진기인 일반 프로펠러와 병행하여 보조적으로 사용하는 것이 검토되고 있다. 대표적인 개발 제품으로는 Azipod, Mermaid 및 SSP 등이 있다. 그림 11.6에 Azipod와 SSP 포드 추진장치를 보여주고 있다.

포드 추진장치는 추진력의 방향을 자유자제로 조정할 수 있어서 저속에서의 조종성능을 향상시킨다. 그러나 일반적으로 선미에 방향타가 없으므로 횡단류로 인한 항력(cross flow drag)이 적어지며 결과적으로 방향타를 사용하는 선박에 비하여 직진 안정성 면에서 다소 불리한 점이 있다. 이러한 점을 보완하기 위하여 선미 중심선면에 스케그를 취부하는 경우도 있다.

[그림 11.6] Azipod와 SSP 포드 추진장치

3) 전방위 추진기(Azimuth Thruster)

일명 Z-구동체계라고도 불리는 전방위 추진기는 기관과 프로펠러가 동일축 상에 놓여있지 않고 그림 11.7와 같이 동력원은 선체 상갑판에 있으면서 기계적으로 수면 아래의 프로펠러에 동력을 전달하여 추진력을 발생하는 추진기이다. 대부분 덕트 내에 프로펠러가 장착되는 구조를 택하고 있으며, 항만에서의 접안성능 및 조종성능, 동력학적 위치제어 성능이 우수하기 때문에 FPSO, 시추선 등 해양구조물과 쇄빙선, 작업선 및 예인선 등에 널리 사용되고 있다.

[그림 11.7] 전방위 추진기

부록 A
기본수학

A.1 후리에 급수(Fourier Series)

후리에 급수는 삼각함수로 구성된 무한급수이다. 삼각함수는 주기성이 가지고 있으므로 후리에 급수는 해양파 문제를 비롯하여 주기성을 가지는 다양한 물리적 현상을 분석하는데 매우 중요한 위치를 차지하고 있다. 어떠한 함수 $f(x)$가 $x_0 \le x \le x_0 + 2\pi$ 구간에서 정의되고 2π의 주기를 갖는 함수이면 $f(x)$는 다음과 같은 삼각 급수에 의하여 근사적으로 표현될 수 있다.

$$f(x) = \frac{1}{2}a_0 + \sum_{n=1}^{\infty}(a_n \cos nx + b_n \sin nx) \tag{A.1}$$

여기서 계수 a_n과 b_n은 다음의 적분으로부터 구할 수 있다.

$$a_n = \frac{1}{\pi}\int_{x_0}^{x_0+2\pi} f(x)\cos nx\,dx$$
$$b_n = \frac{1}{\pi}\int_{x_0}^{x_0+2\pi} f(x)\sin nx\,dx \tag{A.2}$$

적분의 간격으로 $0 \le x \le 2\pi$을 선택할 수 있다고 하면 상기 적분에서 하한은 $x_0 = 0$이 된다. 함수 $f(x)$가 $-\pi \le x \le \pi$ 간격에서 우함수(even function)이면:

$$a_n = \frac{2}{\pi}\int_0^{\pi} f(x)\cos nx\,dx$$
$$b_n = 0 \tag{A.3}$$

함수 $f(x)$가 기함수의 경우에도 유사한 방법으로 단순화할 수 있다.

함수 $f(x)$가 시간 간격 $0 \le t \le T$에서 주기가 T인 함수이면 식(A.1)의 x대신에 다음 식을 대입하여 시간의 함수로 표시된 후리에 급수를 유도할 수 있다.

$$x = \frac{2\pi t}{T} \tag{A.4}$$

시간 함수 후리에 급수는 다음과 같다.

$$\begin{aligned} f(t) &= \frac{1}{2}a_0 + \sum_{n=1}^{\infty}\left(a_n \cos\frac{2n\pi t}{T} + b_n \sin\frac{2n\pi t}{T}\right) \\ &= \frac{1}{2}a_0 + \sum_{n=1}^{\infty}(a_n \cos n\omega t + b_n \sin n\omega t) \end{aligned} \tag{A.5}$$

여기서 ω는 원 주파수(angular frequency)를 나타내고, 계수 a_n과 b_n은 다음의 적분으로부터 구할 수 있다.

$$\begin{aligned} a_n &= \frac{2}{T}\int_0^T f(t)\cos n\omega t dt \\ b_n &= \frac{2}{T}\int_0^T f(t)\sin n\omega t dt \end{aligned} \tag{A.6}$$

상기 적분은 계측된 시계열의 한 주기 T에 대하여 수행하여야 한다. 그러나 적분의 하한과 상한은 결과에 무관하다. 즉, 하한과 상한을 각각 t와 $t+T$로 할 수 있다.

식(A.5)은 다른 방법으로도 표현할 수 있다.

$$f(t) = \frac{1}{2}a_0 + \sum_{n=1}^{\infty} c_n \cos(n\omega t + \phi_n) \tag{A.7}$$

여기서

$$c_n = \sqrt{a_n^2 + b_n^2}, \qquad \phi_n = \arctan\left(\frac{b_n}{a_n}\right) \tag{A.8}$$

A.2 복소 변수(Complex Variable)

1장에서 다루는 해양파 이론이나 3장에서 취급하고 있는 부유체의 파랑 중 거동 추정 등의 이론 전개 과정에서 복소 변수를 사용하는 것이 편리한 경우가 많다.

복소수는 $x+iy$의 형태를 가지고 있고 x와 y는 각각 실수이다. 여기서 i는 허수 단위를 나타내며 $i^2 = -1$의 성격을 가지고 있다. 따라서, 복소수 $z = x+iy$이면 x는 복소수 z의 실수부 즉, $x = \mathrm{Re}(z)$이고 y는 복소수 z의 허수부 즉, $y = \mathrm{Im}(z)$이다.

직교좌표계 oxy상에서 임의의 지점을 실수의 짝(x,y)으로 나타낼 수 있다. 복소수 $x+iy$도 마찬가지로 순서가 정해져 있는 실수의 짝으로 볼 수 있으므로 복소 변수 z는 복소 평면 oxy상에서 표현될 수 있다. 이 때 x와 y는 각각 실수축과 허수축을 나타내고 복소 평면을 z로 표기한다.

복소 평면 상에서 (x,y) 또는 $x+iy$로 표현되는 점 P는 다음과 같이 극 좌표로 표현할 수 있다(그림 A.1).

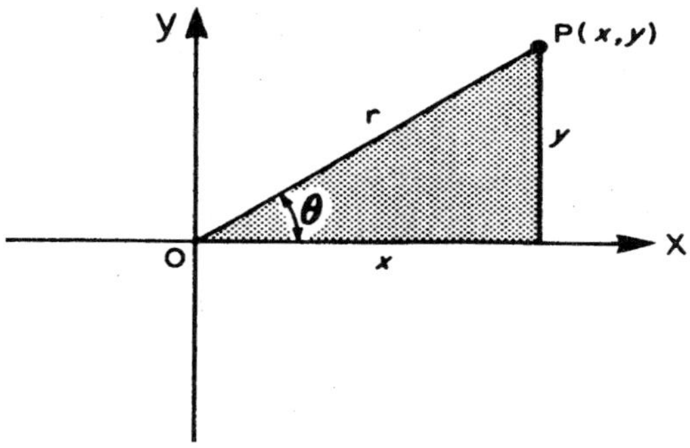

[그림 A.1] 복소 평면의 정의

$$x = r\cos\theta, \qquad y = r\sin\theta \tag{A.9}$$

그리고,

$$z = x \pm iy = r(\cos\theta \pm i\sin\theta) = re^{\pm i\theta} \tag{A.10}$$

여기서 r은 원점에서 점 P까지의 거리를 나타내고 θ는 양의 x-축으로부터의 각도를 나타낸다. 식(A.10)은 일반적으로 Euler 공식으로 불린다. 또한, 복소 변수 $z = x + iy$와 관련한 드므와브르(DeMoivre) 정리는 다음과 같다.

$$z^n = r^n e^{\pm in\theta} = r^n(\cos n\theta \pm i\sin n\theta) \tag{A.11}$$

복소 평면 상에서 수식의 유도가 편리한 경우가 많으며, 복소해를 구한 후에 실수부를 취함에 의하여 해를 얻는다.

복소 평면 상에서의 기본 연산 법칙을 유도하기 위하여 두 개의 복소 변수를 z_1과 z_2를 고려하면:

$$z_1 = a_1 + ib_1 = r_1 e^{i\theta_1}, \qquad z_2 = a_2 + ib_2 = r_2 e^{i\theta_2} \tag{A.12}$$

두 복소 변수의 곱은 복소수의 정의를 이용하면 다음과 같다.

$$z = z_1 z_2 = (a_1 a_2 - b_1 b_2) + i(a_1 b_2 + a_2 b_1) \tag{A.13}$$

좌표 상에서의 연산은 다음과 같이 매우 단순하다.

$$z = z_1 z_2 = r_1 r_2 e^{i(\theta_1 + \theta_2)} \tag{A.14}$$

또한, (A.10)으로부터 다음의 공식을 유도할 수 있다.

$$\cos k\theta = \frac{1}{2}(e^{ik\theta} + e^{-ik\theta})$$
$$\sin k\theta = \frac{1}{2}(e^{ik\theta} - e^{-ik\theta}) \tag{A.15}$$

A.3 쌍곡 함수(Hyperbolic Function)

3장에서 중점적으로 취급할 해양파의 제반 물리적 특성은 수심에 대하여 쌍곡 함수로 감소하는 성질을 가지고 있으므로, 쌍곡 함수는 해양파역학에 매우 광범위하게 사용되는 함수이다.

쌍곡 함수는 다음과 같이 지수 함수를 이용하여 표현된다.

$$\sinh s = \frac{e^{s} - e^{-s}}{2}$$

$$\cosh s = \frac{e^{s} + e^{-s}}{2}$$

$$\tanh s = \frac{e^{s} - e^{-s}}{e^{s} + e^{-s}} \tag{A.16}$$

변수 s가 작을 경우에 테일러 급수로 표현하면 다음과 같다.

$$\sinh s = s + \frac{s^{3}}{3!} + \frac{s^{5}}{5!} + \cdots$$

$$\cosh s = 1 + \frac{s^{2}}{2!} + \frac{s^{4}}{4!} + \cdots \tag{A.17}$$

변수 s가 충분히 클 경우: 식(A.16)을 이용하면,

$$\sinh s \approx \cosh s \gg s$$

$$\tanh s \approx 1 \tag{A.18}$$

변수 s가 영에 접근할 경우: 식(A.17)을 이용하면,

$$\sinh s \approx \tanh s \approx s$$

$$\cosh s \approx 1 \tag{A.19}$$

그림 A.2으로부터 식(A.18)과 식(A.19)에 나타난 쌍곡 함수들의 변화를 확인할 수 있다.

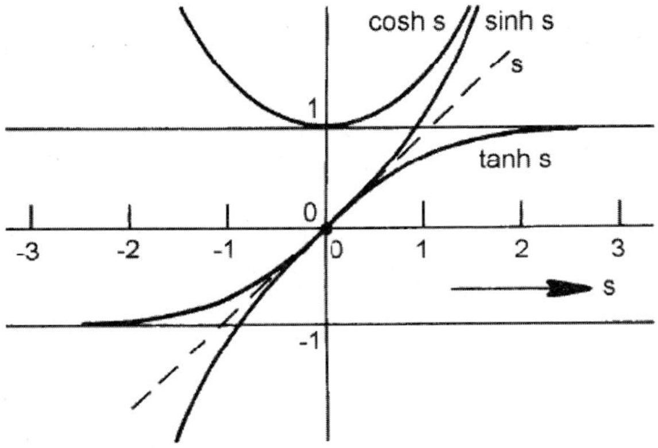

[그림 A.2] 쌍곡 함수의 그래프

참고문헌

김효철 외 (2009): 선박의 저항과 추진. 지성사

염덕준 (2010): 해양구조물 운동론. 울산대학교 출판부

윤범상 (2007): 선박운동과 조종 융합교과목 개발. 울산대 자동차 - 조선해양기술혁신인력양성사업단

이승건 (2009): 선박의 내항성과 조종성. 부산대학교 출판부

이태일 (2003): 시스템식별법을 이용한 선박 조종성능 추정에 관한 실험적 연구. 부산대학교 조선공학과 공학박사 학위논문

Abkowitz(1964), M. A. (1964): Lectures on Ship Hydrodynamics-Steering and Maneuverability, Hydro-Og Aerodynamisk Laboratorium, Report Hy-5, Lyngby, Denmark

Abkowitz, M. A. (1969): Stability and Control of Ocean Vehicles. MIT Press, Cambridge, Mass

Chang, M-S. and Pien, P. C. (1975): Hydrodynamic Forces on a Body Moving Beneath a Free Surface. Proc. First International Conference on Numerical Ship Hydrodynamics, DTRC, Bethesda, USA

Chang, M-S. (1977): Computations of Three-Dimensional Ship Motions with Forward Speed. Proc. 2nd International Conference on Numerical Ship Hydrodynamics, University of California, Berkeley, USA

Clarke, D. (1977): Considerations of Shiphandling in Hull Design. Nautical Institute Conference

Crandall, S. H. and Mark, M. D. (1963): Random Vibration in Mechanical Systems. Academic Press, New York and London

Demanche, J. F. (1968): Added Mass and Damping Coefficients for Cylinders with a Bulb-Like Cross-Section Oscillating in a Free Surface. M.S. Thesis, MIT, Cambridge, Mass, USA

Det Norske Veritas (1989): Rules for the Classification of Fixed Offshore Installations. Technical report, DNV, Hovik, Norway

Eda, H. (1983): Shiphandling Simulation Study During Preliminary Ship Design. Proceedings, Fifth CAORF Symposium, Kings Point, N.Y.

Faltinsen, O. M. and Michelsen, F. C. (1974): Motion of Large Structures in Waves at Zero Froude Number. Proc. International Symposium on Dynamicsof Marine Vehicles in Waves. University College, London, UK

Frank, W. (1967): Oscillation of Cylinders in or below the Free Surface of Deep Fluids.

Technical Report 2375, Naval Ship Research and Development Center, Washington DC, USA

Froude, W. (1861): On the Rolling of Ships. Trans., INA, London

Goldstein, S. (1938): Developments in Fluid Dynamics, Vol.2, Oxford university Press, London

Goodman, A., Gertler, M. and Kohl, R. (1976): Experimantal Techniques and Methods of Analysis Used at Hydronautics for Surface-Ship Manervering Prediction, 11th ONR Symposium on Naval Hydrodynamics, London

Himeno, T. (1981): Prediction of Ship Roll Damping – State of the Art. University of Michigan Report No. 239

Hoyt, E. D. and Imlay, R. F. (1948): The Influence of Metacentric Stability on the Dynamic Longitudinal Stability of a Submarine, DTRC Report C-158

Inglis, R. B. and Price, W. G. (1981): A Three Dimensional Ship Motion Theory Comparison between Theoretical Prediction and Experimental Data of the Hydrodynamic Coefficients with Forward Speed. Trans. RINA, Vol. 124

Inoue, S., Hirano, M. and Kijima, K. (1981): Hydrodynamic Derivatives on Ship Manoeuvring. ISP, Vol. 28, No. 321

ITTC (2002): ITTC Symbols & Terminology List. Version 2002.

John, F. (1949): On the Motion of Floating Bodies, Part I. Comm. on Pure and Applied Mathematics, PP 13-57, Interscience Publishers, New York

John, F. (1950): On the Motion of Floating Bodies Part II. Comm. on Pure and Applied Mathematics, Vol. 3, Interscience Publishers, New York

Journee, J. M. J. and Massie, W. W.(2001): Lecture Note on Offshore Hydrodynamics, Delft university of Technology

Keulegan, G. H. and Carpenter, L. H. (1958): Forces on Cylinders and Plates in an Oscillating Fluid. Journal of Research of the National Bureau of Standards, 60

Kijima, K., et al (1990): On the Maneuvering Performance of a Ship with the Parameter of Loading Condition. JSNAJ, Dec. 1990

Krylov, A. (1898): A New Theory of Pitching Motion of Ships on Waves, and of the Stresses Produces by this Motion. Trans., INA, London

Lamb, H. (1932): Hydrodynamics. Dover Publications, Inc., New York, 6th edition

Landweber, L. and Macagno, M. (1959): Added Mass of a Three Parameter Family of Two-Dimensional Forces Oscillating in a Free Surface. Journal of Ship Research, Vol. 2, No. 4

Lewis, E. V. (1989): Principles of Naval Architecture. SNAME

Lewis, F. M. (1929): The Inertia of Water Surrounding a Vibrating Ship. Transactions SNAME

Maruo, H. (1960): The Drift of a Body Floating in Waves. Journal of Ship Research, 4(3)

Morison, J. R., O'Brien, M., Johnson, J., and Schaaf, S. (1950): The Forces Exerted by Surface

Waves on Piles. Petroleum Transactions, AIME 1950, Vol. 189, PP 149-157
Newman, J. N. (1977): Marine Hydrodynamics. MIT Press, Cambridge, UK
Newman, J. N. (1978): Theory of Ship Motion. Advances in Applied Mechanics, Vol. 18
Ogilvie, T. F. (1964): Recent progress towards the understanding and prediction of ship motions. Proc. 5th Symposium on Naval Hydrodynamics
Ogilvie, T. F. and Shin, Y. S. (1978): Integral-Equation Solutions for Time-Dependent Free Surface Problems. Trans., Society of Naval Architecture of Japan
Ohmatsu, S. (1975): On the Irregular Frequencies in the Theory of Oscillating Bodies in a Free Surface. Papers of Ship Research Institute of Japan, No. 48
Pinkster, J. A. (1976): Low-Frequency Second Order Forces on Vessels Moored at Sea. Eleventh Symposium on Naval Hydrodynamics, London, University College, London, UK
Porter, W. R. (1960): Pressure distribution, Added Mass and Damping Coefficients for Cylinders Oscillating in a Free Surface. University of California, Berkeley, Report, 82-16
Rem, A. (1992): Basic Aspects of Manoevring and Course Keeping, MARIN Lecture Note, Netherlands
Rewery, G. F. M. and Hermans, J. A. (1971): The slow drift oscillations of a moored object in random seas. OTC1500, Houston
Salvesen, N., Tuck, E. O. and Faltinsen, O. (1970): Ship Motions and Sea Loads. SNAME Transactions Vol. 78
Sayer, P. and Ursell, F. (1977): Integral-Equation Methods for Calculating the Virtual Mass in Water of Finite Depth. Proc. Conference on Numerical Ship Hydrodynamics, University of California, Berkeley
St. Denis, M. and Pierson, W. J. (1953): On the Motion of Ships in Confused Seas. Transactions SNAME, 61:1-53
Storm-Tejsen, J. (1965): A Digital Computer Technique for the Prediction of Standard Manervers of Surface Ships, DTRC Report 2130
Tasai, F. (1959): On the Damping Force and Added Mass of Ships Heaving and Pitching. Technical Report, Research Institute for Applied Mechanics, Kyushu University, Japan, Vol. VII, No 26
Troesch, A. W. (1976): The Diffraction Potential for a Slender Ship Moving through Oblique Waves. Ph.D. Thesis, University of Michigan, Ann Arber
Tuck, E. O. (1970): Ship Motions in Shallow Water. Journal of Ship Research, 14(4) PP 317-328
Ursell, F. (1949): On the Heaving Motion of a Circular Cylinder on the Surface of a Fluid. Quarterly Journal of Mechanics and Applied Mathematics, II
Wehausen, J. V. and Laitone, E. V. (1960): Handbuch der Physik. Springer Verlag, Berlin
Wehausen, J. V. (1971): The Motion of Floating Bodies. Annual Review of Fluid Mechanics,

Vol. 3
Wichers, J. E. W. (1992): Lecture notes on ocean engineering. IHEE Delft 1992
Yeung, R. W. (1982): Numerical Methods in Free-Surface Flows. Annual Review of Fluid Mechanics, Vol. 14

찾아보기